全国电力行业"十四五"规划教材

U0657904

基础工程

主编 裴巧玲 王军保 张玉伟

参编 刘理祯 王 桃 胡景雨

主审 王铁行

中国电力出版社

CHINA ELECTRIC POWER PRESS

内 容 提 要

本书为全国电力行业"十四五"规划教材。全书分为 9 章，主要内容包括概述、浅基础地基设计、浅基础的结构设计与构造要求、桩基础、沉井基础、地基处理、特殊土地基、基坑工程、地基基础抗震与动力机器基础，并附有相应思考题和习题。全书按照最新修订的《建筑地基基础设计规范》（GB 50007—2011）、《混凝土结构设计标准（2024 年版）》（GB/T 50010—2010）、《建筑桩基技术规范》（JGJ 94—2008）、《湿陷性黄土地区建筑标准》（GB 50025—2018）、《建筑基坑支护技术规程》（JGJ 120—2012）等规范编写，同时注重与注册岩土考试结合，突出工程实用性，提升学生应用能力和职业能力的训练。本书配套数字资源，供读者学习。

本书可作为普通高等院校土木工程、岩土工程、城市地下空间工程、道路与铁道工程专业及其他相关专业的教材，也可作为土木、水利工程科研和工程技术人员的参考书，还可作为国家注册土木工程师（岩土）等执业资格注册考试辅导用书。

图书在版编目（CIP）数据

基础工程/裴巧玲，王军保，张玉伟主编. --北京：中国电力出版社，2025.2. --（全国电力行业"十四五"规划教材）. --ISBN 978-7-5198-9373-6

Ⅰ. TM7

中国国家版本馆 CIP 数据核字第 20240BR004 号

出版发行：中国电力出版社
地　　址：北京市东城区北京站西街 19 号（邮政编码 100005）
网　　址：http://www.cepp.sgcc.com.cn
责任编辑：霍文婵（010 - 63412545）
责任校对：黄　蓓　王海南
装帧设计：郝晓燕
责任印制：吴　迪

印　　刷：廊坊市文峰档案印务有限公司
版　　次：2025 年 2 月第一版
印　　次：2025 年 2 月北京第一次印刷
开　　本：787 毫米×1092 毫米　16 开本
印　　张：14.75
字　　数：362 千字
定　　价：45.00 元

前　言

　　"基础工程"是高等学校土木工程专业一门必修专业基础课。本书在《高等学校土木工程本科指导性专业规范》的指导下，对教学内容进行拓展，适当融入土木工程、道路与桥梁工程、城市地下空间工程、岩土工程等专业的相关专业知识。同时，结合本团队教师长期教学改革和实践经验编写而成。

　　本书是在城市地下空间工程专业国家级一流专业、土木工程专业省级一流专业和"基础工程"校级一流线上线下混合式课程体系下培育的新形态教材，该教材具有以下特点：

　　1. 注重理论与实践应用相结合。在教材内容体系组织上，注重引入丰富的计算案例，理论与工程实际紧密结合，提高学生的应用计算能力，用于满足土木工程专业培养复合型应用型人才的需求及大土木工程的发展需求。

　　2. 涵盖内容广泛，可满足不同层次学生的学习需求。除了基本知识外，为方便学生自学提高，本书选编了部分注册土木工程师（岩土）、结构工程师执业资格考试的例题和习题。

　　3. 教材编写遵循"概念准确、基础扎实、突出应用"原则，注重与工程实际紧密结合，与注册岩土考试相结合，突出工程实用性，提升学生应用能力和职业能力的训练。

　　4. 开发了配套的数字化资源。为了使学生更加直观地理解基础工程的基本概念和原理、掌握相关计算方法，同时也为方便教师教学讲解，编者以"互联网＋"模式开发了与本书内容配套的数字化资源，通过扫描书中二维码链接即可获得相关学习资料。

　　全书分为9个章节，全书编写分工如下：第1章由西安建筑科技大学王军保编写，第2、4章由西安建筑科技大学华清学院裴巧玲编写，第3章由西安建筑科技大学张玉伟编写，第5、9章由西安建筑科技大学华清学院王桃编写，第6、7章由西安建筑科技大学华清学院剡理祯编写，第8章由西安建筑科技大学华清学院胡景雨编写，全书由裴巧玲、王军保、张玉伟统稿。

　　本书在编写过程中得到了西安建筑科技大学岩土教研室教师的大力支持和帮助，邀请西安建筑科技大学王铁行教授担任主审，并对本书内容提出了宝贵的修改意见，在此向各位老师表示衷心感谢。

　　本书遵循最新规范编写，并参考了大量文献资料。鉴于编者水平有限，书中难免有不妥之处，敬请读者批评指正。

编　者

2024 年 10 月

目 录

1

概述

1.1 地基与基础工程

1.1.1 地基与基础工程

万丈高楼平地起，地基基础是建筑物的根基，也是建筑物的承载核心。地基的选择或处理是否正确、基础设计与施工质量的好坏将直接影响到建筑物的安全性、经济性和合理性。一般将地基与基础统称为基础工程。它是研究各类建筑物、构筑物（包括工业与民用建筑、道路、桥梁、大坝等）在设计和施工中有关地基和基础问题的学科，也用于研究下部结构与岩土相互作用共同承担上部结构物所产生的各种变形和稳定性问题。

任何建筑物都建造在一定的地层（土层或岩层）上。通常把支承基础、承受建筑物影响的地层称为地基。当建筑物地基由多层土组成时，与基础底面直接接触的土层称为持力层，持力层以下的土层称为下卧层。地基按是否经过处理分为天然地基和人工地基。未经人工处理就可以满足设计要求的地基称为天然地基。若地基软弱、承载力不能满足设计要求，则需对地基进行加固处理（例如采用强夯、换土垫层、深层密实、排水固结、化学加固、加筋土技术等方法进行处理），加固处理后的地基则称为人工地基。

基础是指埋入土层一定深度并将荷载传给地基的建筑物下部结构（图 1-1）。房屋建筑及附属构筑物通常由上部结构及基础两大部分组成，基础是指室内地面标高（±0.000）以下的结构。带有地下室的房屋，地下室和基础统称为地下结构或下部结构。公（铁）路桥梁通常由上部结构、墩台和基础三大部分组成，墩台及基础统称为下部结构。公路涵洞、挡土墙等人工构筑物，通常由洞身或墙身及其基础两部分组成。基础应埋入地下一定深度，进入较好的地层。根据基础的埋置深度不同可分为浅基础和深基础。若基础埋置深度不大（一般指小于 5m），只需经过挖槽、排水等普通施工程序就可建造起来的称为浅基础；反之，若浅层土质不良，须将基础埋置于较深的良好土层，并需借助特殊施工方法建造的称为深基础（如桩基、墩基、沉井和地下连续墙等）。

1.1.2 基础工程设计基本条件

地基的选择或处理、基础设计与施工质量将直接影响到建筑物的安全性、经济性和合理性。基础工程设计必须满足三个基本条件：

（1）强度要求。作用于地基上的荷载效应（基底压力）不得超过地基容许承载能力或地基承载力特征值，保证建筑物不因地基承载力不足造成整体破坏或影响正常使用，具有足够防止整体破坏的安全储备，即 $P_k \leqslant f_a$。

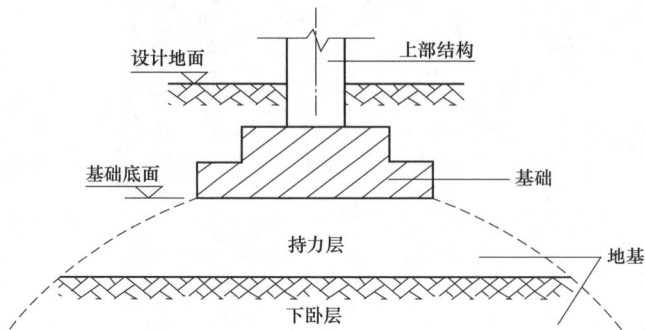

图 1-1　地基及基础示意图

（2）变形要求。基础沉降不得超过地基变形容许值，保证建筑物不因地基变形而损坏或影响其正常使用，即 $s \leqslant [s]$。

（3）稳定要求。地基基础保证具有足够防止失稳破坏的安全储备。

在建筑物荷载作用下，地基、基础和上部结构三部分彼此联系、相互制约、共同作用。除此之外，地基基础的强度、变形与耐久性还与地下水的渗流密切相关。因此，基础工程设计必须按照建筑物对基础功能的特殊要求，根据勘探、原位测试及室内实验等工程地质与水文地质资料，运用土力学的基本原理和方法、分析地基与基础相互作用及二者的稳定性与变形规律，进行经济技术比较，设计出安全可靠、经济合理、技术先进、环境保护和施工简便的基础工程方案和施工技术措施。

1.2　基础工程的重要性

基础工程重要性主要体现在以下三个方面：

（1）地基与基础是建筑物的根本，任何建筑物都必须有牢固扎实的地基和基础。因此，基础工程的勘察、设计和施工质量的好坏将直接影响建筑物的安全性、经济性和正常使用。

（2）在一般高层建筑中，地基基础部分造价占总造价的 1/4～1/3，工期约占总工期的 1/3 以上。若需采用深基础或人工地基，其造价和工期所占比例更大。

（3）地基基础工程属于隐蔽工程，与上部结构相比，基础工程不确定因素多，施工难度大，一旦发生事故，损失巨大，补救十分困难，因此在土木工程中具有十分重要的作用。

随着我国基本建设的发展，大型、重型、高层建筑和有特殊要求的建筑物日益增多，在基础工程设计与施工方面积累了不少成功的经验。国外也有不少成功的典范和失败的教训。

例如始建于隋代赵州桥，是世界上现存年代久远、跨度最大、保存最完整的单孔圆弧敞肩石拱桥，距今已有 1400 余年历史。合理选址是赵州桥成为千年古桥的一个重要原因，赵州桥是由著名匠师李春设计建造，自重达 2800t，基础是由五层石条砌成高 1.55m 的桥台，直接修建在自然砂石上。该桥梁经历了 10 次水灾，8 次战乱和多次地震，特别是 1966 年邢台发生的 7.6 级地震，邢台距这里仅有 40 多公里，其稳定的地基基础是这座古老的桥梁能承受多次地震考验的重要原因之一。1991 年 9 月，赵州桥被美国土木工程师学会选定取为第十二个"国际土木工程里程碑"，并在桥北端东侧建造了"国际土木工程历史古迹"铜牌纪念碑。

1913 年建造的加拿大特朗斯康谷仓（图 1-2），由 65 个圆柱形筒仓组成，长 59.4m，宽 23.5m，高 31m，其下为钢筋混凝土筏板基础。由于事前不了解基础下埋藏有厚达 16m 的软黏土层，建成后初次储存谷物时，基底平均压力（320kPa）超过了地基极限承载力，致使谷仓西侧突然陷入土中 8.8m，东侧则抬高 1.5m，仓身整体倾斜近 27°，这时地基发生整体失稳破坏。由于谷仓整体性很强，仓筒完好无损。事后在仓筒下增设 70 多个支撑于基岩上的混凝土墩，使用 388 个 50t 千斤顶，才将筒仓纠正过来，但其标高比原来降低了 4m。

　　世界著名的意大利比萨斜塔，1173 年动工，1178 年建到第 4 层时，因发现塔身明显倾斜停工，1272 年复工，建到 7 层时于 1278 年再次停工，1360 年再复工，1372 年完工，高约 55m，共 8 层。由于地基土层不均匀沉降，该塔建成时塔顶中心点就向南侧偏离中心线 2.1m，以后倾斜不断加剧，最严重时达 5.2m。历史上经过几次修整纠偏，最近一次于 1990 年停止开放，意大利政府自 1990 年至 2001 年斥资 2500 万英镑，花了 11 年时间拯救维修，最终使塔身倾斜由原来的 5.5° 减小到大约 4°，2001 年 12 月重新开放（图 1-3），这是地基不均匀沉降造成建筑物严重倾斜的典型案例。

图 1-2　加拿大特朗斯康谷仓　　　　　　图 1-3　意大利比萨斜塔

　　再比如始建于 1954 年的上海展览中心，主楼展馆 14 层，高 62.8m，其上为钢塔，塔顶上所托的红五角星离地面总标高为 114m，主楼采用埋置深度 7.27m 的箱形基础，两翼展馆采用条形基础。因基底下有厚达 14m 的高压缩性淤泥质软黏土，到 1954 年年底实测该楼的平均沉降量就达 61cm。1957 年 6 月，中央大厅四周的沉降量最大为 147cm，最小为 123cm。到 1979 年，该楼的平均沉降量为 160cm。由于基础严重下沉，大厅变成了半地下室，不仅使散水倒坡，而且建筑物内外断开，水、电、暖管道断裂，不得不整修处置。这是基础沉降过大影响建筑正常使用的典型例子。经过 2001 年的整修、加固，上海展览中心目前仍处于良好的运行状态。

　　2009 年 6 月 27 日的上海"楼倒倒"事件（图 1-4）。该事件发生于凌晨 5 时 30 分左右，上海市闵行区莲花河畔景苑小区一栋在建的 13 层住宅楼发生整体倒塌，楼房底部原本应深入地下的数十根 PHC 桩被"整齐"地折断后裸露在外，如图 1-4 所示。事故发生前该大楼南侧正在开挖原深达 4.6m 的地下车库基坑，开挖的土方顺势堆到了楼房北侧，在短期内堆土约有 10m 高、堆土面积足足有一个足球场那么大，致使大楼两侧的产生极大压力差导致土体破坏，使土体产生过大的水平位移，过大的水平力超过了桩基的抗侧能力，以致桩体折断、房屋倾倒。该事故

图 1-4　上海"楼倒倒"事件

是一例非典型的土压力破坏问题。

大量事故教训充分表明，对基础工程必须慎重对待。只有深入地了解地基情况，掌握勘察资料，经过精心设计与施工，才能保证基础工程经济合理，安全可靠。

1.3　基础工程发展历程

基础工程是人类在长期的生产实践中不断发展起来的一门应用科学。劳动人民在长期的工程实践中积累了丰富的基础工程经验。例如我国都江堰水利工程、举世闻名的万里长城、隋朝南北大运河、黄河大堤、赵州石拱桥以及全国各地的宏伟壮丽的宫殿寺院，都有坚固的地基基础，经历地震强风考验，留存至今。如秦代修筑驰道时采用的"隐以金椎"（《汉书》）的路基压实方法，以及至今仍采用的灰土垫层、石灰桩、瓦渣垫层和水撼砂垫层等，都是我国自古已有的传统地基处理方法。浙江余姚村河姆渡村新石器时代的文化遗址出土了距今 7000 年的最早的木桩。秦代公元前 221 年修建的渭桥、隋朝郑州超化寺伸入淤泥的塔基、五代杭州湾大海塘工程等，都使用了木桩作为基础。北宋初著名木工喻皓（公元 989 年）建造开封开宝寺木塔时，因预见塔基土质不均可引起不均匀沉降，建造时故意使塔身向西北倾斜，在地基沉降和长期风力作用下，沉降稳定后塔身刚好直立。这些都体现了劳动人民的智慧和创造才能。

18 世纪工业革命推动了工业化发展，建筑工程、水利工程、道路和桥梁工程的建设规模不断扩大，促使人们重视基础工程的研究，土力学作为基础工程的理论基础也得到了发展。1773 年，法国库仑（Coulomb）根据试验提出了著名的砂土抗剪强度公式，创立了计算挡土墙土压力的滑楔理论。1857 年，英国朗肯（Rankine）从另一途径提出了挡土墙的土压力理论，有力地促进了土体强度理论的发展。此外，1885 年，法国布辛奈斯克（Boussinesq）提出了弹性半空间表面作用竖向集中力的应力和变形的理论解答；1922 年，瑞典费兰纽斯（Fellenius）提出了土坡稳定分析法等。这些古典的理论和方法，至今仍不失其理论和实用价值。1925 年，美国太沙基（Terzaghi）在归纳发展已有成就的基础上，出版了第一本土力学专著，标志着土力学学科的形成。

新中国成立以来，大规模的社会主义经济事业的飞跃发展，促进了我国基础工程学科的迅速发展。我国在各种桥梁、水利及建筑工程中成功地处理了许多大型和复杂的基础工程，取得了辉煌的成就。近年来大型水利工程的建设，城市化进程的推进，地下空间的开发利用、高速公路和铁路的发展，跨海大桥的建设，以及南水北调工程、西气东输工程、青藏铁路等都极大地推动了基础工程学科的发展，展现了我国在岩土力学与基础工程等各个领域理论与实践的新成就。以三峡工程为代表的各大型水电站的建设，解决了高坝、大型复杂地下水电站的岩土地基基础问题，使我国的岩土力学与工程应用迈向世界前列。青藏铁路的建设，解决了冻土层上建筑与施工的各种特殊问题，使我国的冻土力学研究走在了世界前沿。上海中心大厦主楼区基础基坑挖深 31.3m，局部挖深达 33.1m，直径 121m 的圆形地下连续墙厚 1.2m，深 50m，后注浆大直径灌注桩桩端埋深 86m。杭州湾跨海大桥钢管桩的最大直径 1.6m，单桩最大长度 89m，最大质量 74t，开创了国内外大直径超长整桩螺旋桥梁钢管桩之最。苏通长江大桥主墩基础由 131 根长约 120m，直径 2.5～2.8m 的群桩基础组成，承台长 114m，宽 48m，面积有一个足球场大，是在 40m 水深以下厚达 300m 的软土地基上建起来的，是世界上规模最大、入土深度最深的群桩基础。天津117大厦主塔楼地下4层，桩筏基础，设计了941根100m长桩作为桩基础，筏板底面尺寸103m×101m，底板厚6.5m；基坑最大开挖深度26.65m，基坑外围采用直径188m环形混凝土内支撑，中坑采用"两墙合一"的地下连续墙加两道钢筋混凝土支撑的支护形式。

此外，我国在工程地质勘察、室内及现场土工试验、地基处理、新设备、新材料、新工艺的研究和应用方面，取得了很大的进展。各种地基处理新技术在土建、水利、桥隧、道路、港口、海洋等有关工程中得到了广泛应用，取得了较好的经济技术效果。随着电子技术及各种数值计算方法对各学科的逐步渗透，土力学与基础工程的各个领域都发生了深刻的变化，许多复杂的工程问题得到了相应的解决，试验技术也日益提高。在大量理论研究与实践经验积累的基础上，有关基础工程的各种设计与施工规范或规程等也相继问世或日臻完善，为我国基础工程设计与施工做到技术先进、经济合理、安全适用，确保质量提供了充分的理论与实践依据。随着国家"一带一路"倡议部署，与先进基础工程理论和技术相关的大型工程将会层出不穷，现代化建设发展也必将使基础工程学科获得新的活力和更大发展。

1.4　基础工程课程特点和学习要求

1.4.1　基础工程课程特点

（1）基础工程课程是一门工程学科，专门研究建造在岩土地层上建筑物基础及有关结构物的设计与建造技术的工程学科，是岩土工程学的重要组成部分。本课程与工程地质学、工程力学以及结构设计和施工等几个学科领域相关联，综合性、理论性和实践性很强，学习时要抓住重点，兼顾全面。

（2）基础工程设计是以工程要求和勘探试验为依据，以岩土与基础共同作用和变形与稳定分析为核心，作出合理的基础工程方案和建造技术措施，确保建筑物的安全与稳定。

（3）基础工程课程内容广泛，综合性强。基础工程课程涉及诸多的土木工程专业技术基础课及专业课，且地基土复杂多变，设计中很难找到完全相同的实例。因此，要具有综合应用土木工程各个学科理论知识的能力，同时要全面掌握和正确应用基础工程的基本原理、方法、技术来解决基础工程中复杂多变的实际问题。

（4）基础工程涉及的规范多，一般土木工程专业课（如钢结构、混凝土结构）涉及的规范种类较少，标准明确，而基础工程课程却不同，涉及的规范种类多，而且目前还没有各行业统一的地基基础设计规范，同时各行业又存在一定的差别，有许多不协调之处，这给学习带来不便。另外，地基基础工程问题具有明显区域性，所以设计中要注意结合当地的规范、规程及工程经验。

1.4.2　学习要求

学习基础工程课程时，重在掌握基础工程设计的基本原理和方法，应用土力学的基本原理和方法来研究建筑物地基和基础的承载力和变形等问题，具有进行一般土木工程基础选型、设计和评价的能力，同时具备从事基础工程施工管理的能力，对常见的基础工程事故能做出科学的分析，提出可行的处理方案。因此，学习时应注意理论联系实际，通过各个教学环节，紧密结合工程实践，提高理论认识，培养分析和解决地基基础工程问题的能力。

基础工程课程具有差异性及经验性。差异性体现在本学科中因为没有完全相同的地基，几乎找不到完全相同的工程实例。在处理基础工程问题时，必须注意不同情况进行不同的分析。经验性体现在解决地基基础问题时，注意有一定程度的经验性。因此，本课程有较多的经验公式，而且有关地基及基础方面的规范就是理论及经验的总结。学习时，除了学习全国性地基基础设计规范外，还要了解地区性的规范及规程，并注意世界各国的规范各有不同。

注重课程学习方法，要仔细分析各种理论及公式的基本假定及使用条件，对于公式的推导只作了解，要把注意力放在理解、应用公式上，并结合当地的基础工程实践经验加以应用。避免千篇一律地不分地区而机械套用理论公式、规范。

浅基础地基设计

2.1 地基基础设计基本原则

地基是指承受建筑物荷载那一部分地层，是支撑基础的土体或岩体。地基按是否经过处理分为天然地基和人工地基。不需人工处理就可以直接建造建（构）筑物的地基称为天然地基，需经过人工处理后才能作为建（构）筑物地基的称为人工地基。

基础是连接地基与上部结构的下部结构，其作用将上部结构所承受的各种作用传递至地基。而基础可按埋置深度、施工方法及是否考虑基础侧面摩阻力分为浅基础和深基础两类，本章主要讨论天然地基上的浅基础设计。

浅基础是相对深基础而言的，其差别主要在于设计原则与施工方法。浅基础的埋深通常不大，一般只需采用普通基坑开挖，排水的施工方法建造，施工条件和工艺都较简单；深基础（包括桩基础、墩基础、沉井基础及地下连续墙基础等）则需借助于特殊的施工方法和机具进行施工，施工条件较为困难，工艺也更复杂，但很难用一个固定的埋置深度来区别浅基础和深基础。正因为埋深不大，浅基础设计时只考虑基底地基土的承载能力，不考虑基底以上土体抗剪强度的作用，且忽略基础侧面与土之间的摩阻力；而深基础由于需考虑侧壁摩阻力的有利作用，其承载力的确定和设计方法也就不同。

根据不同地基类型采用不同基础形式，形成下列 4 种地基基础方案：①天然地基上的浅基础；②天然地基上的深基础；③人工地基上的浅基础；④人工地基上的深基础。一般地说，第①种方案施工方便、技术简单、造价低，应该优先选用。如果第①种方案不能满足工程要求，应该通过技术、经济比较，选择第②或第③种方案。只有在极特殊的情况下，才考虑采用第④种方案，即深基础加局部地基处理。

地基基础设计必须根据上部结构、工程地质与水文地质、施工、造价等各种条件，合理选择地基基础方案，因地制宜，精心设计，以确保建（构）筑物的安全和正常使用，做到安全适用、技术先进、经济合理、质量可靠、保护环境。

地基基础设计中必须严格执行国家与行业的相关规范。例如《建筑地基基础设计规范》（GB 50007—2011），《建筑结构荷载规范》（GB 50009—2012），《建筑桩基技术规范》（JGJ 94—2008），《公路桥涵地基与基础设计规范》（JTG 3363—2019）等。本章将以《建筑地基基础设计规范》为主，兼顾《公路桥涵地基与基础设计规范》，主要讨论天然地基上浅基础的设计原理和计算方法，该原理和方法同样适用于人工地基上的浅基础。

2.1.1 地基基础设计等级

根据地基复杂程度、建筑物规模和功能特征，以及由于地基问题可能造成建筑物破坏或影响正常使用的程度，《建筑地基基础设计规范》（GB 50007—2011）将地基基础设计分为甲级、乙级和丙级三个设计等级，具体按表 2-1 选用。

表 2-1　　　　　　　　　　　　　　　地 基 基 础 设 计 等 级

设计等级	建筑和地基类型
甲级	重要的工业与民用建筑物； 30 层以上的高层建筑； 体型复杂，层数相差超过 10 层的高低层连成一体建筑物； 大面积的多层地下建筑物（如地下车库，商场，运动场等）； 对地基变形有特殊要求的建筑物；复杂地质条件下的坡上建筑物（包括高边坡）； 对原有工程影响较大的新建建筑物；场地和地基条件复杂的一般建筑物； 位于复杂地质条件及软土地区的二层及二层以上地下室的基坑工程； 开挖深度大于 15m 的基坑工程； 周边环境条件复杂，环境保护要求高的基坑工程
乙级	除甲级、丙级以外的工业与民用建筑物；除甲级、丙级以外的基坑工程
丙级	场地和地基条件简单、荷载分布均匀的七层及以下民用建筑及一般工业建筑物；次要的轻型建筑物；非软土地区且场地地质条件简单、基坑周边环境条件简单、环境保护要求不高且开挖深度小于 5m 的基坑工程

2.1.2　地基基础设计要求

根据建筑物地基基础设计等级及长期荷载作用下地基变形对上部结构的影响程度，地基基础设计应符合下列规定：

（1）所有建筑物的地基计算均应满足承载力计算的有关规定。

（2）设计等级为甲级、乙级的建筑物，均应按地基变形设计。

（3）表 2-2 所列设计等级为丙级的建筑物可不作地基变形验算，但如有下列情况之一的丙级建筑物，仍应作变形验算。

表 2-2　　　　　　可不作地基变形验算的设计等级为丙级的建筑物范围

地基主要受力层情况	地基承载力特征值 f_{ak}(kPa)		$80 \leqslant f_{ak} < 100$	$100 \leqslant f_{ak} < 130$	$130 \leqslant f_{ak} < 160$	$160 \leqslant f_{ak} < 200$	$200 \leqslant f_{ak} < 300$
	各土层坡度（%）		$\leqslant 5$	$\leqslant 10$	$\leqslant 10$	$\leqslant 10$	$\leqslant 10$
建筑类型	砌体承重结构，框架结构（层数）		$\leqslant 5$	$\leqslant 5$	$\leqslant 6$	$\leqslant 6$	$\leqslant 7$
	单层排架结构（6m 柱距）	单跨 吊车额定起重量（t）	10～15	15～20	20～30	30～50	50～100
		单跨 厂房跨度（m）	$\leqslant 18$	$\leqslant 24$	$\leqslant 30$	$\leqslant 30$	$\leqslant 30$
		多跨 吊车额定起重量（t）	5～10	10～15	15～20	20～30	30～75
		多跨 厂房跨度（m）	$\leqslant 18$	$\leqslant 24$	$\leqslant 30$	$\leqslant 30$	$\leqslant 30$
	烟囱	高度（m）	$\leqslant 40$	$\leqslant 50$	$\leqslant 75$		$\leqslant 100$
	水塔	高度（m）	$\leqslant 20$	$\leqslant 30$	$\leqslant 30$		$\leqslant 30$
		容积（m³）	50～100	100～200	200～300	300～500	500～1000

注　1. 地基主要受力层是指条形基础底面下深度为 3b（b 为基础底面宽度），独立基础底面下深度为 1.5b，且厚度均不小于 5m 的范围（二层以下一般的民用建筑除外）。

2. 地基主要受力层中如有承载力特征值小于 130kPa 的土层时，表中砌体承重结构的设计，应符合《建筑地基基础设计规范》（GB 50007—2011）第 7 章有关要求。

3. 表中砌体承重结构和框架结构均指民用建筑，对于工业建筑可按厂房高度、荷载情况折合成与其相当的民用建筑层数。

4. 表中吊车额定起重量、烟囱高度和水塔容积的数值是指最大值。

1）地基承载力特征值小于 130kPa，且体型复杂的建筑。

2）基础上及其附近有地面堆载或相邻基础荷载差异较大，可能引起地基产生过大的不均匀沉降时。

3）软弱地基上的建筑物存在偏心荷载时。

4）相邻建筑距离过近，可能发生倾斜时。

5）地基内有厚度较大或厚薄不均的填土，其自重固结未完成时。

（4）对经常受水平荷载作用的高层建筑、高耸结构和挡土墙等，以及建造在斜坡上或边坡附近的建筑物，尚应验算其稳定性。

（5）基坑工程应进行稳定性验算。

（6）建筑地下室或地下构筑物存在上浮问题，尚应进行抗浮验算。

2.1.3 荷载与作用效应组合

1. 基础上作用的荷载

进行基础设计前期，需要分析作用在基础上的各种荷载。其荷载包括永久荷载和可变荷载。作用在基础上永久荷载包括建筑物、基础的自重、固定设备的重量、土压力和稳定水位的水压力，它们是引起基础沉降的主要因素。可变荷载又分为普通可变荷载和偶然荷载。普通可变荷载是指楼面活载、屋面活载、积灰荷载、吊车荷载、雪荷载等；偶然荷载（如地震作用、风力、爆炸力、撞击力等）发生的机会不多，作用的时间很短，故沉降计算只考虑普通可变荷载。但在进行地基的稳定性验算时，则要考虑偶然荷载。

在进行地基基础设计时，应根据使用过程中可能同时出现的荷载，按设计要求和使用要求，取各自最不利状态分别进行荷载效应（作用）组合。

2. 荷载取值

《建筑地基基础设计规范》（GB 50007—2011）规定，地基基础设计时采用的荷载效应最不利组合与相应抗力按下列规定执行：

（1）按地基承载力确定基底面积及埋深或按单桩承载力确定桩数时，传至基础或承台底面上的荷载效应按正常使用极限状态下荷载效应的标准组合；相应的抗力采用地基承载力特征值或单桩承载力特征值。

（2）地基变形计算时，传至基础底面上的荷载效应应按正常使用极限状态下荷载效应的准永久组合，不应计入风荷载和地震作用；相应的限值应为地基变形允许值。

（3）计算挡土墙土压力，地基或斜坡稳定及基础抗浮稳定时，荷载效应按承载能力极限状态下荷载效应的基本组合，但其分项系数均为 1.0。

（4）在确定基础或桩基承台高度、支挡结构截面、计算基础或支挡结构内力，确定配筋和验算材料强度时，上部结构传来的荷载效应和相应的基底反力，挡土墙土压力及滑坡推力，应按承载能力极限状态下荷载效应的基本组合，采用相应的分项系数。当需要验算基础裂缝宽度时，应按正常使用极限状态下荷载效应的标准组合。

（5）基础设计安全等级、结构设计使用年限、结构重要性系数应按有关规范的规定采用，但结构重要性系数 γ_0 不应小于 1.0。

3. 作用效应组合

正常使用极限状态下，标准组合的效应设计值为

$$S_k = S_{Gk} + S_{Q1k} + \psi_{c2}S_{Q2k} + \cdots + \psi_{cn}S_{Qnk} \tag{2-1}$$

准永久组合的效应设计值

$$S_k = S_{Gk} + \psi_{q1} S_{Q1k} + \psi_{q2} S_{Q2k} + \cdots + \psi_{qn} S_{Qnk} \qquad (2-2)$$

承载能力极限状态下，由可变作用控制的基本组合的效应设计值

$$S_d = \gamma_G S_{Gk} + \gamma_{Q1} S_{Q1k} + \gamma_{Q2} \psi_{c2} S_{Q2k} + \cdots + \gamma_{Qn} \psi_{cn} S_{Qnk} \qquad (2-3)$$

式中　S_{Gk}——永久作用标准值 G_k 的效应；

S_{Qik}——第 i 个可变作用标准值 Q_{ik} 的效应；

ψ_{ci}——第 i 个可变作用 Q_i 的组合值系数，按《建筑结构荷载规范》（GB 50009—2012）的规定取值；

ψ_{qi}——第 i 个可变作用准永久值系数，按《建筑结构荷载规范》（GB 50009—2012）的规定取值；

γ_G——永久作用的分项系数，按《建筑结构荷载规范》（GB 50009—2012）的规定取值；

γ_{Qi}——第 i 个可变作用的分项系数，按《建筑结构荷载规范》（GB 50009—2012）的规定取值。

对永久作用控制的基本组合，也可采用简化规则，基本组合的效应设计值 S_d 可按下式确定

$$S_d = 1.35 S_k \qquad (2-4)$$

式中　S_k——标准组合的作用效应设计值。

2.1.4　地基基础设计内容与步骤

（1）选择基础方案，确定基础类型（材料、平面布置）。

（2）选择地基持力层，确定基础的埋置深度。

（3）确定持力层的地基承载力。

（4）根据基础顶面荷载值及持力层的地基承载力，初步计算基础底面尺寸。

（5）若地基持力层下部存在软弱土层时，需验算软弱下卧层的承载力。

（6）必要时，尚需进行稳定性和变形验算。

（7）进行基础结构设计（对基础进行内力分析、截面计算并满足构造要求）。

（8）绘制施工图，编制施工技术说明书。

2.2　浅 基 础 类 型

浅基础类型较多，可以按基础材料、受力性能、构造等因素进行划分。按照基础材料分为砖基础、三合土基础、灰土基础、毛石基础、混凝土基础、毛石混凝土基础、钢筋混凝土基础。其中前六种具有抗压强度大，抗拉、抗剪强度低的特点，习惯上称为刚性基础或无筋扩展基础。因此，根据基础所用材料性能又分为无筋扩展基础（刚性基础）和钢筋混凝土基础。按照基础结构形式分为扩展基础、联合基础、柱下条形基础、柱下交叉条形基础、筏形基础、箱形基础和壳体基础等。

2.2.1　无筋扩展基础

无筋扩展基础是指由砖、毛石、混凝土、毛石混凝土、灰土或三合土等材料组成的，且不需要配置钢筋的墙下条形基础或柱下独立基础（图 2-1）。这些材料都具有较好的抗压性

能，但抗拉、抗剪强度却不高，因此，无筋扩展基础需具有非常大的截面抗弯刚度以保证受荷后不发生挠曲变形和开裂，故习惯称其为"刚性基础"。一般适用于多层民用建筑和轻型厂房。设计时，无筋扩展基础设计时一般只需规定基础的材料强度与质量、限制台阶宽高比、控制建筑物层高及地基承载力，因而一般无须进行繁杂的内力分析和截面强度计算。

砖基础是工程中最常见的一种无筋扩展基础，其各部分的尺寸应符合砖的尺寸模数。砖基础一般做成台阶式，俗称"大放脚"。其砌筑方式有两种：①"二皮一收"，如图2-1所示；②"二一间隔收"，但须保证底层为两皮砖，即120mm高，如图2-1（b）所示。上述两种砌法都能满足台阶宽高比要求。"二一间隔收"较节省材料，同时又恰好能满足台阶宽高比要求。关于无筋扩展基础的宽高比要求详见第3章。

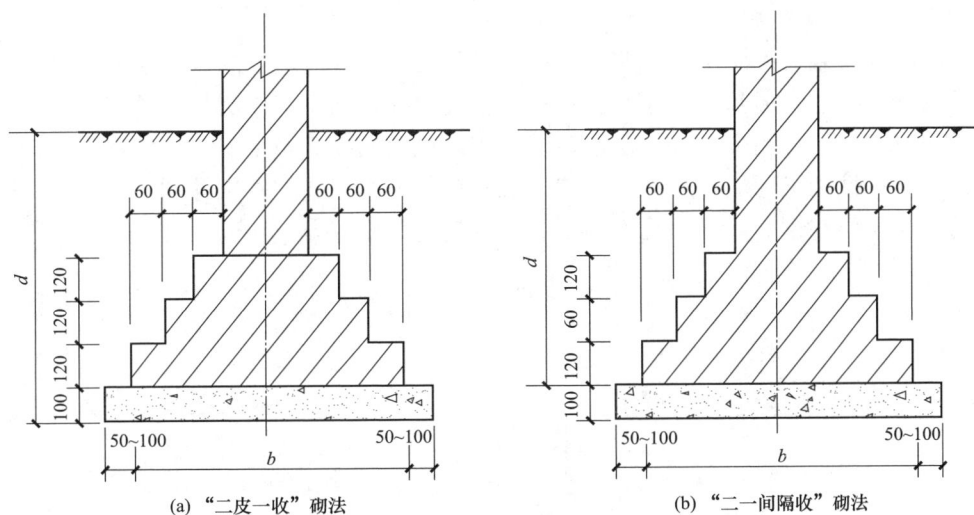

图 2-1　砖基础剖面图

三合土基础是用石灰、砂、骨料（矿渣、碎砖或碎石）三合一材料加适量的水分充分搅拌均匀后，铺在基槽内分层夯实而成。三合土基础常用于地下水位较低的四层及四层以下的民用建筑工程中。灰土基础由熟化后的石灰和黏性土按比例拌和并夯实而成。施工时每层虚铺灰土220～250mm，夯实至150mm，称为"一步灰土"。根据需要可设计成二步灰土或三步灰土。

混凝土和毛石混凝土基础的强度、耐久性与抗冻性都优于砖基础和灰土基础。当荷载大或地下水位较高时，可考虑选用混凝土基础。在混凝土基础中掺入20%～30%（体积比）的毛石，以节约水泥用量，称为毛石混凝土基础。

2.2.2　扩展基础

扩展基础是指柱下钢筋混凝土独立基础和墙下钢筋混凝土条形基础。这种基础抗弯和抗剪性能良好，可在竖向荷载较大、地基承载力不高，以及承受水平力和力矩荷载等情况下使用。由于这类基础的高度不受台阶允许宽高比的限制，适宜于"宽基浅埋"的场地下采用。

1. 柱下钢筋混凝土独立基础

柱下钢筋混凝土独立基础构造如图2-2所示。基础截面分为阶梯形、锥形和杯口形三种。现浇柱的独立基础可做成阶梯形或锥形，预制柱则采用杯口形基础。杯口形基础常用于装配式或单层工业厂房。

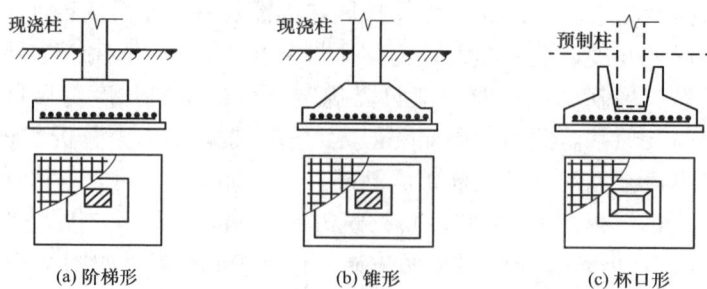

图 2-2　钢筋混凝土柱下独立基础

2. 墙下钢筋混凝土条形基础

当上部墙体荷载较大而土质较差时，可考虑采用"宽基浅埋"的墙下钢筋混凝土条形基础。墙下钢筋混凝土条形基础分为无肋式和有肋式两种，墙下钢筋混凝土条基一般做成无肋（或称"无肋式"），如图 2-3(a) 所示，但当基础纵向的荷载及地基土压缩性不均匀时，为增强基础的整体性和抗弯能力，减小不均匀沉降，可采用带肋的基础 [图 2-3(b)]，肋部配置足够的纵向钢筋和箍筋，以承受不均匀沉降引起的弯曲应力。

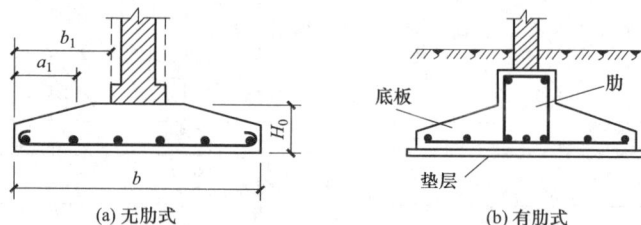

图 2-3　墙下钢筋混凝土条形基础

2.2.3　柱下条形基础

当地基软弱而荷载较大时，若采用柱下扩展基础，可能因基底面积很大而使基础边缘互相接近甚至重叠，为增加基础的整体性并方便施工，可将同一排的柱基础连通成为柱下钢筋混凝土条形基础[图 2-4(a)]。若仅是相邻柱相连，又称作联合基础或双柱联合基础。

当采用柱下钢筋混凝土条形基础不能满足地基承载力和变形要求时，可采用交叉条形基础（也称交叉梁基础或十字交叉条形基础）[图 2-4(b)]。这种基础在纵横两向均具有一定刚度，当地基软弱且两个方向的荷载和土质不均匀时，交叉条形基础具有良好的调整不均匀沉降的能力。

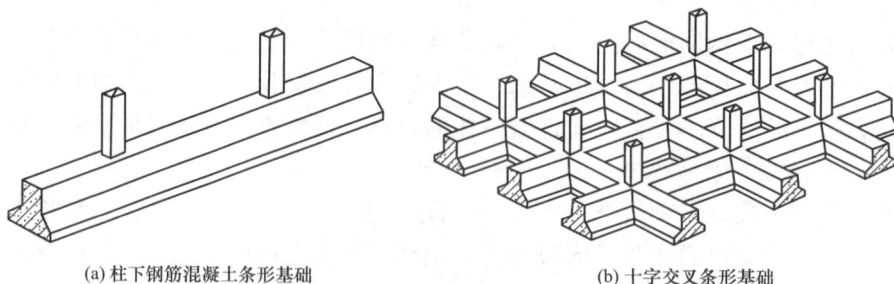

图 2-4　柱下条形基础

2.2.4　筏形基础

荷载很大且地基软弱，采用交叉条形基础也不能满足要求时可采用筏形基础（也称筏板基础），即用钢筋混凝土做成连续整片基础。筏形基础因基底面积大，可减少基底压力，并有效增强基础整体性，其在构造上好像倒置的钢筋混凝土楼盖，可分为平板式［图 2-5(a)］和梁板式［图 2-5(b)］两种。

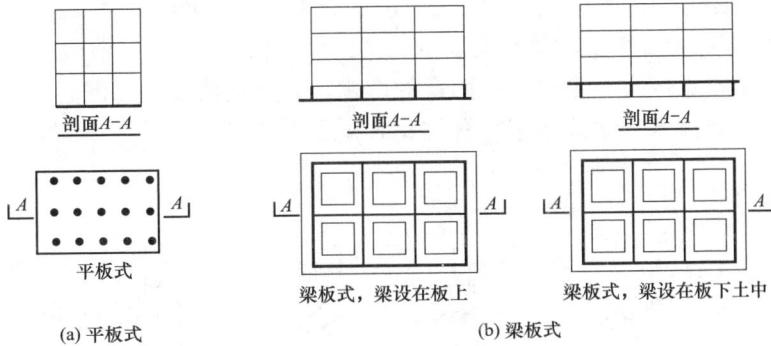

剖面 A-A　　　　剖面 A-A　　　　剖面 A-A

平板式　　　　梁板式，梁设在板上　　　　梁板式，梁设在板下土中

(a) 平板式　　　　(b) 梁板式

图 2-5　筏形基础

筏形基础，特别是梁板式筏形基础整体刚度较大，能很好地调整不均匀沉降。对于有地下室建筑、高层建筑或本身需要可靠防渗底板的储液结构（如水池、油库）等，是理想的基础形式。

2.2.5　箱形基础

箱形基础是由钢筋混凝土顶板、底板、纵横隔墙构成的，具有一定高度的整体结构（图 2-6）。箱形基础具有较大的基础底面，较深的埋置深度和中空的结构形式，使开挖去的土抵偿了上部结构传来的部分荷载在地基中引起的附加应力（补偿应力），所以与一般实体基础（扩展基础和柱下条形基础）相比，它显著减小基础沉降量。

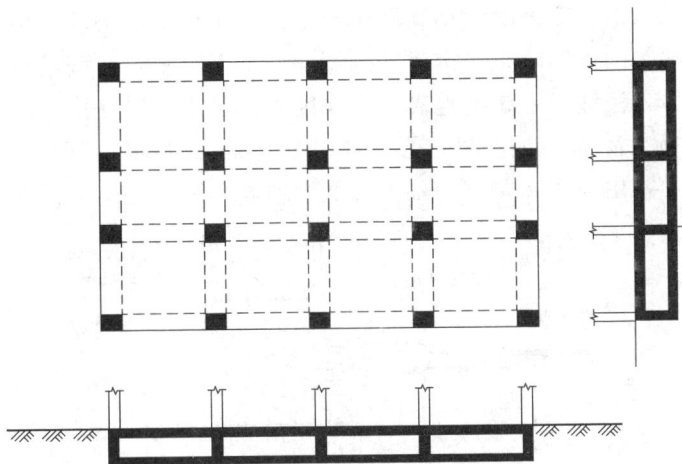

图 2-6　箱形基础

由顶板、底板和纵横墙形成的结构整体性使箱基具有比筏形基础更大的空间刚度，可抵抗地基或荷载分布不均匀引起的差异沉降和跨越不太大的地下洞穴。此外，箱基的抗

震性能较好。箱基形成的地下室可以提供更多使用功能，冷藏室和高温炉体下的箱基具有隔热作用，可防止地基土的冻胀和干缩；高层建筑的箱基可作为商店、库房、设备层和人防之用。

2.2.6　壳体基础

壳体基础由正圆锥形、M形圆锥壳体和内球外锥组合壳及其组合形式构成的薄壳结构基础（图2-7），这种基础使径向内力转变为以压应力为主，比一般梁、板式的钢筋混凝土基础减少混凝土用量50%左右，节约钢筋30%以上，具有良好的经济效果。但壳体基础施工时修筑土胎的技术难度大，易受气候因素的影响，布置钢筋及浇捣混凝土施工困难，较难实行机械化施工。壳体基础主要用于特种结构，尤其是高耸建（构）筑物，如烟囱、水塔、电视塔等。

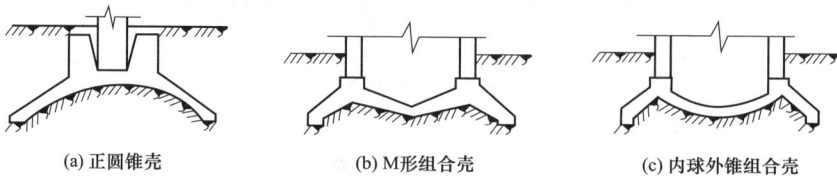

(a) 正圆锥壳　　　　　　　(b) M形组合壳　　　　　　(c) 内球外锥组合壳

图2-7　壳体基础

2.3　基础埋置深度的选择

基础埋置深度（简称"基础埋深"）是指室外地坪到基础底面的距离。直接支承基础的土层称为持力层，其下的各土层称为下卧层。所以，选择基础埋深也即选择合适的地基持力层。

基础埋深大小对建筑物的安全和正常使用，基础施工技术措施、施工工期和工程造价等影响很大。因此，确定基础埋深是基础设计工作中的重要环节。设计时需综合考虑建筑物的用途、基础的形式和构造，荷载的大小和性质、工程地质和水文条件、相邻建筑物的基础埋深、地基冻胀和融陷等因素影响。确定浅基础埋深的基本原则：在满足地基稳定性和变形要求前提下，基础应尽量浅埋；考虑到地表一定深度内，由于气温变化、雨水侵蚀、动植物活动及人为活动的影响，除岩石地基外（至少0.1m），最小埋深不宜小于0.5m；为保护基础，基础顶面一般不露出地面，要求基础顶面低于地面至少0.1m，如图2-8所示。

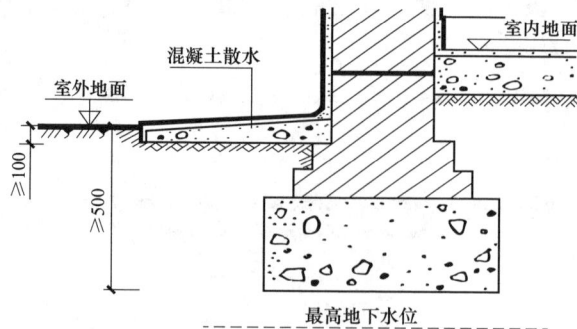

图2-8　基础最小埋置深度

2.3.1 建筑结构条件

基础埋深首先应考虑建筑物结构条件，如有无地下室、设备基础和地下设施、基础的形式和构造等。因此，对需设置地下室或设备层的建筑物、半埋式结构物、需建造带封闭侧墙的筏形或箱形基础的高层或重型建筑，带有地下设施的建筑物、具有地下部分的设备基础等，都应将建筑结构条件与基础埋深选择综合考虑，如电梯井处自地面向下至少需有 1.4m 的缓冲坑，其基础埋深应满足这一要求。

结构物荷载大小和性质不同，对地基土要求也不同，因而会影响基础埋深的选择。浅层土对荷载小的基础可能是很好的持力层，但对荷载大的基础就可能不宜作为持力层。荷载的性质对基础埋置深度的影响也很明显。对于承受水平荷载（风、地震作用等）的基础，需有足够的埋置深度来获得土的侧向抗力，以保证基础的稳定性，减少建筑物的整体倾斜，防止倾覆及滑移。

《建筑地基基础设计规范》（GB 50007—2011）规定：

（1）对于高层建筑基础的筏形基础或箱形基础的埋置深度，在抗震设防区，除岩石地基外，采用天然地基上的筏形基础和箱形基础的埋置深度不宜小于建筑物高度的 1/15。

（2）采用桩箱或桩筏基础的埋置深度（不计桩长）不宜小于建筑物高度的 1/18。

（3）对于承受上拔力的基础，如输电塔基础，也要求较大的埋深以提供足够的抗拔阻力。

（4）对于承受动荷载的基础，则不宜选择饱和疏松的粉细砂作为持力层，以免这些土层由于振动液化而丧失承载力，造成基础失稳。

2.3.2 工程地质条件与水文条件

1. 工程地质条件

为了保护建筑物的安全，必须根据荷载的大小、性质与工程地质条件、水文条件选择可靠的持力层。持力层选择可遵循如下原则：

（1）自上而下都是好土层，埋深按满足建筑功能和结构构造要求的最小值选取。

（2）自上而下都是软弱土层且荷载较大，采用连续基础、深基础或作地基处理。

（3）上软下硬时，视土层厚度决定。

当软弱土层厚度较小（小于 2m）时，宜选取下部良好土层作为地基持力层。

当软弱土层厚度较大（3～5m）时，应从施工技术和工程造价等方面综合分析天然地基、人工地基或深基础形式的优劣，从中选出合适的基础形式和埋深。

（4）上硬下软时，宜取上层土作为持力层，遵守"宽基浅埋"原则。

（5）当土层分布明显不均匀，或建筑物各部分差别较大时，同一建筑物可采用不同的埋深来调整不均匀沉降。对于地基持力层顶面倾斜的墙下条形基础，可沿墙长将基础底面分段做成高低不同的台阶状。分段长度不宜小于相邻两段底面高差的 1～2 倍，且不宜小于 1m。

（6）位于稳定土坡坡顶上的建筑，当垂直于坡顶边缘线的基础底面边长小于或等于 3m 时，基础底面外边缘线至坡顶的水平距离应符合式（2-5）要求，且不得小于 2.5m（图 2-9）。

$$条形基础：a \geqslant 3.5b - \frac{d}{\tan\beta} \quad (2-5)$$

$$矩形基础：a \geqslant 2.5b - \frac{d}{\tan\beta} \quad (2-6)$$

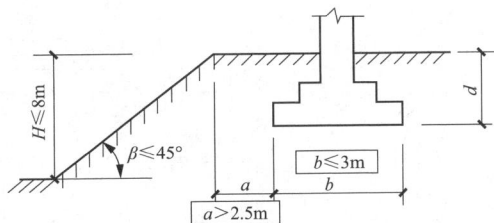

图 2-9　土坡坡顶处基础的最小埋深

式中　a——基础底面外边缘线至坡顶的水平距离；

　　　b——垂直于坡顶边缘线的基础底面边长；

　　　d——基础埋置深度；

　　　β——边坡坡脚。

当基础底面外边缘线至坡顶的水平距离不满足式（2-5）、式（2-6）的要求时，根据稳定性验算方法确定基础距坡顶边缘的距离和基础埋深。

当边坡坡角大于 $45°$，坡高大于 8m 时，还应进行坡体稳定性验算。

2. 水文地质条件

选择基础埋深时应注意地下水的埋藏条件和动态。对于天然地基上的浅基础设计有潜水存在时，应尽量考虑将基础置于潜水位以上。若基础必须埋在水位以下时，除应当考虑基坑排水、坑壁围护等措施以保护地基土不受扰动外，还要考虑地下水对混凝土的腐蚀性，地下室的防渗，地下水浮托力影响基础底板的内力及基础的抗浮稳定性等。

建筑物基础受浮力作用，或者持力层埋藏有承压含水层时，确定基础埋深必须控制基坑开挖深度，满足抗浮稳定性要求，防止坑底突涌。要求建筑物自重及压重之和 G_k 与浮力作用值 N_{wk} 之比应不小于抗浮稳定安全系数 k_w，既满足式（2-7）的要求。

$$\frac{G_k}{N_{wk}} \geqslant k_w \qquad (2-7)$$

对埋藏有承压含水层的地基（图 2-10），确定基础埋深时，须防止基坑底因挖土卸载而隆起开裂，引起坑底突涌。因此，设计时必须控制基坑开挖深度，使承压含水层顶部的自重应力与水压力之比大于 1，以此确定基底至承压含水层顶间的保留土层厚度（槽底安全厚度）h_0。

$$\frac{\gamma_0 h_0}{\gamma_w h} \geqslant k \qquad (2-8)$$

式中　h——承压水位高度（从承压含水层顶算起），m；

　　　γ_0——基坑底安全厚度范围内各土层的加权平均重度（kN/m³），地下水位以下的土

　　　　　　层取有效重度 $\gamma_0 = \dfrac{\gamma_1 z_1 + \gamma_2 z_2}{z_1 + z_2}$；

　　　γ_w——水的重度，kN/m；

　　　k——安全系数，一般取 1.0，对宽基坑宜取 0.7。

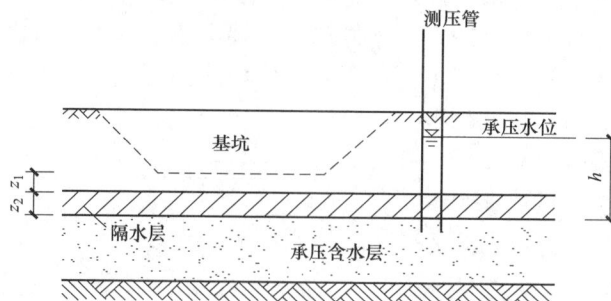

图 2-10　基坑下有承压含水层时的基础埋深

3. 河流的冲刷深度影响

对于桥梁基础，由于洪水冲刷后，整个河床面要下降，称为一般冲刷，被冲下去的深度称为一般冲刷深度。同时由于桥墩的阻水作用，使洪水在桥墩四周冲出一个深坑称为局部冲刷，如图 2-11 所示。因此，确定桥梁基础埋深时，应考虑冲刷作用，其确定原则如下：

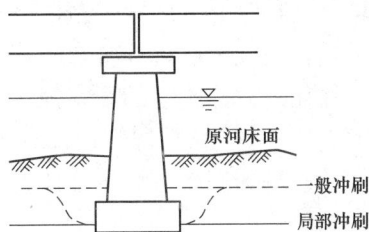

图 2-11　河流的冲刷作用

（1）有冲刷时，基础必须埋置在设计洪水的最大冲刷线以下不小于 1m。

（2）涵洞基础。无冲刷时，设在地面或河床底面以下埋深不小于 1m 处；有冲刷时，基底埋深应在局部冲刷线以下不小于 1m。

（3）非岩石河床桥梁墩台基础的基底在设计洪水位冲刷总深度以下的最小埋置深度，由表 2-3 采用。

表 2-3　　　　　　　　　　　桥梁受冲刷时基底最小埋深　　　　　　　　　　　　　m

桥梁类型	最大冲刷深度（m）					
	0	<3	≥3	≥8	≥15	≥20
一般桥梁	1.0	1.5	2.0	2.5	3.0	3.5
技术复杂、修复困难的特大桥及其他重要大桥	1.5	2.0	2.5	3.0	3.5	4.0

2.3.3　相邻建筑物基础埋深

当存在相邻建筑物时，新建建筑物的基础埋深不宜深于相邻原有建筑物的基础埋置深度。如果新建的建筑物荷载很大，而基础埋深又深于相邻原有建筑物的基础埋深，解决的办法如下：

设计时考虑与原有建筑物之间保持一定的净距，其数值由荷载大小、地基承载力、基础结构形式及地基土质情况确定，一般取相邻两基础底面高差的 1～2 倍（图 2-12）。

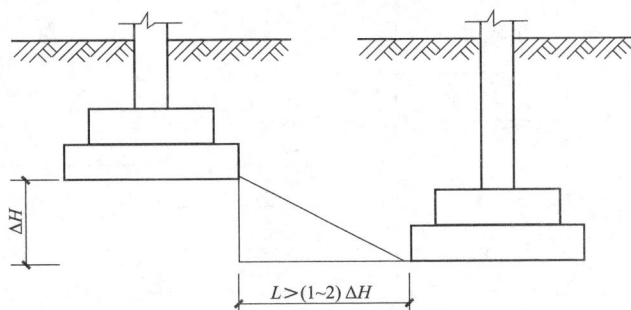

图 2-12　相邻基础的埋置深度

当上述要求不能满足时，应采取分段施工、设临时加固支撑、打板桩、地下连续墙等施工措施，或加固原有建筑物基础。

2.3.4　地基土冻胀和融陷的影响

地表下一定深度的地层温度随大气温度而变化。季节性冻土层是冬季冻结，天暖解冻的土层,在我国北方地区分布广泛。位于冻胀区的基础在受到大于基底压力的冻胀力作用下会被上抬,而冻土层解冻融解时,地基土又发生融陷,建筑物随之下沉。冻胀和融陷是不均匀的,往往造成建筑物的开裂损坏。因此为避开冻胀区土层的影响,《建筑地基基础设计规范》(GB 50007—2011)规定:

(1)基础底面宜设置在冻结线以下:即季节性冻土区基础埋置深度大于场地冻结深度$(d>z_d)$。

(2)在基础底面以下留有少量冻土层:基础底面土层为不冻胀、弱冻胀、冻胀土时,基础深度可以小于场地冻结深度,基础底面以下允许一定厚度的冻土层。

季节性冻土的冻胀性与融陷性相互关联,常以冻胀性加以概括。《建筑地基基础设计规范》(GB 50007—2011)根据地基土的种类、冻结前天然含水量、冻结期间地下水位距冻结面的最小距离和平均冻胀率 η 将地基土划分为不冻胀、弱冻胀、冻胀、强冻胀和特强冻胀五类,见表 2-4。

表 2-4　　　　　　　　　　　　　地 基 土 冻 胀 性 分 类

土的名称	冻前天然含水量 w(%)	冻结期间地下水位距冻结面的最小距离 h_w(m)	平均冻胀率 η(%)	冻胀等级	冻胀类别
碎(卵)石、砾砂、粗、中砂(粒径小于 0.075mm 的颗粒含量大于 15%),细砂(粒径小于 0.075mm 的颗粒含量大于 10%)	$w \leqslant 12$	>1.0	$\eta \leqslant 1$	I	不冻胀
		≤1.0	$1<\eta \leqslant 3.5$	II	弱冻胀
	$12<w \leqslant 18$	>1.0			
		≤1.0	$3.5<\eta \leqslant 6$	III	冻胀
	$w>18$	>0.5			
		≤0.5	$6<\eta \leqslant 12$	IV	强冻胀
粉砂	$w \leqslant 14$	>1.0	$\eta \leqslant 1$	I	不冻胀
		≤1.0	$1<\eta \leqslant 3.5$	II	弱冻胀
	$14<w \leqslant 19$	>1.0			
		≤1.0	$3.5<\eta \leqslant 6$	III	冻胀
	$19<w \leqslant 23$	>1.0			
		≤1.0	$6<\eta \leqslant 12$	IV	强冻胀
	$w>23$	不考虑	$\eta>12$	V	特强冻胀
粉土	$w \leqslant 19$	>1.5	$\eta \leqslant 1$	I	不冻胀
		≤1.5	$1<\eta \leqslant 3.5$	II	弱冻胀
	$19<w \leqslant 22$	>1.5			
		≤1.5	$3.5<\eta \leqslant 6$	III	冻胀
	$22<w \leqslant 26$	>1.5			
		≤1.5	$6<\eta \leqslant 12$	IV	强冻胀
	$26<w \leqslant 30$	>1.5			
		≤1.5			
	$w>30$	不考虑	$\eta>12$	V	特强冻胀

续表

土的名称	冻前天然含水量 w （%）	冻结期间地下水位距冻结面的最小距离 h_w（m）	平均冻胀率 η （%）	冻胀等级	冻胀类别
黏性土	$w \leq w_p + 2$	>2.0	$\eta \leq 1$	I	不冻胀
		≤2.0	$1 < \eta \leq 3.5$	II	弱冻胀
	$w_p + 2 < w$ ≤$w_p + 5$	>2.0			
		≤2.0	$3.5 < \eta \leq 6$	III	冻胀
	$w_p + 5 < w$ ≤$w_p + 9$	>2.0			
		≤2.0	$6 < \eta \leq 12$	IV	强冻胀
	$w_p + 9 < w$ ≤$w_p + 15$	>2.0			
		≤2.0	$\eta > 12$	V	特强冻胀
	$w > w_p + 15$	不考虑			

注 1. w_p 为塑限含水量（%），w 在冻土层内冻前天然含水量的平均值（%）；

2. 盐渍化冻土不在表列；

3. 塑性指数大于 22 时，冻胀性降低一级；

4. 粒径小于 0.005mm 的颗粒含量大于 60% 时，为不冻胀土；

5. 碎石类土当充填物大于全部质量的 40 为时，其冻胀性按充填物土的类别判断；

6. 碎石土、砾砂，粗砂、中砂（粒径小于 0.075mm 颗粒含量不大于 15%）细砂（粒径小于 0.075mm 颗粒含量不大于 10%）均按不冻胀考虑。

（1）基础宜设置在冻结线以下，季节性冻土地基的场地冻结深度 z_d 应按下式计算：

$$z_d = z_0 \cdot \psi_{zs} \cdot \psi_{zw} \cdot \psi_{ze} \tag{2-9}$$

式中　z_d——冻土地基的场地冻结深度，m；

　　　z_0——标准冻深，m，可采用地面平坦，裸露、城市之外的空旷场地中不少于 10 年实测最大冻深的平均值，无实测资料时按《建筑地基基础设计规范》附录 F 采用；

　　　ψ_{zs}——土的类别对冻深的影响系数，按表 2-5 取值；

　　　ψ_{zw}——土的冻胀性对冻深的影响系数，按表 2-6 取值；

　　　ψ_{ze}——环境对冻深的影响系数，按表 2-7 取值。

（2）基础底面以下允许有一定厚度的冻土层时，可用下式计算基础的最小埋深

$$d_{min} = z_d - h_{max} \tag{2-10}$$

式中　h_{max}——基础底面下允许冻土层的最大厚度，m，可按表 2-8 采用。

表 2-5　　　　　　　　　　土的类别对冻深的影响系数

土的类别	黏性土	细砂、粉砂、粉土	中、粗、砾砂	碎石土
影响系数 ψ_{zs}	1.00	1.20	1.30	1.40

表 2-6　　　　　　　　　　土的冻胀性对冻深的影响系数

土的冻胀性	不冻胀	弱冻胀	冻胀	强冻胀	特强冻胀
影响系数 ψ_{zw}	1.00	0.95	0.90	0.85	0.80

表 2 - 7   环境对冻深的影响系数

周围环境	村、镇、旷野	城市近郊	城市市区
影响系数 ψ_{ze}	1.00	0.95	0.90

注　环境影响系数一项中，当城市市区人口为 20 万~50 万人时，按城市近郊取值；当城市市区人口大于 50 万人且小于或等于 100 万人时，按城市市区取值；当城市市区人口超过 100 万人时，按城市市区取值，尚应考虑 5km 以内的郊区应按城市近郊取值。

表 2 - 8   建筑基底允许冻土层最大厚度   m

冻胀性	基础形式	采暖情况	基底平均压力 (kPa)					
			110	130	150	170	190	210
弱冻胀土	方形基础	采暖	0.90	0.95	1.00	1.10	1.15	1.20
		不采暖	0.70	0.80	0.95	1.00	1.05	1.10
	条形基础	采暖	>2.50	>2.50	>2.50	>2.50	>2.50	>2.50
		不采暖	2.20	2.50	>2.50	>2.50	>2.50	>2.50
冻胀土	方形基础	采暖	0.65	0.70	0.75	0.80	0.85	—
		不采暖	0.55	0.60	0.65	0.70	0.75	—
	条形基础	采暖	1.55	1.80	2.00	2.20	2.50	—
		不采暖	1.15	1.35	1.55	1.75	1.95	—

注　1. 本表只计算法向冻胀力，如果基侧存在切向冻胀力，应采取防切向力措施；
　　2. 本表不适用于宽度小于 0.6m 的矩形基础，基础取短边尺寸按方形基础计算；
　　3. 表中数据不适用于淤泥、淤泥质土和欠固结土；
　　4. 表中基底平均压力数值为永久荷载标准值组合值乘以 0.9，可以内插。

在冻胀、强冻胀、特强冻胀地基上，应采用下列防冻害措施：

（1）对在地下水位以上的基础，基础侧面应回填非冻胀性的中砂或粗砂，其厚度不应小于 10cm。对在地下水位以下的基础，可采用桩基础，自锚式基础（冻土层下有扩大板或扩底短桩）或采取其他有效措施。

（2）宜选择地势高、地下水位低、地表排水良好的建筑场地。对低洼场地，宜在建筑四周向外一倍冻深距离范围内，使室外地坪至少高出自然地面 300~500mm。

（3）防止雨水、地表水、生产废水、生活污水浸入建筑地基，应设置排水设施。在山区应设截水沟或在建筑物下设置暗沟，以排走地表水和潜水流。

（4）在强冻胀性和特强冻胀性地基上，其基础结构应设置钢筋混凝土圈梁和基础梁，并控制上部建筑的长高比，增强房屋的整体刚度。

（5）当独立基础联系梁下或桩基础承台下有冻土时，应在梁或承台下留有相当于该土层冻胀量的空隙，以防止因土的冻胀将梁或承台拱裂。

（6）外门斗、室外台阶和散水坡等部位宜与主体结构断开，散水坡分段不宜超过 1.5m，坡度不宜小于 3%，其下宜填入非冻胀性材料。

（7）对跨年度施工的建筑，入冬前应对地基采取相应的防护措施；按采暖设计的建筑物，当冬季不能正常采暖，也应对地基采取保温措施。

2.4 地 基 承 载 力

为了满足地基强度和变形的要求，必须控制基础底面压力不大于某一界限值，即地基承载力，地基承载力是指地基土单位面积上所能承受荷载的能力。所有建筑物和土工构筑物的地基基础设计均应满足地基承载力和变形的要求。《建筑地基基础设计规范》（GB 50007—2011）采用地基承载力特征值的概念。地基承载力特征值是指由载荷试验测定的地基土压力-变形曲线线性变形阶段内规定的变形所对应的压力值，其最大值为比例界限值。采用"特征值"用以表示正常使用极限状态计算时采用的地基承载力，其含义即为在发挥正常使用功能时所允许采用抗力设计值，实际上是允许承载力。

地基承载力特征值 f_{ak} 可由载荷试验或其他原位测试、公式计算，并结合工程实践经验等方法综合确定。设计阶段一般先采用理论计算或经验法取值，地基施工阶段再进行载荷试验验证。

2.4.1 按原位试验确定地基承载力

1. 按载荷试验确定地基承载力

测定地基承载力最可靠的方法是在拟建场地进行载荷试验。载荷试验是工程地质勘察工作中的一项原位测试，分为浅层和深层平板载荷试验。浅层平板载荷试验适用于浅层地基承压板影响范围内土层承载力，深层平板载荷试验适用于深部土层及大直径桩端土层的承载力测定。本节以浅层平板载荷试验为主介绍。

载荷试验可用于测定地基变形模量、地基承载力及黄土的失陷量等岩土力学性质。试验装置一般由加荷稳压装置、反力装置及观测装置三部分组成。加荷稳压装置包括承压板、立柱、加荷千斤顶及稳压器；反力装置包括地锚系统或堆重系统；观测装置包括百分表及固定反力架。

载荷试验一般在试验基坑内进行，即在基础底面标高处或需要进行试验的土层标高处进行。试验基坑尺寸以方便设置试验装置、便于操作为宜。一般规定试坑宽度不应小于 $3b$（b 为承压板的宽度或直径）。试验点一般布置在勘察取样的钻孔附近。承压板的面积不应小于 $0.25m^2$，对于软土不应小于 $0.50m^2$。挖试坑和放置试验设备时必须注意保持试验土层的原状土结构和天然湿度。试验土层顶面宜采用不超过 20mm 厚的粗砂或中粗砂找平。

试验加荷分级不应少于 8 级。最大加载量不应小于设计要求的两倍，并应尽量接近预估的地基极限荷载。第一级荷载（包括设备重量）应接近开挖试坑所卸除的土重，其相应的沉降量不计。以后每级荷载增量对较软的土采用 10~25kPa，对较密实的土采用 50kPa。

载荷试验的观测标准：

（1）每级加载后，按间隔 10min、10min、10min、15min、15min，以后为每隔半小时测读一次沉降量，当在连续 2h 内每小时的沉降量小于 0.1mm 时，则认为已趋稳定，可加下一级荷载。

（2）当试验出现下列情况之一时，即可终止加载：

1）承压板周围的土明显地侧向挤出。

2）沉降 S 急剧增大，荷载-沉降（P-S）曲线出现陡降段。

3）在某一级荷载下，24h 内沉降速率不能达到稳定标准。

4）沉降量与承压板宽度或直径之比大于或等于 0.06。

当满足终止加载前三种情况之一时，其对应的前一级荷载定为极限荷载。

根据各级荷载及其相应的稳定沉降的观测值，即可采用适当比例绘制荷载和稳定沉降量的关系曲线（P - S 曲线），如图 2-13 所示。必要时也可绘制各级荷载下的沉降与时间的关系曲线（即 s - t 曲线或 s - $\lg t$ 曲线）。

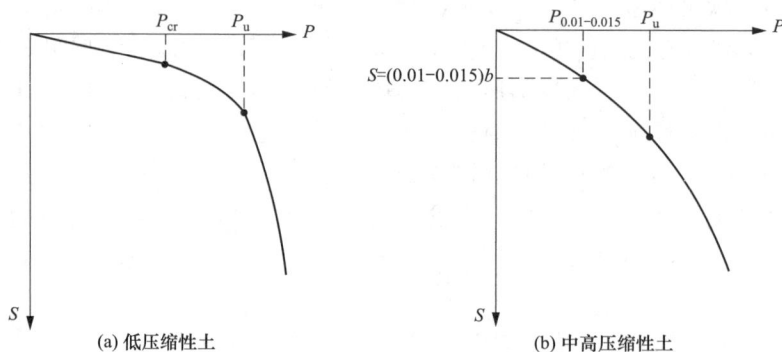

图 2-13　荷载-沉降（P - S）曲线

地基承载力特征值 f_{ak} 确定的原则：

① 当 P - S 曲线上有比例界限 P_{cr} 时，取该比例界限所对应的荷载值。

② 当极限荷载小于对应比例界限的荷载值的 2 倍时，取极限荷载值的一半。

③ 当不能按上述两款要求确定时，当承压板面积为 0.25～0.50m² ，可取 $s/b=0.01$～0.015 所对应的荷载，但其值不应大于最大加载量的一半。

对于密实砂土、硬塑黏土等低压缩性土，其 P - S 曲线通常有比较明显的起始直线段和陡降段，如图 2-13(a) 所示，出现陡降的前一级荷载即为极限荷载 P_u。考虑到低压缩性土的承载力特征一般由强度安全控制，故《建筑地基基础设计规范》规定取图中的直线段最大荷载（比例界限荷载）P_{cr} 作为承载力特征值。此时，地基的沉降量很小，强度会有很大的安全储备，一般建筑物均可满足。但对于少数地基土会出现 P_u 与 P_{cr} 很接近，为了保证足够的安全储备，规定当 $P_u<2P_{cr}$ 时，取 $P_u/2$ 作为地基承载力特征值。

对于有一定强度的中、高压缩性土，如松砂、填土、可塑黏性土等，P - S 曲线无明显转折点。但是曲线的斜率随荷载的增加而逐渐增大，最后稳定在某个最大值，即呈渐进破坏的"缓变型"，如图 2-13(b) 所示。对于此类土，载荷试验要取得 P_u 荷载要加载到很大，土体将产生很大的沉降，而实践中往往因受加荷设备的限制，或出于安全考虑，不能将试验进行到这种地步，因而无法取得 P_u。此外，土的压缩性较大，通过极限荷载确定的地基承载力未必能满足对地基沉降的限制。

事实上，中、高压缩性土的地基承载力，往往由沉降量控制。由于沉降量与基础（载荷板）底面尺寸、形状有关，而试验采用的载荷板通常总是小于实际基础的底面尺寸，为此，不能直接以基础的允许沉降值在 P - S 曲线上定出地基承载力。规范总结了许多实测资料，当承压板面积为 0.25～0.5m² 时，规定取 $s=(0.01$～$0.015)b$ 所对应的荷载作为承载力特征值，但其值不应大于最大加载量的一半。

同一土层参加统计的试验点不应少于三点，当试验实测值的极差不超过其平均值的

30%时，取此平均值作为该土层的地基承载力特征值 f_{ak}。

2. 其他原位测试确定地基承载力特征值 f_{ak}

除了载荷试验外，静力触探、动力触探、标准贯入试验等原位测试在我国已经积累了丰富的经验，《建筑地基基础设计规范》（GB 50007—2011）允许将其应用于确定地基承载力特征值。但是强调必须有地区经验，即当地的对比资料，还应对承载力特征值进行基础宽度和埋置深度修正，同时还应注意，当地基基础设计等级为甲级和乙级时，应结合室内试验成果综合分析，不宜单独使用。

2.4.2　按照理论公式确定地基承载力特征值

1. 《建筑地基基础设计规范》（GB 50007—2011）推荐的理论公式

实践证明，地基从开始出现塑性区到整体破坏，相应的基础荷载有一个相当大的变化范围，地基中出现小范围的塑性区对安全并无障碍，而且相应的荷载与极限荷载相比，一般仍有足够的安全度，因此，《建筑地基基础设计规范》（GB 50007—2011）采用塑性临界荷载的概念，并参考普朗特尔、太沙基的极限承载力公式规定了按地基土抗剪强度指标确定地基承载力特征值的方法。

当偏心距 e 小于或等于 0.033 倍基础底面宽度时，根据土的抗剪强度指标确定地基承载力特征值可按下式计算，并应满足变形要求

$$f_a = M_b \gamma b + M_d \gamma_0 d + M_c c_k \qquad (2-11)$$

式中　　　f_a——由土抗剪强度指标确定的地基承载力特征值，kPa；

M_b、M_d、M_c——承载力系数，按表 2-9 确定；

　　　b——基础底面宽度，m，大于 6m 时按 6m 取值，对于砂土小于 3m 时按 3m 取值；

　　　c_k——基底下 1 倍短边深度内土的黏聚力标准值，kPa；其他符号同前。

表 2-9　　　　　　　　　　　　M_b、M_d、M_c 地基承载力系数

$\varphi_k (°)$	M_b	M_d	M_c	$\varphi_k (°)$	M_b	M_d	M_c
0	0	1.00	3.14	22	0.61	3.44	6.04
2	0.03	1.12	3.32	24	0.80	3.87	6.45
4	0.06	1.25	3.51	26	1.10	4.37	6.90
6	0.10	1.39	3.71	28	1.40	4.93	7.40
8	0.14	1.55	3.93	30	1.90	5.59	7.95
10	0.18	1.73	4.17	32	2.60	6.35	8.55
12	0.23	1.94	4.42	34	3.40	7.21	9.22
14	0.29	2.17	4.69	36	4.20	8.25	9.97
16	0.36	2.43	5.00	38	5.00	9.44	10.80
18	0.43	2.72	5.31	40	5.80	10.84	11.73
20	0.51	3.06	5.66				

注　φ_k 为基底下 1 倍短边宽度的深度内土内摩擦角标准值（°）。

2. 《公路桥涵地基与基础设计规范》（JTG 3363—2019）推荐斯凯普顿公式

根据原状土强度指标确定软土地基修正后的地基承载力特征值 f_a 可按下式计算

$$f_a = \frac{5.14}{m} k_p C_u + \gamma_2 d \qquad (2-12)$$

式中　m——抗力修正系数，可视软土灵敏度及基础长宽比等因素选用 1.5～2.5；

　　　C_u——地基土不排水抗剪强度标准值，kPa；

　　　k_p——系数，详见《公路桥涵地基与基础设计规范》；

　　　γ_2——基底以上土层的加权平均重度，kN/m³，持力层在地下水位以下，且不透水时，不论基底以上土的透水性质如何，均取饱和重度，当透水时，水中部分土层应取有效重度。

2.4.3　地基承载力特征值的修正

1. 《建筑地基基础设计规范》（GB 50007—2011）

理论分析和工程实践均已证明，基础的埋深、基础底面尺寸影响地基的承载能力。而上述原位测试未能反映这两个因素影响。通常采用经验修正系数的方法考虑实际基础的埋置深度和基础宽度对地基承载力的影响。《建筑地基基础设计规范》（GB 50007—2011）规定，当基础宽度大于 3m 或埋置深度大于 0.5m 时，由载荷试验或其他原位测试、经验值等方法确定的地基承载力特征值，尚应按下式修正

$$f_a = f_{ak} + \eta_b \gamma(b-3) + \eta_d \gamma_m(d-0.5) \qquad (2-13)$$

式中　f_a——修正后的地基承载力特征值，kPa；

　　　f_{ak}——地基承载力特征值，kPa；

　　η_b、η_d——基础宽度和埋深的地基承载力修正系数，按基底下土的类别查表 2-10 取值；

　　　γ——基础底面以下土的重度，地下水位以下取有效重度 γ'，kN/m³；

　　　γ_m——基础底面以上埋深范围内土的加权平均重度，地下水位以下取有效重度，kN/m³；

　　　b——基础底面宽度，m，当宽度小于 3m 按 3m 取值，大于 6m 时按 6m 取值；

　　　d——基础埋置深度，m，宜自室外地面标高算起。在填方整平地区，可自填土地面标高算起，但填土在上部结构施工后完成时，应从天然地面标高算起。对于地下室，如采用箱形基础或筏基时，基础埋置深度自室外地面标高算起；当采用独立基础或条形基础时，应从室内地面标高算起。

表 2-10　　　　　　　　　　　　　　　　承 载 力 修 正 系 数

土的类别		η_b	η_d
淤泥和淤泥质土		0	1.0
人工填土 e 或 I_L 大于等于 0.85 的黏性土		0	1.0
红黏土	含水比 $\alpha_w > 0.8$	0	1.2
	含水比 $\alpha_w \leqslant 0.8$	0.15	1.4
大面积压实填土	压实系数大于 0.95、黏粒含量 $\rho_c \geqslant 10\%$ 的粉土	0	1.5
	最大干密度大于 2.1t/m³ 的级配砂石	0	2.0
粉土	黏粒含量 $\rho_c \geqslant 10\%$ 的粉土	0.3	1.5
	黏粒含量 $\rho_c < 10\%$ 的粉土	0.5	2.0

e 及 I_L 均小于 0.85 的黏性土	0.3	1.6
粉砂、细砂（不包括很湿与饱和时的稍密状态）	2.0	3.0
中砂、粗砂、砾砂和碎石土	3.0	4.4

注 1. 强风化和全风化的岩石，可参照所风化成的相应土类取值，其他状态下的岩石不修正；
　　2. 地基承载力特征值按深层平板载荷试验确定时 η_d 取 0；
　　3. 含水比是指土的天然含水量与液限的比值；
　　4. 大面积压实填土是指填土范围大于两倍基础宽度的填土。

2. 《公路桥涵地基与基础设计规范》（JTG 3363—2019）

当基础宽度 $b>2\text{m}$，基础埋置深度 $h>3\text{m}$，且 $h/b\leqslant4$ 时，修正后的地基承载力特征值按下式计算

$$f_a = f_{a0} + k_1\gamma_1(b-2) + k_2\gamma_2(h-3) \qquad (2-14)$$

式中　f_a——修正后的地基承载力特征值，kPa；

　　　f_{a0}——地基承载力特征值，kPa，根据岩土类别、状态及其物理力学特性指标查《公路桥涵地基与基础设计规范》（JTG 3363—2019）确定；

　　　b——基础底面的最小边宽，m，当 $b<2\text{m}$ 时，取 $b=2\text{m}$，当 $b>10\text{m}$ 时，取 10m；

　　　h——基础底面的埋置深度，m，自天然地面算起，有水流冲刷时自一般冲刷线起算，当 $h<3\text{m}$ 时，取 $h=3\text{m}$，当 $h>4b$ 时，取 $h=4b$；

　　k_1、k_2——基底宽度、深度修正系数，根据基底持力层土的类别查《公路桥涵地基与基础设计规范》确定；

　　　γ_1——基底持力层土的天然重度；若持力层在水面以下且透水者，应取有效重度；

　　　γ_2——含义同式（2-12）。

2.4.4 岩石地基承载力特征值的确定

岩石地基承载力特征值，可按岩基载荷试验方法确定。对完整、较完整和较破碎的岩石地基承载力特征值，可根据室内饱和单轴抗压强度按下式计算

$$f_a = \psi_r f_{rk} \qquad (2-15)$$

式中　f_a——岩石地基承载力特征值，kPa；

　　　f_{rk}——岩石饱和单轴抗压强度标准值，kPa；

　　　ψ_r——折减系数，根据岩体完整程度以及结构面的间距、宽度、产状和组合，由地区经验确定。无地区经验时，对完整岩体可取 0.5；对较完整岩体可取 0.2～0.5；对较破碎岩体可取 0.1～0.2。

对于破碎、极破碎的岩石地基承载力特征值可根据平板载荷试验确定。完整、较完整和较破碎的岩石地基的承载力特征值可按《建筑地基基础设计规范》（GB 50007—2011）附录 H 的岩石地基载荷试验要点确定：

对应于 P-S 曲线上起始直线段的终点为比例界限；符合终止加载条件的前一级荷载为极限荷载；将极限荷载除以安全系数 3，所得值与对应于比例界限的荷载相比，取小值。每个场地试验点数量不少于 3 个，取最小值作为岩石地基承载力特征值 f_a，且不再进行基础宽度和埋置深度的修正。

【例 2-1】 已知某拟建建筑物场地地质条件，第 1 层：杂填土、层厚 1.0m、$\gamma=18\text{kN/m}^3$；

第 2 层：粉质黏土、层厚 4.2m、$\gamma = 18.5\text{kN/m}^3$、$e = 0.9$、$I_L = 0.9$、地基承载力特征值 $f_{ak} = 130\text{kPa}$ ，试按以下基础条件分别计算修正后的地基承载力特征值：

（1）基础底面尺寸为 4.0m×2.5m 的矩形独立基础，埋深 $d = 1.0\text{m}$；

（2）基础底面尺寸为 32.0m×8.0m 的箱形基础，埋深 $d = 4.2\text{m}$。

解 （1）矩形独立基础修正之后地基承载力特征值 f_a

基础埋深 $d = 1.0\text{m}$，持力层位于粉质黏土层，且 $d > 0.5\text{m}$，需对地基承载力进行修正。粉质黏土孔隙比 $e = 0.90 > 0.85$，查表 2-10 得修正系数：$\eta_b = 0$，$\eta_d = 1.0$

基础宽度 $b = 2.5\text{m}(<3\text{m})$，按 3m 考虑；

修正之后的地基承载力特征值：

$$\begin{aligned}
f_a &= f_{ak} + \eta_b \gamma (b - 3) + \eta_d \gamma_m (d - 0.5) \\
&= 130 + 0 + 1.0 \times 18 \times (1.0 - 0.5) \\
&= 139(\text{kPa})
\end{aligned}$$

（2）箱形基础修正之后地基承载力特征值 f_a

基础埋深 $d = 4.2\text{m}$，持力层仍为粉质黏土层，$\eta_b = 0$，$\eta_d = 1.0$；

基础宽度 $b = 9.0\text{m} > 6\text{m}$，按 6m 考虑；

埋深范围内土的加权平均重度为

$$\gamma_m = \frac{18 \times 1.0 + 18.5 \times (4.2 - 1.0)}{4.2} = 18.4(\text{kN/m}^3)$$

修正之后的地基承载力特征值：

$$\begin{aligned}
f_a &= f_{ak} + \eta_b \gamma (b - 3) + \eta_d \gamma_m (d - 0.5) \\
&= 130 + 0 + 1.0 \times 18.4 \times (4.2 - 0.5) \\
&= 198.1(\text{kPa})
\end{aligned}$$

【知识拓展】 理论公式确定地基基础承载力算例见本书二维码中的数字资源。

2.5   基础底面尺寸的确定

基础底面尺寸的确定，首先应满足地基承载力要求，包括持力层承载力计算和软弱下卧层验算；其次，对部分建（构）筑物，仍需考虑地基变形影响，验算其变形特征值，并对基底尺寸做必要调整。

根据《建筑地基基础设计规范》（GB 50007—2011）"所有建筑物的地基计算均应满足承载力"的基本原则，设计天然地基上的浅基础时，确定基础埋深后，就可按持力层的承载力特征值计算所需的基础底面尺寸。

承受中心荷载作用时，其基底压力与地基承载力特征值 f_a 应符合下式要求

$$P_k \leqslant f_a \tag{2-16}$$

承受偏心荷载作用时，除满足上式要求外，尚应满足下式要求

$$P_{k\max} \leqslant 1.2 f_a \tag{2-17}$$

式中 P_k——相应于荷载效应标准组合时，基础底面处的平均压力值，kPa；

       $P_{k\max}$——相应于荷载效应标准组合时，基础底面边缘的最大压力值，kPa；

       f_a——修正后的地基承载力特征值，kPa。

2.5.1　按持力层承载力确定基础底面尺寸

1. 中心荷载作用下基础底面尺寸确定

中心荷载作用下（图 2-14），基础通常对称布置，按简化计算方法，基底压力均匀分布，P_k 按下式计算

$$P_k = \frac{F_k + G_k}{A} \qquad (2-18)$$

$$G_k = \gamma_G A d$$

式中　F_k——相应于荷载效应标准组合时，上部结构传至
　　　　　　基础顶面的竖向力，kN；

　　　　γ_G——基础及基础上方回填土的平均重度，kN/m³，
　　　　　　一般取 20kN/m³，地下水位以下取有效重度
　　　　　　10kN/m³；

　　　　d——基础平均埋深，m；

　　　　G_k——基础自重和基础上回填土重。

式（2-16）、式（2-18）联立整理后，即可得中心荷载作用下的矩形基础底面积 A 的计算式

$$A \geqslant \frac{F_k}{f_a - \gamma_G d} \qquad (2-19)$$

对于矩形基础，按上式计算出 A 后，先选定 b 或 $l \cdot b$，再计算另一边长 l，使 $A = lb$，一般取 $l/b = 1.0 \sim 2.0$。

对于条形基础，可沿基础长度的方向取单位长度计算，荷载同样是单位长度上的荷载，则基础宽度为

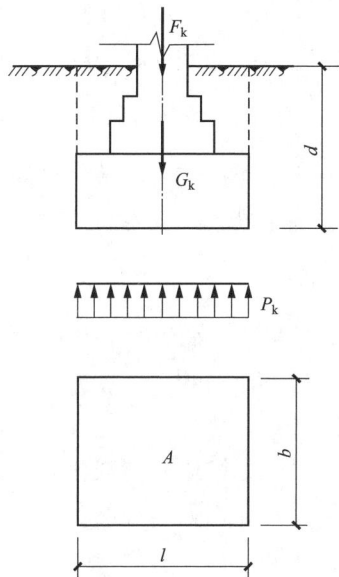

图 2-14　中心荷载下的基础

$$b \geqslant \frac{F_k}{f_a - \gamma_G d} \qquad (2-20)$$

式（2-19）和式（2-20）中的地基承载力特征值，计算时，可先对地基承载力仅进行深度修正，计算 f_a 值；然后按计算所得的 $A = lb$，考虑是否需要进行宽度修正，使得 A、f_a 间相互协调一致。

2. 偏心荷载作用下的基础底面尺寸确定

偏心荷载作用下（图 2-15），对于偏心荷载作用下的矩形基础，假定基础在长度方向偏心，宽度方向不偏心，此时沿长度方向基础边缘的最大基底压力 P_{kmax} 与最小基底压力 P_{kmin} 计算，根据偏心距 e 的大小，基底压力会出现如下两种情况：

（1）当 $e \leqslant \dfrac{l}{6}$ 时，称为小偏心，此时的 P_{kmax}、P_{kmin} 计算式如下

$$\begin{cases} P_{kmax} = \dfrac{F_k + G_k}{A} \pm \dfrac{M_k}{W} = \dfrac{F_k + G_k}{lb}\left(1 \pm \dfrac{6e}{l}\right) \\ P_{kmin} \end{cases}$$

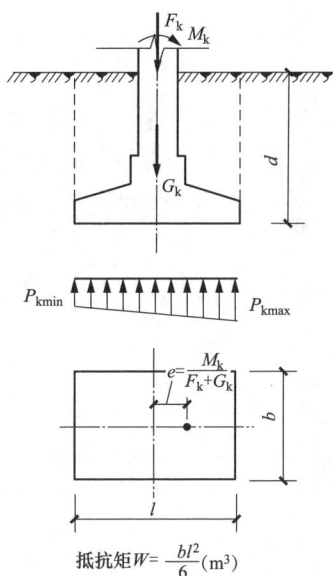

抵抗矩 $W = \dfrac{bl^2}{6}$ (m³)

图 2-15　单向偏心荷载作用下的基础

$$(2-21)$$

式中 M_k——相应于荷载效应标准组合时，上部结构传至基础顶面的弯矩，kN·m；

$\quad\quad W$——基础底面的抵抗矩，m^3；

$\quad\quad e$——偏心距，m，$e = M_k/(F_k + G_k)$；

$\quad\quad l$——力矩作用方向的矩形基础底面边长，m，一般为矩形基础底面的长边，m；

$\quad\quad b$——垂直于力矩作用方向的矩形基础底面边长，m。

(2) 当 $e > \dfrac{l}{6}$ 时，称为大偏心，此时基底压力会出现拉应力，实际上，由于基底与地基土不能承受拉应力，基底将部分与地基土脱离，而使得基底压力产生重分布，重分布之后的基底边缘最大压应力为

$$P_{kmax} = \frac{2(F_k + G_k)}{3bK} \tag{2-22}$$

式中 K——偏心荷载作用点至最大压力 P_{kmax} 作用边缘的距离，m，$K = l/2 - e$。

按上述承载力计算要求，计算偏心荷载作用下的基础底面尺寸时，通常采用试算法确定。计算方法如下：

(1) 先按中心荷载作用下的式 (2-19) 或式 (2-20) 初步估算基础底面尺寸。

(2) 根据偏心程度，将基础底面积扩大 10%～40%，并以适当的比例确定矩形基础的长 l 和宽 b，一般取 $l/b = 1.2～2.0$。

(3) 计算偏心荷载作用下的 P_k、P_{kmax}，验算是否满足式 (2-16) 和式 (2-17)；如不合适（太小或过大），可调整基础底面长度 l 和宽度 b，再验算；如此反复一两次，便能定出合适的基础底面尺寸。

为避免基础底面由于偏心过大而与地基土脱开，箱形基础还要求基底边缘最小压应力值满足下式

$$P_{kmin} \geq 0 \tag{2-23}$$

或

$$e = \frac{M_k}{F_k + G_k} \leq \frac{l}{6} \tag{2-24}$$

【例 2-2】 某住宅承重墙厚 240mm，地基土表层为杂填土，厚 0.5m，天然重度 $\gamma = 17.2kN/m^3$。其下为粉质黏土，承载力特征值 $f_{ak} = 170kPa$，$\gamma = 18.0kN/m^3$，液性指数 $I_L = 0.90$，孔隙比 $e = 0.88$。地下水位在地表下 0.8m 处。上部墙体传来竖向荷载标准值 190kN/m。试确定墙下条形基础底面尺寸。

解 初步选定粉质黏土土层为持力层，埋深初步取 $d = 0.8m$。埋深范围内土的加权平均重度为

$$\gamma_m = \frac{17.2 \times 0.5 + 18.0 \times (0.8 - 0.5)}{0.8} = 17.5 (kN/m^3)$$

粉质黏土 $e = 0.88$、$I_L = 0.90 > 0.85$，查表 2-10，得 $\eta_b = 0$，$\eta_d = 1.0$，则修正之后的地基承载力特征值

$$\begin{aligned} f_a &= f_{ak} + \eta_b \gamma (b - 3) + \eta_d \gamma_m (d - 0.5) \\ &= 170 + 0 + 1.0 \times 17.5 \times (0.8 - 0.5) \\ &= 175.3 (kPa) \end{aligned}$$

墙下条形基础宽度：$b \geqslant \dfrac{F_k}{f_a - \gamma_G d} = \dfrac{190}{175.3 - 20 \times 0.8} = 1.19$（m）

取墙下条形基础宽度 $b = 1.2\text{m}$。

2.5.2 软弱下卧层的验算

软弱下卧层是指在持力层下地基受力范围内，承载力显著低于持力层的高压缩性土层。当持力层下存在软弱下卧层，还须对软弱下卧层进行验算，要求传递到软弱下卧层顶面处的附加应力与自重应力之和不超过软弱下卧层的承载力特征值，即

$$P_z + P_{cz} \leqslant f_{az} \tag{2-25}$$

式中　P_z——相应于荷载效应标准组合时，软弱下卧层顶面处的附加应力值，kPa；

　　　P_{cz}——软弱下卧层顶面处土的自重应力值，kPa；

　　　f_{az}——软弱下卧层顶面处经深度修正后的地基承载力特征值，kPa。

下卧层顶面处的附加应力 P_z 采用应力扩散角原理的简化计算（图 2-16）。当持力层与软弱下卧层的压缩模量比值 $E_{s1}/E_{s2} \geqslant 3$ 时，对矩形和条形基础，假设基底附加压力（$P_0 = P_k - \sigma_c$）向下传递时按某一角度 θ 向外扩散，并均匀分布于较大面积的软弱下卧层上，根据基底与软弱下卧层顶面处扩散面积上的总附加压力相等的条件，可得附加应力 P_z 的计算式：

矩形基础

$$P_z = \frac{lb(P_k - \sigma_c)}{(l + 2z\tan\theta)(b + 2z\tan\theta)} \tag{2-26}$$

条形基础

$$P_z = \frac{b(P_k - \sigma_c)}{b + 2z\tan\theta} \tag{2-27}$$

式中　b——条形和矩形基础底面宽度，m；

　　　l——矩形基础底面长度，m；

　　　z——基础底面至软弱下卧层顶面的距离，m；

　　　θ——地基压力扩散线与垂直线的夹角，可按表 2-11 采用；

　　　P_k——基底压力，kPa；

　　　σ_c——基础底面处土的自重应力，$\sigma_c = \gamma_0 d$，kPa。

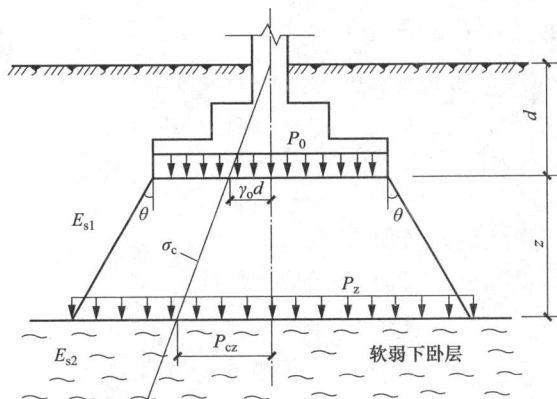

图 2-16　软弱下卧层承载力验算

表 2 - 11 附加应力扩散角 θ 值

E_{s1}/E_{s2}	z/b	
	0.25	0.50
3	6°	23°
5	10°	25°
10	20°	30°

注 1. E_{s1} 为上层土压缩模量，E_{s2} 为下层土压缩模量；

2. $z/b<0.25$ 时取 $\theta=0°$，必要时，宜由试验确定；$z/b>0.50$ 时 θ 值不变；

3. z/b 为 0.25～0.5 时可插值使用。

试验研究表明：基底压力增加到一定数值后，传至软弱下卧层顶部的压力将随之迅速增大，即 θ 角迅速减小，直到持力层冲剪破坏时的 θ 值（相当于冲切锥台斜面的倾角，其值见表 2 - 11，试验结果一般不超过 30°，因此，表中 θ 值取 30°为上限）为最小。由此可见，如果满足软弱下卧层验算要求，实际上也就保证了上覆持力层将不发生冲剪破坏。如果软弱下卧层验算不满足要求，应考虑增大基础底面积，或改变基础埋深，甚至改用地基处理或深基础设计的地基基础方案。

对于持力层厚度 $z<b/4$ 时，不能考虑该土层的压力扩散作用，它只能起到调节变形并保护其下软土层作用；当上、下两层土压缩模量比值小于 3 时，可按均匀土层考虑应力分布，不应使用表 2 - 11 中压力扩散角。

由图 2 - 16 可以看出，若要减小作用于软弱土层顶面的附加应力，可采用加大基底面积或减小基础埋深方法。前者虽可有效减小附加应力 P_z，但却可能使基础沉降量增加，因为附加应力的影响深度会随基底面积增加而增加，从而可能使软弱下卧层压缩量明显增加。而减小基础埋深可使基底到软弱下卧层顶面的距离增加，使附加应力在软弱下卧层中的影响减小，因而基础沉降随之减小。因此，当存在软弱下卧层时，基础宜浅埋，这样不仅使"硬壳层"充分发挥应力扩散作用，同时也减小了基础沉降。

【例 2 - 3】 某框架柱截面尺寸 400mm×400mm，柱底荷载标准值：中心竖向力 $F_k=700$kN，弯矩 $M_k=80$kN·m，水平力 $V_k=13$kN；其余参数如图 2 - 17 所示。试确定框架柱基础的底面尺寸。

解 (1) 确定地基承载力特征值 f_a。

先不考虑对基础进行宽度修正，由黏性土 $e=0.7$、$I_L=0.78>0.85$，查表 2 - 10 得 $\eta_b=0.3$，$\eta_d=1.6$ 则

$f_a=f_{ak}+\eta_d\gamma_m\ (d-0.5) =226+1.6×17.5×(1-0.5)=240\ (kPa)\ (d$ 按室外地坪算起)

(2) 先按中心荷载初步选定基底面尺寸。

计算基础和基础上回填土重 G_k 时的基础埋深

$$d=\frac{1+1.45}{2}=1.225(m)$$

则基础底面面积为

$$A_0 \geqslant \frac{F_k}{f_a-\gamma_G d}=\frac{700}{240-20×1.225}=3.25(m^2)$$

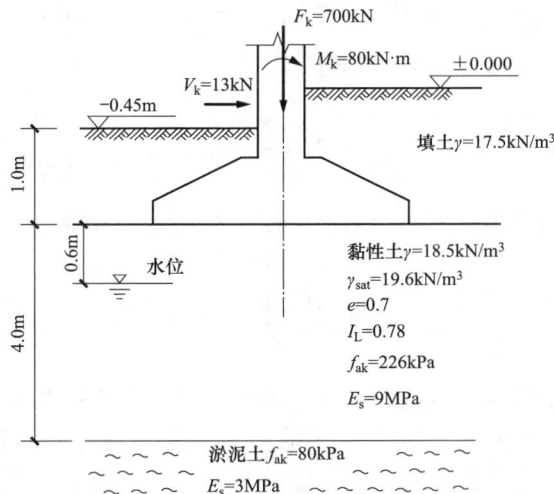

图 2-17　［例 2.3］示意图

（3）考虑偏心荷载作用时基底面尺寸。

由于偏心荷载作用，面积扩大 20%，则 $A = 1.2A_0 = 1.2 \times 3.25 = 3.90$（$m^2$），取 $l/b = 1.5$，$b = 1.6m$，$l = 2.4m$，$l \times b = 3.84 m^2$。（荷载沿长边方向偏心）

（4）验算持力层承载力。

因 $b = 1.6m < 3m$，不考虑宽度修正，f_a 不变。

基础和基础上回填土重：$G_k = 20 \times 1.6 \times 2.4 \times 1.225 = 94.08$（kN）

基底平均压力为

$$P_k = \frac{F_k + G_k}{A} = \frac{700 + 94.08}{1.6 \times 2.4} = 206.8 (kPa) < f_a = 240 (kPa)$$

偏心距为

$$e = \frac{M_k}{F_k + G_k} = \frac{80 + 13 \times 1.225}{700 + 94.08} = 0.12 (m) < \frac{l}{6} = 0.4 (m)，属于小偏心$$

基底最大压应力为

$$P_{kmax} = \frac{F_k + G_k}{lb}\left(1 + \frac{6e}{l}\right) = \frac{700 + 94.08}{1.6 \times 2.4} \times \left(1 + \frac{6 \times 0.12}{2.4}\right)$$
$$= 268.84 (kPa) < 1.2 f_a = 288 (kPa)$$

由计算结果可得，满足要求。

（5）软弱下卧层承载力验算。

由 $E_{s1}/E_{s2} = 3$，$z/b = 4/1.6 = 2.5 > 0.5$，查表 2-11 得 $\theta = 23°$；由表 2-10 得淤泥质土地基承载力修正系数 $\eta_b = 0$，$\eta_d = 1.0$。

软弱下卧层顶面处的附加应力为

$$P_z = \frac{lb(P_k - \sigma_c)}{(l + 2z\tan\theta)(b + 2z\tan\theta)}$$
$$= \frac{2.4 \times 1.6 \times (206.8 - 17.5 \times 1.0)}{(2.4 + 2 \times 4 \times \tan23°) \times (1.6 + 2 \times 4 \times \tan23°)} = 25.1 (kPa)$$

软弱下卧层顶面处自重应力为

$$P_{cz}=17.5\times1+18.5\times0.6+(19.6-10)\times3.4=61.2(kPa)$$

修正之后软弱下卧层顶面处的地基承载力特征值为

$$f_{az}=f_{ak}+\eta_d\gamma_m(d-0.5)$$

$$=80+1.0\times\frac{17.5\times1+18.5\times0.6+9.6\times3.4}{5}\times(5-0.5)=135.1(kPa)$$

$$P_z+P_{cz}=25.1+61.2=86.3(kPa)\leqslant f_{az},满足要求。$$

2.6 地 基 变 形 验 算

按地基承载力确定基底尺寸后,一般可保证建筑物在防止地基剪切破坏方面具有足够的安全度。但荷载作用下,地基土总会产生压缩变形而发生沉降。因建筑物的结构类型、刚度、使用要求的差异,对地基变形的敏感程度、危害、变形要求也不同。因此,对于各类建筑结构,如何控制对其不利的沉降形式称为"地基变形特征",使之不影响建筑物正常使用或破坏,也是地基基础设计必须予以充分考虑的一个基本问题。

在常规设计中,一般都针对各类建筑物的结构特点、整体刚度和使用要求的不同,计算地基变形的某一特征值 s,验算其是否小于变形允许值,即

$$s\leqslant[s] \tag{2-28}$$

式中 s——地基变形特征值,传至基础上的荷载 F_k 按正常使用极限状态下荷载效应的准永久组合(不应计入风荷载和地震作用),按土力学中的方法计算;

$[s]$——相应的允许地基变形特征值,根据建筑物的结构特征、使用条件和地基土的类别查表 2-12 确定。

2.6.1 地基变形特征

具体建筑物所需验算的地基变形特征取决于建筑物的结构类型、整体刚度和使用要求。地基变形特征一般分为沉降量、沉降差、倾斜、局部倾斜。

(1)沉降量,指基础某点的沉降值 [图 2-18(a)]。

(2)沉降差,一般指相邻柱中点的沉降量之差 [图 2-18(b)]。

(3)倾斜,指基础倾斜方向两端点的沉降差与其距离的比值 [图 2-18(c)]。

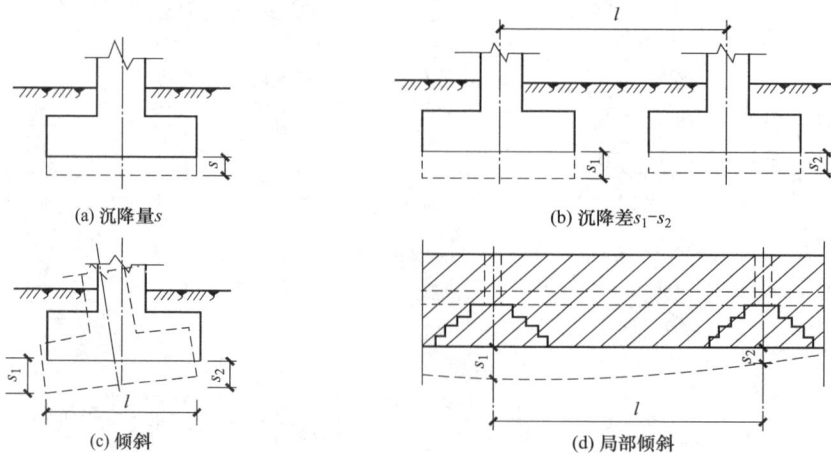

(a) 沉降量 s

(b) 沉降差 s_1-s_2

(c) 倾斜

(d) 局部倾斜

图 2-18 地基变形特征

（4）局部倾斜，指砌体承重结构沿纵向 6～10m 内基础两点的沉降差与其距离的比值 [图 2-18(d)]。

2.6.2　地基变形特征的控制

（1）对于长高比不太大的砌体承重结构房屋，结构的损坏主要由墙体挠曲出现局部斜裂缝引起，应由局部倾斜控制。

（2）对于高耸结构以及长高比很小的高层建筑，应由建筑物的整体倾斜值控制。

（3）框架结构和砌体墙填充的边排柱，主要由于相邻柱基的沉降差使构件受剪扭曲而破坏，故设计计算应由相邻柱基的沉降差来控制。

（4）对于以屋架、柱和基础为主体的排架结构，在低压缩地基上一般不因沉降而损坏，但在高压缩地基上就应限制单层排架结构柱基的沉降量，尤其是多跨排架中受荷较大的中排柱基的下沉，以免支撑于其上的相邻屋架发生对倾而使端部相碰。

《建筑地基基础设计规范》（GB 50007—2011）规定，在计算地基变形时，应符合下列规定：

（1）荷载差异大、体型复杂等因素引起的地基变形，对于砌体承重结构应由局部倾斜值控制，对于框架结构和单层排架结构应由相邻柱基的沉降差控制；对于多层或高层建筑和高耸结构应由倾斜值控制，必要时尚应控制平均沉降量。

（2）在必要情况下，需要分别预估建筑物在施工期间和使用期间的地基变形值，以便预留建筑物有关部分之间的净空，选择连接方法和施工顺序。

一般多层建筑物在施工期间完成的沉降量，对于砂土可认为其最终沉降量已完成 80% 以上，对于其他低压缩性土可认为已完成最终沉降量的 50%～80%，对于中压缩性土可认为已完成最终沉降量的 20%～50%，对于高压缩性土可认为已完成最终沉降量的 5%～20%。

2.6.3　建筑物地基变形允许变形值

《建筑地基基础设计规范》（GB 50007—2011）提出了地基变形允许值，表 2-12 所示。对于表中未包括的建筑物，尤其地基变形允许值可根据上部结构对地基变形的适应能力和使用要求确定。

表 2-12　　　　建筑物地基变形允许值 [s]

变形特征		地基土类别	
		中、低压缩性土	高压缩性土
砌体承重结构基础的局部倾斜		0.002	0.003
工业与民用建筑相邻柱基的沉降差	框架结构	$0.002l$	$0.003l$
	砌体墙填充的边排柱	$0.0007l$	$0.001l$
	当基础不均匀沉降时不产生附加应力的结构	$0.005l$	$0.005l$
单层排架结构（柱距为 6m）柱基的沉降量（mm）		（120）	200
桥式吊车轨面的倾斜（按不调整轨道考虑）	横向	0.004	
	纵向	0.003	
多层和高层建筑的整体倾斜	$H_g \leqslant 24$	0.004	
	$24 < H_g \leqslant 60$	0.003	
	$60 < H_g \leqslant 100$	0.0025	
	$H_g > 100$	0.002	

变形特征		地基土类别	
		中、低压缩性土	高压缩性土
体形简单的高层建筑基础的平均沉降量		200	
高耸结构基础的倾斜	$H_g \leqslant 20$	0.008	
	$20 < H_g \leqslant 50$	0.006	
	$50 < H_g \leqslant 100$	0.005	
	$100 < H_g \leqslant 150$	0.004	
	$150 < H_g \leqslant 200$	0.003	
	$200 < H_g \leqslant 250$	0.002	
高耸结构基础的沉降（mm）	$H_g \leqslant 100$	400	
	$100 < H_g \leqslant 200$	300	
	$200 < H_g \leqslant 250$	200	

注　1. 本表数值为建筑物地基实际最终变形允许值；

　　2. 有括号者仅适用于中压缩性土；

　　3. l 为相邻柱基的中心距离，mm；H_g 为自室外地面起算的建筑物高度，m；

　　4. 倾斜是指基础倾斜方向两端点的沉降差与其距离的比值；

　　5. 局部倾斜指砌体承重结构沿纵向 6～10m 内基础两点的沉降差与其距离的比值。

【知识拓展】减轻不均匀沉降损害的措施见本书二维码中的数字资源。

思考与习题

2.1　根据《建筑地基基础设计规范》（GB 50007—2011）的规定，地基基础设计时所采用的荷载效应与抗力限值如何取值？

2.2　简述地基基础设计的内容与步骤。

2.3　常见的浅基础类型及适用条件有哪些？

2.4　什么是无筋扩展基础？无筋扩展基础的类型有哪些？

2.5　什么是扩展基础？扩展基础的类型有哪些？

2.6　什么是地基承载力特征值？地基承载力与哪些因素有关？

2.7　确定基础埋置深度需要考虑哪些因素？

2.8　对于偏心荷载作用的情况，如何根据持力层承载力确定基础底面尺寸？

2.9　什么情况下应进行软弱下卧层验算？如何验算？

2.10　地基变形特征值有哪些？如何控制地基变形？

2.11　为减小建筑物不均匀沉降危害应考虑采取哪些措施？

2.12　某季节性冻土地区，城市人口规模达 100 万人，拟建一商住楼，地基土主要为黏性土，冻胀性分类为冻胀，采用方形基础，基底永久荷载的标准组合值为 200kPa，不采暖。若标准冻深为 2.0m，则基础的最小埋深为多少？

2.13　某桥梁基础，基础埋置深度（一般冲刷线以下）$h = 4.2$m，基础底面短边尺寸 $b = 2.6$m。地基土为一般黏性土，天然孔隙比 $e_0 = 0.80$，液性指数 $I_L = 0.75$，土在水面以下的饱和重度 $\gamma_{sat} = 28$kN/m^3。要求按《公路桥涵地基与基础设计规范》（JTG 3363—2019）：

（1）查表确定地基土的承载力特征值 f_{a0}；

（2）计算对基础宽度、埋深修正后的地基承载力特征值 f_a。

2.14　拟在某细砂地基上建六层教学楼，地基土重度 $\gamma = 20kN/m^3$，已知该细砂地基的平板载荷试验结果见表 2 - 13，试验采用正方形承压板边长为 0.7m，已知该教学楼基础底面为 30m×12m 的筏板基础，埋深 4.8m，细砂的承载力修正系数为 $\eta_b = 2.0$，$\eta_d = 3.0$，试根据荷载试验 $s/b = 0.015$ 确定修正后的地基承载力特征值。

表 2 - 13　　　　　　　　　　　平 板 载 荷 试 验 结 果

荷载 P（kPa）	25	50	75	100	125	150	175	200	250	300
变形量 S（mm）	2.17	4.20	6.44	8.61	10.57	14.1	17.05	21.07	31.46	49.1

2.15　已知某拟建建筑物场地地质条件，第（1）层杂填土，层厚 1.0m，$\gamma = 18kN/m^3$；第（2）层粉质黏土，层厚 4.2m，$\gamma = 18.5kN/m^3$，$e = 0.85$、$I_L = 0.75$，地基承载力特征值 $f_{ak} = 130kPa$，按以下基础条件分别计算修正后的地基承载力特征值：

（1）矩形独立基础的基础底面尺寸为 4.0m×2.5m，埋深 $d = 1.2m$；

（2）箱形基础的基础底面尺寸为 9.0m×42m，埋深 $d = 4.2m$。

2.16　某建筑物承受中心荷载的柱下独立基础底面尺寸为 3.5m×1.8m，埋深 $d = 1.8m$；地基土为粉土，土的物理力学性质指标：$\gamma = 17.8kN/m^3$，$c_k = 2.5kPa$，$\varphi_k = 30°$，试确定持力层的地基承载力特征值。

2.17　某承重墙厚 240mm，作用于地面标高处的荷载 $F_k = 280kN/m$，拟采用砖基础，埋深为 1.2m。地基土为粉质黏土，$\gamma = 18kN/m^3$，孔隙比 $e_0 = 0.9$，$f_{ak} = 170kPa$。试确定砖基础的底面宽度 b 值。

2.18　图 2 - 19 中某框架柱截面尺寸 400mm×400mm，柱基础荷载标准值 $F_k = 1100kN$，$M_k = 140kN \cdot m$。若基础底面尺寸 $l \times b = 3.6m \times 2.6m$，试根据图中资料验算基底面积是否满足地基承载力要求。

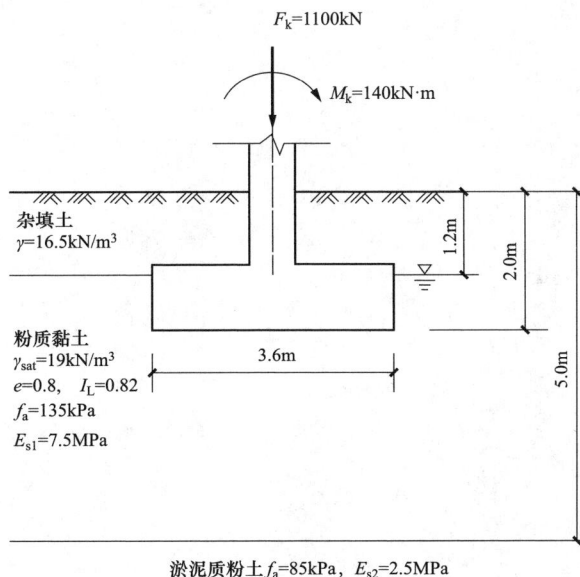

图 2 - 19　习题 2.18 示意图

2.19　某场地土层分布如图 2 - 20 所示，作用于条形基础顶面的荷载标准值 $F_k =$ 300kN/m，弯矩 $M_k = 35$kN·m/m，取基础埋置深度 $d = 0.8$m，底宽 $b = 2.0$m，试按承载力要求验算所选基础底面尺寸是否合适。

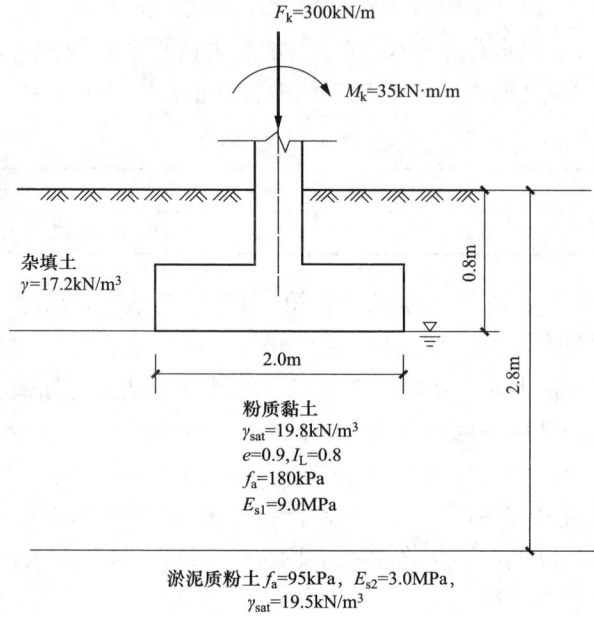

图 2 - 20　习题 2.19 示意图

3
浅基础的结构设计与构造要求

3.1 浅基础的结构设计与构造要求概述

3.1.1 地基基础设计方法

1. 常规设计方法

在一般工程设计中，通常把上部结构、基础与地基分离开来进行计算，即视上部结构底端为固定支座或固定铰支座，不考虑荷载作用下各墙柱端部的相对位移，并按此进行内力分析，这种分析与设计方法称为常规设计法。

以图3-1为例，将上部结构隔离出来，用固定支座来代替基础，求得上部结构的内力和变形以及支座反力；将支座反力作用于基础上，用材料力学方法求得地基反力，地基反力是线性分布的，从而得到基础的内力和变形；再把地基反力作用在地基或桩上来设计桩数或校核地基强度和变形。

2. 共同作用分析法

常规设计方法中虽然满足了静力平衡条件，但却忽略了地基、基础和上部结构三者之间受荷前后的变形连续性。事实上，地基、基础和上部结构三者是相互联系成整体来承担荷载而发生变形的。三者都按各自刚度对变形产生相互制约的作用，从而使整个体系的内力和变形发生变化。因此，合理的分析方法是将地基、基础、上部结构视为一个整体，三者之间必须同时满足静力平衡和接触部位变形协调条件来计算其内力和变形，这种方法称为上部结构和地基基础的共同作用分析法。鉴于这种从整体上进行共同作用分析比较复杂，计算参数较难确定，除重大工程外，设计中常用的还是实用简化计算方法。

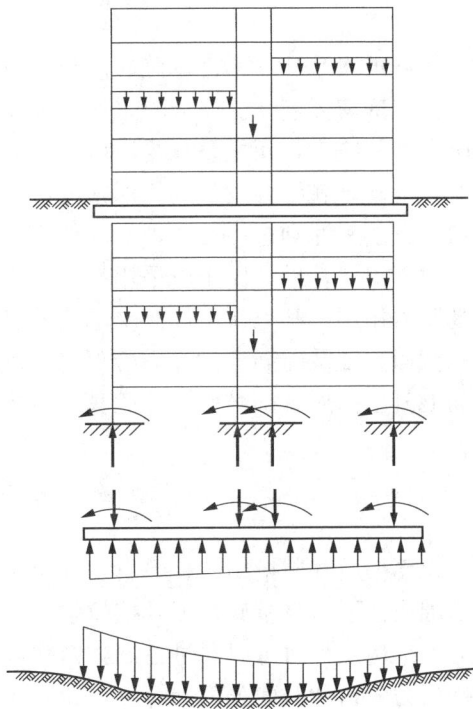

图3-1 常规设计方法

3.1.2　浅基础破坏模式及受力特点

浅基础在上部结构荷载和地基反力作用下通常会发生的四种破坏模式，即剪切破坏、斜压破坏、冲切破坏和弯曲破坏（图 3-2）。一般地基础的破坏除了与荷载及地基土性质有关外，还与基础的材料、结构及构造密切相关。

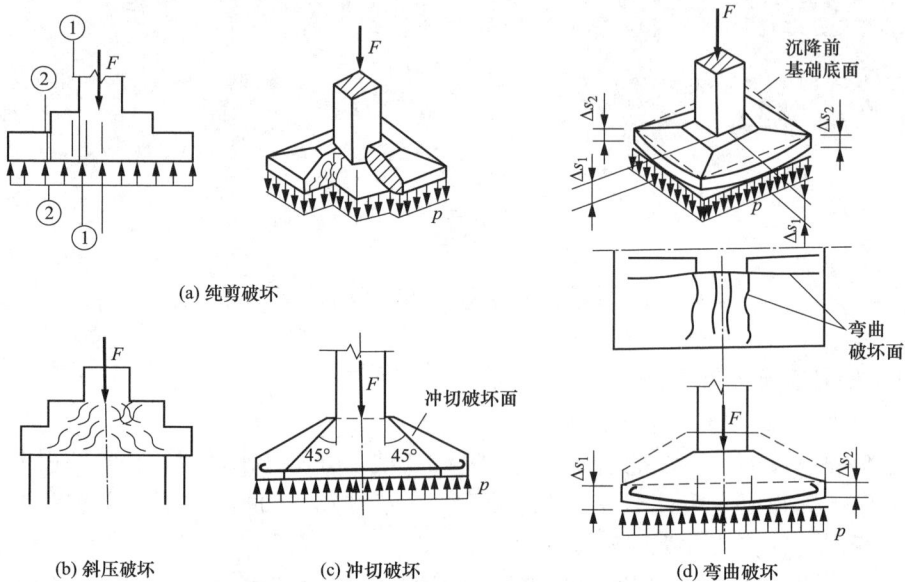

图 3-2　浅基础破坏模式

无筋扩展基础（刚性基础）的材料（如砖、素混凝土、灰土、三合土等）抗压强度高，而抗拉、抗剪强度低。设计时采用增大其高度（保证截面刚度）的方法，使基础尽量不承受拉应力和剪应力，而主要承受压应力，并保证基础内产生的拉应力和剪应力不超过材料设计强度，则基础就不会发生任何形式的破坏。在实际设计中，主要采用控制基础宽高比（或刚性角）方法来达到这一目的，而一般不需要进行抗剪切、抗冲切等验算。

对于扩展基础，由于所采用材料为钢筋混凝土，抗拉、抗剪强度均较高，能承受较大的地基反力作用，其工作条件像个倒置的悬臂构件，内力按照悬臂构件计算。但是如果材料选择、截面高度及配筋等设计不合理时，就可能会发生纯剪、斜压、冲切或弯曲破坏。因此，钢筋混凝土扩展基础结构设计验算的内容主要包括抗剪切、抗冲切和配筋等。

3.2　无 筋 扩 展 基 础 设 计

无筋扩展基础指用砖、毛石、混凝土、毛石混凝土、灰土和三合土等材料组成的墙下条形基础或柱下独立基础。因其抗拉强度和抗剪强度较低，因此必须控制基础内的拉应力和剪应力。结构设计时可以通过控制材料强度等级和台阶宽高比来确定基础的截面尺寸，而无需进行内力分析和截面强度计算。

3.2.1　台阶宽高比

无筋扩展基础的台阶宽高比（图 3-3）为

$$\frac{b_i}{H_i} \leqslant \tan\alpha \tag{3-1}$$

根据上述要求,基础高度应满足下列条件

$$H_0 \geqslant \frac{b - b_0}{2\tan\alpha} \tag{3-2}$$

以上两式中　b_i——无筋扩展基础任一台阶的宽度,mm;

　　　　　H_i——相应 b_i 的台阶高度,mm;

　　　　　$\tan\alpha$——无筋扩展基础台阶宽高比的允许值,可按表3-1选用;

　　　　　b——基础底面宽度,mm;

　　　　　H_0——基础高度,mm;

　　　　　b_0——基础顶面墙体宽度或柱脚宽度,mm。

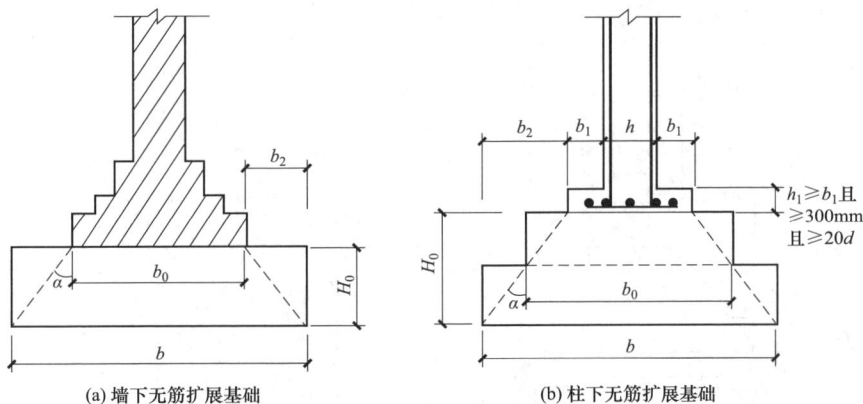

(a) 墙下无筋扩展基础　　　　　　　(b) 柱下无筋扩展基础

图3-3　无筋扩展基础构造示意图

表3-1　　　　　　　　　　**无筋扩展基础台阶宽高比的允许值**

基础材料	质量要求	台阶宽高比允许值		
		$P_k \leqslant 100$	$100 < P_k \leqslant 200$	$200 < P_k \leqslant 300$
混凝土基础	C15 混凝土	1:1.00	1:1.00	1:1.25
毛石混凝土基础	C15 混凝土	1:1.00	1:1.25	1:1.50
砖基础	砖不低于 MU10、砂浆不低于 M5	1:1.50	1:1.50	1:1.50
毛石基础	砂浆不低于 M5	1:1.25	1:1.50	—
灰土基础	体积比为 3:7 或 2:8 的灰土,其最小干密度:粉土 1550kg/m²;粉质黏土 1500kg/m;黏土 1450kg/m³	1:1.25	1:1.50	—
三合土基础	体积比1:2:4~1:3:6(石灰:砂:骨料),每层约虚铺 220mm,夯至 150mm	1:1.50	1:2.00	—

注　1. P_k 为荷载效应标准组合时基础底面处的平均压力值,kPa。

　　2. 阶梯形毛石基础的每阶伸出宽度,不宜大于 200mm。

　　3. 当基础由不同材料叠合组成时,应对接触部分作抗压验算。

　　4. 混凝土基础单侧扩展范围内基础底面处的平均压力值超过 300kPa 时,尚应进行抗剪验算;对基底反力集中于立柱附近的岩石地基,应进行局部抗压承载力验算。

由于台阶宽高比的限制，无筋扩展基础的高度一般都较大，但不应大于基础埋深，否则，应加大基础埋深或选择刚性角较大的基础类型（如混凝土基础），仍不满足，可采用钢筋混凝土基础。

3.2.2　无筋扩展基础构造要求

1. 砖基础

砖基础的强度和抗冻性较差，但取材方便、价格低廉，目前仍应用广泛。一般适用于 5 层及 5 层以下的砖混结构墙、柱基础。砖强度等级应不低于 MU10。砂浆强度等级应不低于 M5，在地下水位以下或地基土潮湿时应采用水泥砂浆砌筑。基础底面以下一般先做 100mm 厚的素混凝土垫层，混凝土强度等级为 C15。砖基础高度应符合砖的模数。砖基础一般做成台阶式，即"大放脚"。剖面有等高式和间隔式两种形式（图 3-4）。等高式是砌筑两皮砖两边各收 1/4 砖长，称为"两皮一收"；间隔式是两皮砖一收与一皮砖一收相间隔，两边各收进 1/4 砖长，称为"二一间隔收"。

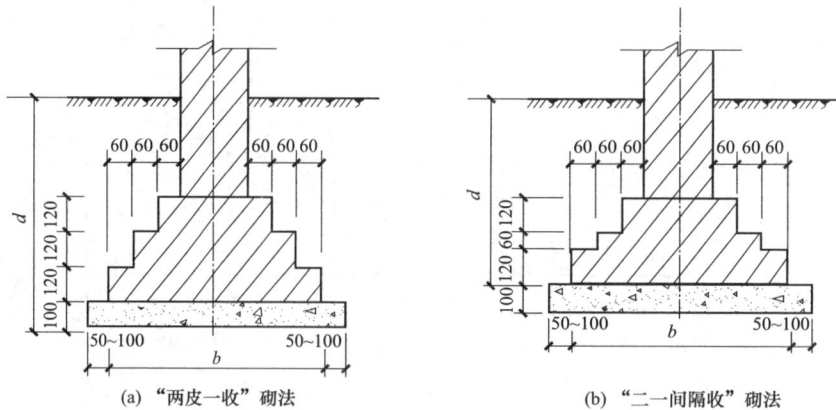

(a) "两皮一收" 砌法　　　　　　(b) "二一间隔收" 砌法

图 3-4　砖基础剖面图

2. 毛石基础

毛石基础采用的材料为未加工或仅稍作修整的未风化的硬质岩石。其高度一般不小于 200mm。毛石基础的每阶高度可取 400～600mm，每一阶伸出的宽度不宜大于 200mm。当毛石形状不规则时，其高度应不小于 150mm。

3. 三合土基础

三合土基础由石灰、砂和骨料（矿渣、碎砖或碎石）加适量的水充分搅拌均匀后，铺在基槽内分层夯实而成。三合土的配合比（体积比）为 1∶2∶4 或 1∶3∶6。在基槽内每层虚铺 220mm，夯实至 150mm。三合土基础的高度一般不小于 300mm，宽度不应小于 700mm。

4. 灰土基础

灰土基础由熟化后的石灰和黏土按比例拌和并夯实而成。常用的配合比（体积比）为 3∶7 和 2∶8，铺在基槽内分层夯实，每层虚铺 220～250mm，夯实至 150mm。灰土基础高度一般不小于 300mm，条形宽度不应小于 500mm，独立基础底面尺寸不应小于 700mm×700mm。

5. 混凝土和毛石混凝土基础

混凝土基础一般用强度等级不低于 C15 的素混凝土浇筑而成。若在混凝土基础中埋入

25%～30%（体积比）的未风化的毛石，即形成毛石混凝土基础。混凝土基础高度一般不小于 250mm，一般为 300mm。毛石混凝土基础的高度不应小于 300mm。这种基础的强度、耐久性、抗冻性都比前几种基础要好。

6. 钢筋混凝土柱下设无筋扩展基础

柱脚高度 h_1 不得小于 b_1，并不应小于 300mm，且不小于 20d（d 为柱中的纵向受力钢筋的最大直径）。当柱纵向钢筋在柱脚内的竖向锚固长度不满足锚固要求时，可沿水平方向弯折，弯折后的水平锚固长度不应小于 10d，也不应大于 20d。

为了保证砌筑质量，并能起到平整和保护基坑作用，常在无筋扩展基础底部浇筑一层垫层。垫层材料一般用灰土、三合土和混凝土。垫层每边伸出基底 50～100mm，厚度一般为 100mm。薄的垫层一般作为构造垫层，不作为基础结构部分考虑。因此，垫层的宽度和高度都不计入基础的底部 b 和埋深 d 之内。对于厚度为 150～250mm 垫层，可以作为基础的一部分考虑。如无筋扩展基础由两种材料叠合而成，上层砖砌体，下层混凝土。下层混凝土的厚度超过 200mm，且符合表 3-1 的要求时，该混凝土层可作为基础结构部分考虑。但若垫层材料的强度小于基础材料时，需对垫层进行抗压验算。

【例 3-1】 某承重墙厚 240mm，作用于地面标高处的荷载标准值 $F_k=190\text{kN/m}$，拟采用砖基础，假定地下水位在地面以下 1.0m 处。地基土为粉质黏土，$\gamma=17\text{kN/m}^3$，孔隙比 $e_0=0.9$，$f_{ak}=150\text{kPa}$。（1）试确定砖基础的底面宽度 b 值；（2）设计该条形基础。

解　（1）确定基础底面宽度。

孔隙比 $e_0=0.9$，查表得 $\eta_b=0$，$\eta_d=1.0$，则

$f_a=f_{ak}+\eta_b\gamma(b-3)+\eta_d\gamma_m(d-0.5)=150+0+1.0\times17\times(1.0-0.5)=158.5\text{(kPa)}$

由于地下水位在地面下 1.0m 处，为便于施工，基底宜放在水位以上，故取 $d=1.0\text{m}$

$$b\geq\frac{F_k}{f_a-\gamma_G d}=\frac{190}{158.5-20\times1.0}=1.37\text{(m)}$$

取 $b=1.4\text{m}$，$b=1400\text{mm}$，无须作宽度验算。

（2）确定基础高度 H_0。

方案 1：采用 MU10 砖，M5 砂浆"二一间隔收"砖基础，基底用 100mm C10 混凝土垫层。

砖基础所需台阶：$n\geq\frac{1}{2}\times\frac{1400-240}{60}=9.7$（阶），取 10 阶

基础高度：$H_0=120\times5+60\times5=900$（mm）

基坑所需最小开挖深度：$D_{min}=900+100+100=1100$（mm），与 $d=1000\text{mm}$ 不符，且基底在地下水位以下，砌筑工作量增大，故方案 1 不合理。

方案 2：基础下层采用 300mm 混凝土垫层，上层采用 MU10 砖，M5 砂浆，"二一间隔收"砖基础"二一间隔收"砖基础。

1）混凝土垫层作为基础结构层设计，需满足宽刚比（刚性角）设计为

$$P_k=\frac{F_k+G_k}{A}=\frac{190+20\times1.4\times1\times1}{1.4\times1}=155.7\text{(kPa)}$$

查表 3-1 得 $\tan\alpha=1$，故混凝土缩进 300mm。

2）砖基础。

砖基础所需台阶：$n\geq\frac{1}{2}\times\frac{1400-240-2\times300}{60}=4.7$（阶），取 5 阶。

基础高度：$H_0 = 120 \times 3 + 60 \times 2 + 300 = 780$（mm）

基础顶面距地面220mm，基础埋深$d = 780 + 220 = 1000$（mm），方案2满足要求。基础剖面图如图3-5所示。

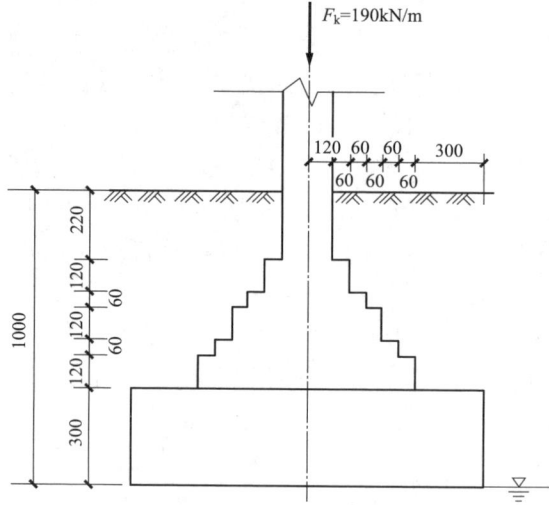

图3-5　条形基础剖面图

3.3　钢筋混凝土扩展基础设计

扩展基础是指墙下钢筋混凝土条形基础与柱下钢筋混凝土独立基础。这种基础不受宽高比的限制，基础高度可以较小，用钢筋承受弯曲所产生的拉应力，但需要满足抗弯、抗剪和抗冲切的要求。

3.3.1　墙下钢筋混凝土条形基础

在均布线荷载作用下，墙下钢筋混凝土条形基础的受力情况视为一倒置的悬臂梁，其上受到地基净反力P_n作用，使基础底板内产生弯矩和剪力（图3-6）。

在弯矩作用下，基础底板会发生向上的弯曲变形，若截面Ⅰ—Ⅰ（悬臂板根部）弯矩过大，配筋量不足，则基础底板会沿截面裂开。在剪力作用下，基础底板会发生向上错动的趋势，若基础底板截面高度不足，会使基础底板发生斜裂缝。

1. 基础高度确定

（1）地基净反力。由于基础及回填土自重G产生的均布压力与相应地基反力相抵消，故引起基础产生内力的是上部结构外荷载。将扣除基础自重及其上覆土重后相应于荷载作用效应基本组合时的地基土单位面积反力，称为地基净反力，以P_n表示，在基础长度方向取单位长度，则地基净反力为

中心荷载
$$P_n = \frac{F}{bl} = \frac{F}{b} \tag{3-3}$$

偏心荷载
$$P_{n,\min}^{n,\max} = \frac{F}{b}\left(1 \pm \frac{6e_0}{b}\right) \tag{3-4}$$

式中　P_n——相应于荷载效应基本组合时的地基净反力设计值，kPa；

$P_{n,min}^{n,max}$——相应于荷载效应基本组合时的基础边缘最大、最小地基净反力设计值，kPa；

F——相应于荷载效应基本组合时，上部结构传至基础顶面的竖向力设计值，kN/m；

b——墙下钢筋混凝土条形基础宽度，m；

e_0——荷载合力偏心距，m，$e_0 = \sum M/F$，式（3-4）适用于 $e_0 \leqslant b/6$ 小偏心情况。

（2）剪力计算。P_n 作用下，基础底板内产生剪力 V（图 3-6 和图 3-7），基础验算截面 I—I 处的剪力计算按下式计算

中心荷载
$$V_I = P_n \cdot a_1 \tag{3-5}$$

偏心荷载
$$V_I = \frac{P_{n,max} + P_{nI}}{2} \cdot a_1 \tag{3-6}$$

$$P_{nI} = P_{n,min} + \frac{b-a_1}{b}(P_{n,max} - P_{n,min}) \tag{3-7}$$

式中 a_1——验算截面 I—I 至基础边缘的距离，m，当墙体材料为混凝土时，a_1 为基础边缘至墙脚的距离；当墙体材料为砖墙且墙角伸出 1/4 砖长时，取 a_1 为基础边缘至墙脚加 1/4 砖长，即基础边缘至墙面的距离。

P_{nI}——验算截面 I—I 处的地基净反力，kPa。

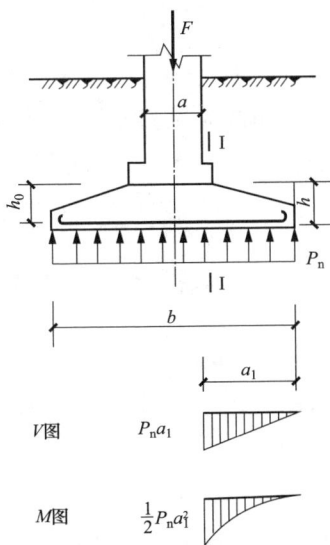

图 3-6 中心荷载下条形基础受力分析

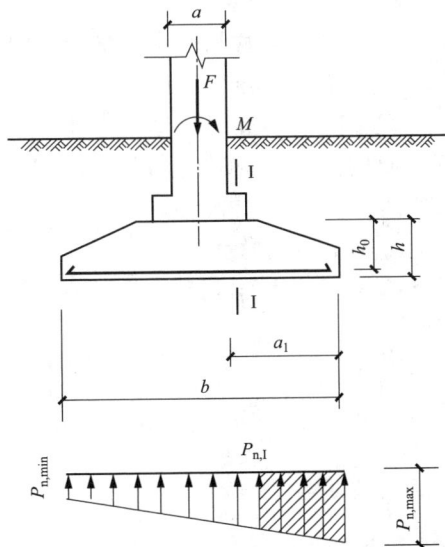

图 3-7 偏心荷载下条形基础受力分析

（3）基础高度确定。由于基础内不配箍筋和弯筋，故基础高度由混凝土的抗剪切承载力确定。根据《混凝土结构设计标准》（2024 年版）（GB/T 50010—2010）（以下简称《混凝土标准》），基础高度应满足

$$V_I \leqslant 0.7\beta_{hs} f_t h_0 \tag{3-8}$$

即
$$h_0 \geqslant \frac{V_I}{0.7\beta_{hs} f_t} \tag{3-9}$$

式中 f_t——混凝土轴心抗拉强度设计值，kPa；

h_0——基础有效高度，m，即基础高度减去钢筋保护层厚度（有垫层 40mm，无垫层

70mm）和 1/2 倍的钢筋直径；

β_{hs}——截面高度影响系数，$\beta_{hs}=(800/h_0)^{1/4}$；当 $h_0<800$mm 时，取 $h_0=800$mm；当 $h_0>2000$mm 时，取 $h_0=2000$mm。

2. 基础底板配筋

（1）弯矩计算。P_n 作用下，基础底板内产生弯矩，基础验算截面 I—I 处的弯矩计算按下式计算：

中心荷载：
$$M_I = \frac{1}{2}V_I \cdot a_1 = \frac{1}{2}P_n \cdot a_1^2 \tag{3-10}$$

偏心荷载：
$$M_I = \frac{1}{2}V_I \cdot a_1 = \frac{1}{2}P_n \cdot a_1^2 \tag{3-11}$$

对于偏心荷载作用时，式（3-11）中的 P_n 取值有两种情况：第一种情况，取 $P_n = P_{n,max}$ 计算剪力、弯矩偏大，计算结果偏于安全；第二种情况，取 $P_n = P_{n,max} + P_{nI}/2$ 计算剪力、弯矩偏小，计算结果偏于经济，本书采用第二种情况。

（2）配筋计算。基础底板配筋应符合《混凝土标准》正截面受弯承载力计算要求。如果按简化矩形截面单筋板计算，取 $\xi = x/h_0 = 0.2$，按式（3-12）简化计算

$$A_s = \frac{M_I}{0.9 f_y h_0} \tag{3-12}$$

式中 A_s——每延米基础底板受力钢筋截面积，m^2；

f_y——钢筋抗拉强度设计值，N/mm^2。

【例 3-2】 某钢筋混凝土墙下条形基础，墙厚 370mm，相应于荷载效应标准组合时，传至基础顶面的竖向力标准值 $F_k=280$kN/m，基础埋置深度为 2.0m，条形基础宽度为 3.0m，试设计基础高度并配筋。

解 （1）确定地基净反力。

根据《建筑地基基础设计规范》（GB 50007—2011）由永久荷载控制时，荷载分项系数取 1.35 计算荷载设计值。

竖向力设计值： $F = 1.35F_k = 1.35 \times 280 = 378$（kN/m）

地基净反力设计值： $P_n = \dfrac{378}{3} = 126$（kPa）

（2）基础高度确定。

基础高度按照 $h = \dfrac{b}{8} = 375$（mm），基础有效高度 $h_0 = 375 - 40 - 10 = 325$（mm）。

I—I 截面距基础边缘的距离：$a_1 = \dfrac{1}{2} \times (3.0 - 0.37) = 1.32$（m）

I—I 截面处剪力设计值：$V_I = P_n a_1 = 126 \times 1.32 = 166.32$（kN/m）

选用混凝土 C25，$f_t = 1.27$MPa，则按抗剪切条件需要基础高度为

$$h_0 \geq \frac{V_I}{0.7\beta_{hs}f_t} = \frac{166.32}{0.7 \times 1 \times 1.27} = 187\text{（mm）}$$

基础实际有效高度为 $h_0 = 325$mm > 187mm，满足设计要求。

（3）底板配筋计算。

I—I 截面的弯矩设计值：$M_I = \dfrac{1}{2}P_n a_1^2 = \dfrac{1}{2} \times 126 \times 1.32 \times 1.32 = 109.8$（kN/m）

选用钢筋 HRB400，$f_y = 360$MPa，则基础每延米受力钢筋截面面积为

$$A_s = \frac{M_I}{0.9 f_y h_0} = \frac{109.8 \times 10^6}{0.9 \times 360 \times 325} = 1043 (\text{mm}^2)$$

按照最小配筋率 0.15%，需要钢筋为

$$A_{smin} = 0.15\% \times 1000 \times 375 = 562.5 (\text{mm}^2)$$

按照 $A_s = 1043$mm² 配筋，选用 $\Phi 14@140$（实配 $A_s = 1100$mm²），分布筋选 $\phi 8@200$，基础剖面图如图 3-8 所示。

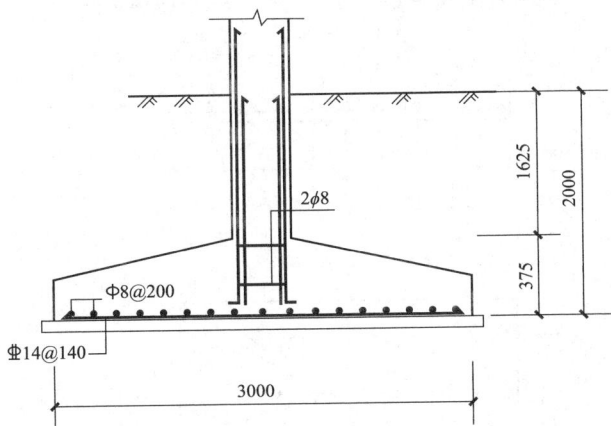

图 3-8 ［例 3-2］图

3.3.2 柱下钢筋混凝土独立基础

1. 基础高度

在中心荷载作用下，如基础高度（或阶梯高度）不足，则将沿着柱周边（或阶梯高度变化处）产生冲切破坏，形成 45°斜裂面的角锥体（图 3-9）。因此，由冲切破坏锥体以外的地基净反力所产生的冲切力应小于冲切面处混凝土的抗冲切能力，即

$$F_l \leqslant 0.7 \beta_{hp} f_t a_m h_0 \tag{3-13}$$

$$F_l = P_n A_l \tag{3-14}$$

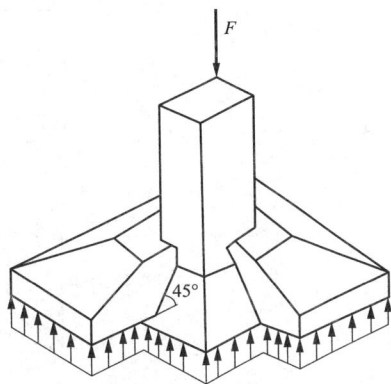

图 3-9 独立基础冲切破坏

式中　F_l——作用在冲切锥体外 A_l 上的冲切力，kN；

P_n——相应于作用基本组合时的地基净反力设计值，kPa，若偏心荷载时，用 $P_{n,max}$ 代替 P_n 计算 F_l；

A_l——冲切力作用面积（图 3-10 中斜线面积），具体计算方法见式（3-15）、式（3-17）；

β_{hp}——受冲切承载力截面高度影响系数，当 $h \leqslant 800$mm 时，β_{hp} 取 1.0；当 $h \geqslant 2000$mm 时，β_{hp} 取 0.9；其间按线性内插法取值；

f_t——混凝土轴心抗拉强度设计值，N/mm²；

h_0——基础冲切破坏锥体的有效高度，m；

a_m——基础冲切破坏锥体斜裂面上、下边长的平均值，m。

（1）阶梯形基础。因阶梯形基础会在柱与基础交接处、变阶处发生冲切破坏，故需对这两处分别进行抗冲切承载力验算。

1) 当 $b \geqslant a_t + 2h_0$ 时冲切承载力验算。当 $b \geqslant a_t + 2h_0$ 冲切破坏锥体的底面落在基础底面以内，如图 3-10（b）所示，柱边与基础交接处。对于矩形基础一般沿柱短边一侧先产生冲切破坏，所以，一般只需根据短边一侧冲切破坏条件来验算基础高度，即

$$A_l = \left(\frac{l}{2} - \frac{a_c}{2} - h_0 \right) b - \left(\frac{b}{2} - \frac{b_c}{2} - h_0 \right)^2 \qquad (3-15)$$

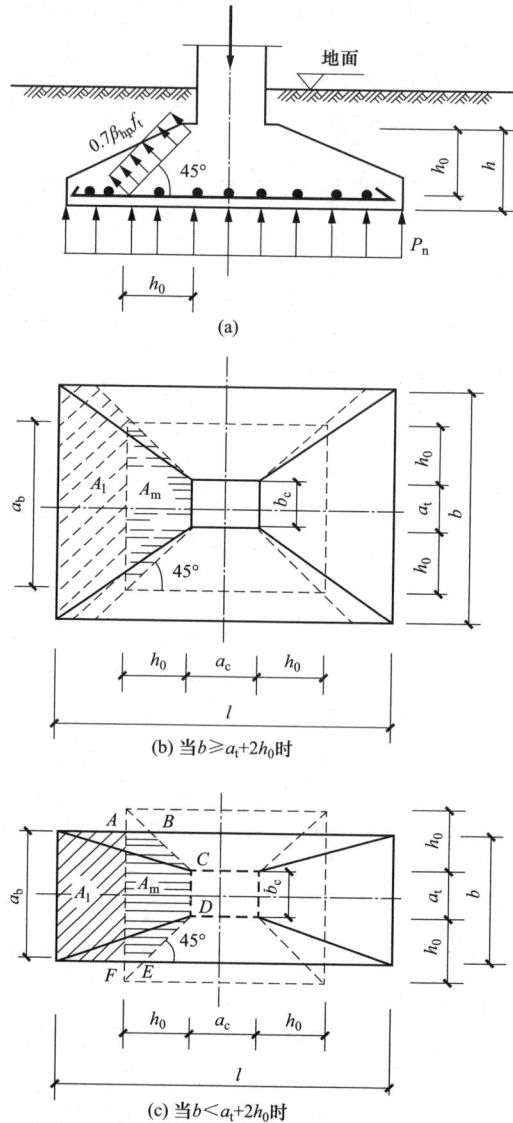

(a)

(b) 当 $b \geqslant a_t + 2h_0$ 时

(c) 当 $b < a_t + 2h_0$ 时

图 3-10 柱与基础交接处冲切计算

由图 3-10 得知，$a_m h_0$ 冲切锥体在基础底面的水平投影面积，即 $A_m = a_m h_0$。

因 $a_m = \dfrac{a_t + a_b}{2} = b_c + h_0$，故

$$A_m = a_m h_0 = (b_c + h_0) h_0 \qquad (3-16)$$

式（3-15）或式（3-16）中 l、b——基础长度、宽度，m；

a_t——基础冲切破坏锥体最不利一侧斜截面的上边长，m，当计算柱与基础交接处的受冲切承载力时，取柱短边 b_c。当计算基础变阶处的受冲切承载力时，取变阶处宽度 b_1；

a_b——基础冲切破坏锥体最不利一侧斜截面在基础底面积范围内的下边长，m，计算柱与基础交接处的受冲切承载力时，取柱短边加两倍基础有效高度；当计算基础变阶处的受冲切承载力时，取变阶处宽度加两倍该处的基础有效高度；

a_c、b_c——柱截面的长边、短边，m。

当 $b \geq a_t + 2h_0$ 时，基础变阶处（图 3-11），把上台阶视为柱，相应 a_c、b_c 用 a_1、b_1 代替，则

$$A_l = \left(\frac{l}{2} - \frac{a_1}{2} - h_{01}\right)b - \left(\frac{b}{2} - \frac{b_1}{2} - h_{01}\right)^2 \qquad (3-17)$$

$$A_m = (b_1 + h_{01})h_{01} \qquad (3-18)$$

式中　a_1、b_1——基础变阶处长度、宽度，m；

h_{01}——基础下阶有效高度，m。

2）当 $b < a_t + 2h_0$ 时抗剪切承载力验算。当 $b < a_t + 2h_0$ 时，冲切破坏锥体的底面在 b 方向落在基础底面以外 [图 3-10(c)]，$a_b = b$，应按式（3-8）验算柱与基础交接处及基础变阶处截面的受剪切承载力。

（2）锥形基础。锥形基础抗冲切承载力验算，其位置一般取柱与基础交接处。其验算同阶梯形基础。当基础混凝土强度等级小于柱的混凝土强度等级时，尚应验算基础顶面的局部受压承载力。

2. 基础底板配筋

地基净反力 P_n 作用下，独立基础底板在两个方向均发生弯曲，故两个方向均需配受力钢筋。底板视为四块固定在柱边的梯形悬臂板（图 3-12），计算截面取柱边或变阶处。在中心荷载和偏心荷载下底板受弯可按下列简化方法计算。

（1）弯矩计算。

1）中心荷载作用。基础底面为矩形的基础，受中心荷载作用，地基净反力对柱边 I—I 截面产生的弯矩为（图 3-12）

$$M_I = P_n A_{1234} l_0$$

$$A_{1234} = \frac{1}{4}(b + b_c)(l - a_c)$$

式中　A_{1234}——梯形 1234 的面积。

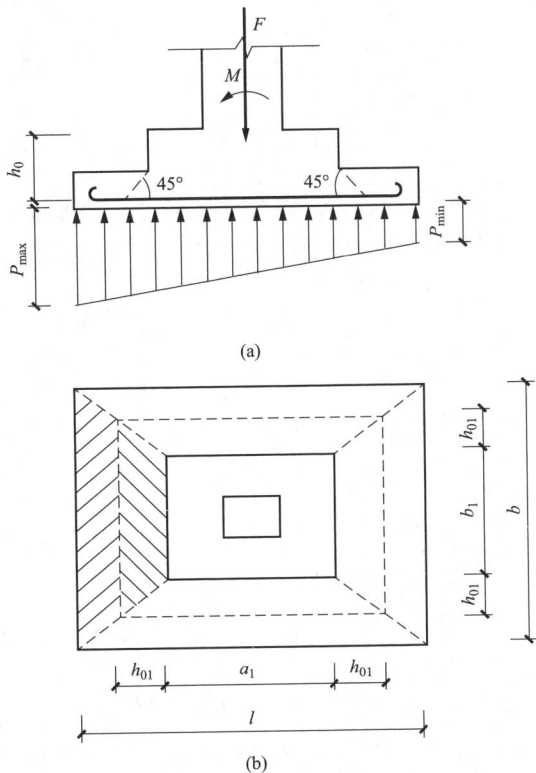

(a)

(b)

图 3-11　基础变阶外冲切计算

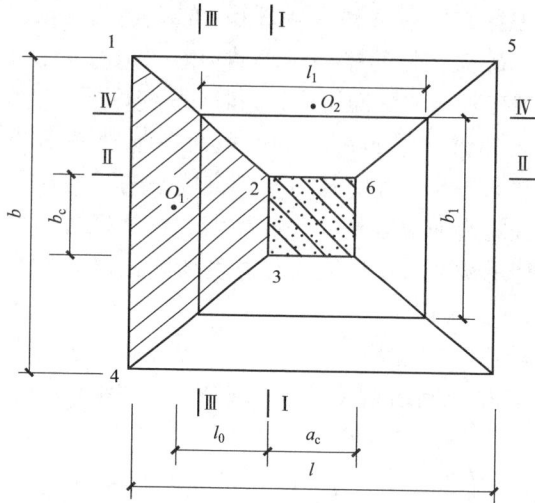

图 3-12　引起弯矩的地基净反力作用面积

其中　　$l_0 = \dfrac{(l-a_c)(b_c+2b)}{6(b_c+b)}$

l_0——梯形 1234 的形心 O_1 至柱边的距离。

$$M_I = \frac{1}{24} P_n (l-a_c)^2 (2b+b_c)$$

$$(3-19)$$

同理，由面积 1265 上的净反力可得柱边 II—II 截面的弯矩为

$$M_{II} = \frac{1}{24} P_n (b-b_c)^2 (2l+a_c)$$

$$(3-20)$$

阶梯形基础在变阶处也是抗弯的危险截面，故需要计算变阶处 III—III、IV—IV 截面处的弯矩值，将 a_c、b_c 换成变阶处长度 a_1、宽度 b_1，则

$$M_{III} = \frac{1}{24} P_n (l-a_1)^2 (2b+b_1) \tag{3-21}$$

$$M_{IV} = \frac{1}{24} P_n (b-b_1)^2 (2l+a_1) \tag{3-22}$$

2）偏心荷载作用。依据《建筑地基基础设计规范》（GB 50007—2011）知，当偏心距 $e \leqslant l/6$ 时，基础底面为矩形时，其柱边截面及变阶处截面的弯矩分别按下列简化计算

$$M_I = \frac{1}{48} (P_{n,max} + P_{nI})(l-a_c)^2 (2b+b_c) \tag{3-23}$$

$$M_{II} = \frac{1}{48} (P_{n,max} + P_{n,min})(b-b_c)^2 (2l+a_c) \tag{3-24}$$

$$M_{III} = \frac{1}{48} (P_{n,max} + P_{n,III})(l-a_1)^2 (2b+b_1) \tag{3-25}$$

$$M_{IV} = \frac{1}{48} (P_{n,max} + P_{n,min})(b-b_1)^2 (2l+a_1) \tag{3-26}$$

$$P_{nI} = P_{n,min} + \frac{l+a_c}{2l}(P_{n,max} - P_{n,min}) \tag{3-27}$$

$$P_{nIII} = P_{n,min} + \frac{l+a_1}{2l}(P_{n,max} - P_{n,min}) \tag{3-28}$$

式中　P_{nI}、P_{nIII}——验算截面 I—I、III—III 处的地基净反力，kPa。

（2）底板配筋。按上述公式计算弯矩后，底板长边方向和短边方向的受力钢筋面积 A_{sI}（A_{sIII}）、A_{sII}（A_{sIV}）可按下式计算

$$A_{sI} = \frac{M_I}{0.9 f_y h_0} \tag{3-29}$$

$$A_{sII} = \frac{M_{II}}{0.9 f_y (h_0 - d)} \tag{3-30}$$

3.3.3　扩展基础的构造要求

1. 一般要求

（1）基础边缘高度。锥形基础的边缘高度不宜小于 200mm，阶梯形基础的每阶高度宜为 300～500mm（图 3-13）。

（2）基底垫层。通常在底板下浇筑一层素混凝土垫层，垫层的厚度不宜小于 70mm，垫层混凝土强度等级不宜低于 C10；常做 100mm C10 素混凝土垫层，两边各伸出基础 100mm。

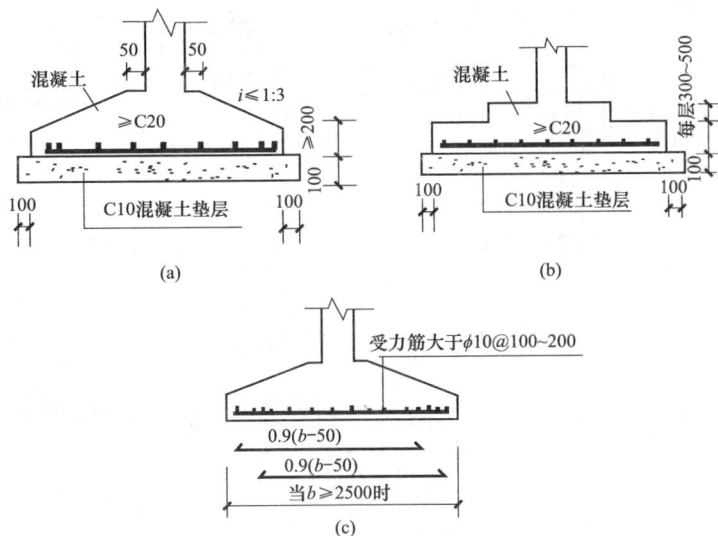

图 3-13　扩展基础构造的一般要求

（3）钢筋。底板受力钢筋直径不应小于 10mm，间距不应大于 200mm，也不应小于 100mm，当柱下钢筋混凝土独立基础的边长和墙下钢筋混凝土条形基础的宽度大于或者等于 2.5m 时，钢筋长度可减短 10%，并宜均匀交错布置。底板钢筋的保护层，当有垫层时不小于 40mm，无垫层时不小于 70mm。

（4）混凝土。混凝土强度等级不应低于 C25。

2. 墙下条形基础的构造要求

（1）基础高度。墙下钢筋混凝土条形基础按外形不同可分为无纵肋板式条形基础和有纵肋板式条形基础两种。墙下无纵肋板式条形基础高度 h 应按剪切计算确定。一般要求 $h \geqslant$ 300mm（$\geqslant b/8$，b 为基础宽度）。当 $b < 1500$mm 时，基础高度可做成等厚度；当 $b \geqslant$ 1500mm 时，可做成变厚度，且板的边缘厚度不应小于 200m，坡度 $i \leqslant 1:3$。

（2）钢筋。基础底板受力钢筋沿基础宽度配置；纵向设分布钢筋，直径不应小于 8mm，间距不应大于 300mm，且每延米分布钢筋的面积应不小于受力钢筋面积的 15%，置于受力钢筋之上。

在 T 形及十字交接处，底板横向受力钢筋仅沿一个主要方向通长布置，另一个方向的横向受力钢筋可布置到主要受力方向底板宽度的 1/4 处 ［图 3-14（a）］，在拐角处底板横向受力钢筋应沿两个方向布置 ［图 3-14（b）］。

3. 现浇柱下独立基础的构造要求

柱下钢筋混凝土独立基础除应满足扩展基础一般构造要求外，还应满足下列要求：

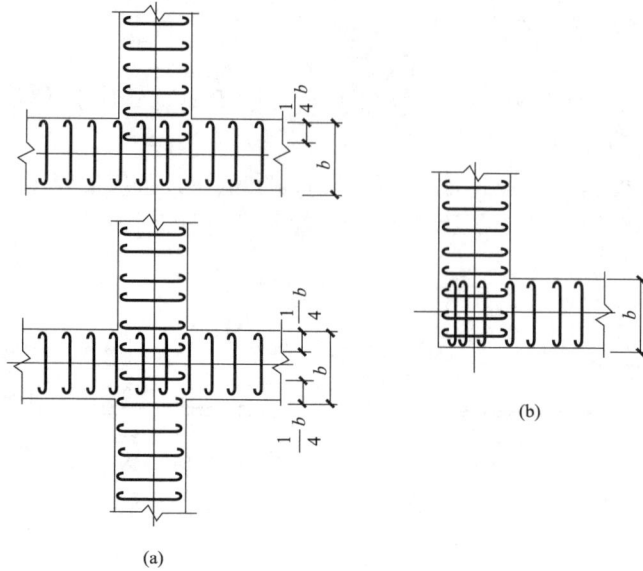

图 3-14　墙下条形基础底板受力钢筋布置图

（1）现浇柱下独立基础构造要求。现浇柱下独立基础断面有锥形和阶梯形，其构造要求图 3-15 所示。

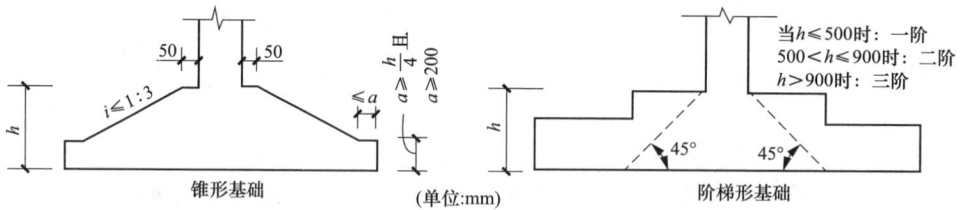

图 3-15　现浇柱下独立基础构造

1）锥形基础的边缘高度，不宜小于 200mm，也不宜大于 500mm；阶梯形基础的每阶高度宜为 300～500mm。基础的阶数可根据基础总高度 H 设置，当 $H \leqslant 500$mm 时，宜为一阶，当 500mm $< H \leqslant 900$mm 时，宜为二阶；当 $H > 900$mm 时，宜为三阶。

2）锥形基础顶部为安装柱模板，需每边放大 50mm。锥形坡比一般不大于 1:3。

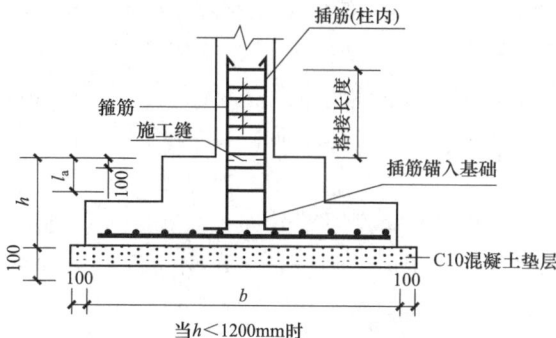

图 3-16　独立基础插筋构造

3）现浇柱的基础一般与柱不同时浇筑，在基础内需预留插筋，插筋在柱内的纵向钢筋连接宜优先采用焊接或机械连接，插筋在基础内应符合下列要求：

① 插筋的数量、直径，以及钢筋种类应与柱内的纵向受力钢筋相同。

② 插筋锚入基础的长度应满足以下要求（图 3-16）：

当基础高度 h 较小时，轴心受压和小偏心受压柱 $h < 1200$mm，大偏心受压柱 $h <$

1400mm；所有插筋的下端宜做成直钩放在基础底板钢筋网上，并满足锚入基础长度应大于锚固长度 l_a 或 l_{aE} 的要求［l_a 应符合《混凝土标准》的规定；有抗震设防要求时：一、二级抗震等级 $l_{aE}=1.15l_a$，三级抗震等级 $l_{aE}=1.05l_a$，四级抗震等级 $l_{aE}=l_a$］。

当基础高度 h 较大时，轴心受压和小偏心受压柱 $h \geqslant 1200$mm，大偏心受压柱 $h \geqslant 1400$mm；可仅将四角插筋伸至基础底板钢筋网上，其余插筋只锚固于基础顶面下 l_{aE} 或 l_a 处。

插筋至少需分别在基础顶面下 100mm 和插筋下端设置箍筋，且间距不大于 800mm，箍筋直筋与柱相同。

4) 当基础边长大于 2.5m 时，受力钢筋长度可缩短 10%，并交错布置（图 3-17）。

(2) 预制柱下独立基础构造要求。预制柱下独立基础一般呈杯口形基础（图 3-18），其构造应满足下列要求：

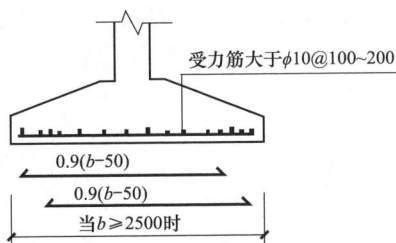

图 3-17　基础钢筋交错布置　　　　图 3-18　杯口形基础构造

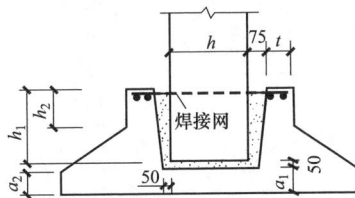

1) 柱插入深度 h_1 按表 3-2 选用。且满足锚固长度的要求，即应符合现行《混凝土标准》的规定；同时还应满足吊装时柱的稳定性要求，即 0.05 倍柱长。

2) 基础的杯底厚度 a_1 和杯壁厚度 t 应按表 3-3 选用，并且 $a_2 > a_1$。

表 3-2　　　　　　　　　　　　　柱插入深度 h_1　　　　　　　　　　　　　　　mm

矩形或 I 形柱				双肢柱
$h<500$	$500 \leqslant h<800$	$800 \leqslant h \leqslant 1000$	$h>1000$	$(1/3 \sim /3)h_a$
$h \sim 1.2h$	h	$0.9h$ 且 $\geqslant 800$	$0.98h$ 且 $\geqslant 1000$	$(1.5 \sim 1.8)h_b$

注　1. h 为柱截面长边尺寸；h_a 为双肢柱整个截面长边尺寸；h_b 为双肢柱整个截面短边尺寸。

　　2. 柱周受压或小偏心受压时，h_1 可适当减小，偏心距大于 $2h$ 时，应适当放大。

表 3-3　　　　　　　　　　**基础的杯底厚度和杯壁厚度**　　　　　　　　　　mm

柱截面长边尺寸 h	杯底厚度 a_1	杯壁 t
$h<500$	$\geqslant 150$	$150 \sim 200$
$500 \leqslant h<800$	$\geqslant 200$	$\geqslant 200$
$800 \leqslant h<1000$	$\geqslant 200$	$\geqslant 300$
$1000 \leqslant h<1500$	$\geqslant 250$	$\geqslant 350$
$1500 \leqslant h<2000$	$\geqslant 300$	$\geqslant 400$

注　1. 双肢柱杯底厚度值可适当加大。

　　2. 当有基础梁时，基础梁下的杯壁厚度，应满足其支承宽度的要求。

　　3. 柱子插入杯口部分的表面应凿毛，柱子与杯口之间的空隙，应用比基础混凝土强度高一级的细石混凝土充填密实，当达到材料设计强度的 70% 以上时，方可进行上部吊装。

3）当柱为轴心或小偏心受压，且 $t/h_2 \geqslant 0.65$ 时，或大偏心受压，且 $t/h_2 \geqslant 0.75$ 时，壁内一般不配筋。当柱为轴心或小偏心受压，且 $0.5 \leqslant t/h_2 < 0.65$ 时，杯壁内可按表 3-4 构造配筋。对双杯口基础（如伸缩缝处的基础），两杯口之间的杯壁厚度 $t < 400$mm 时，宜配构造钢筋。其他情况应按计算配筋。

表 3-4 　　　　　　　　　　　　　 **杯 壁 构 造 配 筋** 　　　　　　　　　　　　　　 mm

柱截面长边尺寸	$h < 1000$	$1000 \leqslant h < 1500$	$1500 \leqslant h < 2000$
钢筋直径	$8 \sim 10$	$10 \sim 12$	$12 \sim 16$

注 表中钢筋置于杯口顶部，每边两根。

【例 3-3】 某框架柱截面为 $500\text{mm} \times 600\text{mm}$，作用在柱底的荷载效应基本组合设计值 $F = 1480\text{kN}$，$M = 145\text{kN} \cdot \text{m}$，$V = 20\text{kN}$，基础埋深为 2m，基础底面为 $2600\text{mm} \times 3600\text{mm}$ 图 3-19 所示。若基础材料采用 C30 混凝土，HRB400 钢筋，试设计该柱下独立基础。

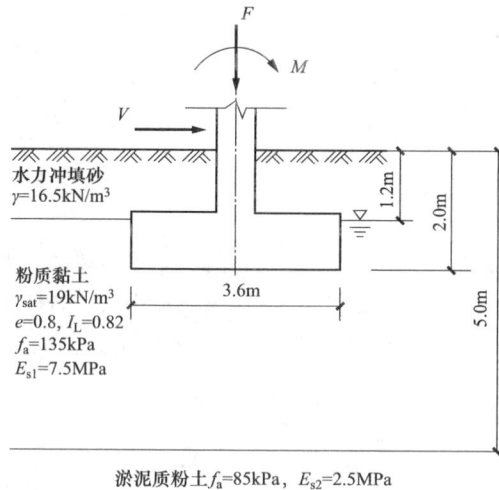

图 3-19 柱下独立基础算例

解 （1）计算地基净反力。

偏心距：$e_0 = \dfrac{\sum M}{F} = \dfrac{145 + 20 \times 2}{1480} = 0.125 \text{(m)}$

基础边缘处最大、最小地基净反力为

$$P_{n,\min}^{n,\max} = \frac{F}{A}\left(1 \pm \frac{6e_0}{l}\right) = \frac{1480}{2.6 \times 3.6} \times \left(1 \pm \frac{6 \times 0.125}{3.6}\right) = \begin{matrix} 191.1\text{(kPa)} \\ 125.2\text{(kPa)} \end{matrix}$$

（2）计算基础高度。初选阶梯形基础，C30 混凝土基础总高为 600mm，分两阶，每阶高度为 300mm，设 100mm 厚混凝土垫层。柱与基础交接处的基础有效高度为 $h_0 = 550$mm，变阶处基础有效高度 $h_{01} = 250$mm。

1）柱与基础交接处抗冲切验算。

$l = 3.6$m，$b = 2.6$m，$a_t = b_c = 0.5$m，$a_c = 0.6$m

因 $b = 2.6\text{m} \geqslant a_t + 2h_0 = 0.5 + 2 \times 0.55 = 1.6$m，冲切锥体落在基础底面内，取 $a_b = 1.6$m，则

$$a_m = \frac{a_t + a_b}{2} = \frac{0.5 + 1.6}{2} = 1.05 (m)$$

$$A_m = a_m h_0 = 1.05 \times 0.55 = 0.5775 (m^2)$$

$$A_l = \left(\frac{l}{2} - \frac{a_c}{2} - h_0\right) b - \left(\frac{b}{2} - \frac{b_c}{2} - h_0\right)^2$$

$$= \left(\frac{3.6}{2} - \frac{0.6}{2} - 0.55\right) \times 2.6 - \left(\frac{2.6}{2} - \frac{0.5}{2} - 0.55\right)^2 = 2.22 (m^2)$$

偏心荷载下取 P_n 为 $P_{n,max}$，冲切力为

$$F_l = P_{n,max} A_l = 191.1 \times 2.22 = 424.2 (kN)$$

抗冲切承载力为：$\beta_{hp} = 1.0$

$0.7 \beta_{hp} f_t a_m h_0 = 0.7 \beta_{hp} f_t A_m = 0.7 \times 1 \times 1430 \times 0.5775 = 578.1 kN > F_l$，满足设计要求。

2) 变阶处抗冲切验算。

上阶面 $a_1 = 2.4 m$，$b_1 = 1.8 m$，$a_t = b_1 = 1.8 m$

$a_t + 2h_0 = 1.8 + 2 \times 0.25 = 2.3$ （m） $< 2.6 m$，冲切椎体落在基础底面内，取 $a_b = 2.3 m$，则

$$a_m = \frac{a_t + a_b}{2} = \frac{1.8 + 2.3}{2} = 2.05 (m)$$

$$A_m = a_m h_{01} = 2.05 \times 0.25 = 0.5125 (m^2)$$

$$A_l = \left(\frac{l}{2} - \frac{a_1}{2} - h_{01}\right) b - \left(\frac{b}{2} - \frac{b_1}{2} - h_{01}\right)^2$$

$$= \left(\frac{3.6}{2} - \frac{2.4}{2} - 0.25\right) \times 2.6 - \left(\frac{2.6}{2} - \frac{1.8}{2} - 0.25\right)^2 = 0.8875 (m^2)$$

偏心荷载下取 P_n 为 $P_{n,max}$，冲切力为

$$F_l = P_{n,max} A_l = 191.1 \times 0.8875 = 169.6 (kN)$$

抗冲切承载力为：$\beta_{hp} = 1.0$

$0.7 \beta_{hp} f_t A_m = 0.7 \times 1 \times 1430 \times 0.5125 = 513.0$ （kN） $> F_l$，满足设计要求。

（3）配筋计算。选用Ⅲ级钢筋，HRB400，$f_y = 360 N/mm^2$。

1) 基础长边方向。

柱边Ⅰ—Ⅰ截面：

$$P_{nⅠ} = P_{n,min} + \frac{l + a_c}{2l}(P_{n,max} - P_{n,min})$$

$$= 125.2 + \frac{3.6 + 0.6}{2 \times 3.6} \times (191.1 - 125.2) = 163.3 (kPa)$$

$$M_Ⅰ = \frac{1}{48}(P_{n,max} + P_{nⅠ})(l - a_c)^2 (2b + b_c)$$

$$= \frac{1}{48} \times (191.1 + 163.3) \times (3.6 - 0.6)^2 \times (2 \times 2.6 + 0.5) = 378.8 (kN \cdot m)$$

$$A_{sⅠ} = \frac{M_Ⅰ}{0.9 f_y h_0} = \frac{378.8 \times 10^6}{0.9 \times 360 \times 550} = 2126 (mm^2)$$

变阶Ⅲ—Ⅲ截面：

$$P_{n\text{III}} = P_{n,\min} + \frac{l + a_1}{2l}(P_{n,\max} - P_{n,\min})$$

$$= 125.2 + \frac{3.6 + 2.4}{2 \times 3.6} \times (191.1 - 125.2) = 180.1(\text{kPa})$$

$$M_{\text{III}} = \frac{1}{48}(P_{n,\max} + P_{n\text{III}})(l - a_1)^2(2b + b_1)$$

$$= \frac{1}{48} \times (191.1 + 180.1) \times (3.6 - 2.4)^2 \times (2 \times 2.6 + 1.8) = 77.95(\text{kN} \cdot \text{m})$$

$$A_{s\text{III}} = \frac{M_{\text{I}}}{0.9 f_y h_{01}} = \frac{77.95 \times 10^6}{0.9 \times 360 \times 250} = 962(\text{mm}^2)$$

最小配筋率要求：$A_{s\min} = 0.15\% \times (2600 \times 300 + 1800 \times 300) = 1980$（$\text{mm}^2$）

比较 $A_{s\text{I}}$、$A_{s\text{III}}$ 及最小配筋率要求，应按 $A_{s\text{I}}$ 配筋，选 $\Phi 14@180$，实际配 14 Φ 14，$A_s = 2154 > 2126\text{mm}^2$。

2）基础短边方向。

柱边 II—II 截面：

$$M_{\text{II}} = \frac{1}{48}(P_{n,\max} + P_{n,\min})(b - b_c)^2(2l + a_c)$$

$$= \frac{1}{48} \times (191.1 + 125.2) \times (2.6 - 0.5)^2 \times (2 \times 3.6 + 0.6) = 226.7(\text{kN} \cdot \text{m})$$

$$A_{s\text{II}} = \frac{M_{\text{I}}}{0.9 f_y h_0} = \frac{226.7 \times 10^6}{0.9 \times 360 \times 550} = 1272(\text{mm}^2)$$

变阶处 IV—IV 截面：

$$M_{\text{IV}} = \frac{1}{48}(P_{n,\max} + P_{n,\min})(b - b_1)^2(2l + a_1)$$

$$= \frac{1}{48}(191.1 + 125.2) \times (2.6 - 1.8)^2 \times (2 \times 3.6 + 2.4) = 40.5(\text{kN} \cdot \text{m})$$

$$A_{s\text{IV}} = \frac{M_{\text{IV}}}{0.9 f_y h_{01}} = \frac{40.5 \times 10^6}{0.9 \times 360 \times 250} = 500(\text{mm}^2)$$

比较 $A_{s\text{II}}$ 和 $A_{s\text{IV}}$，应按 $A_{s\text{II}}$ 配筋，但不符合最小配筋率要求。

$$A_{s\min} = 0.15\% \times (3600 \times 300 + 2400 \times 300) = 2700(\text{mm})$$

实际按最小配筋率配筋，选 $\Phi 14@200$，实际配 18 Φ 14，实际 $A_s = 2769\text{mm}^2 > 2700\text{mm}^2$，配筋详见图 3-20。

3.3.4 双柱联合基础

如遇柱距较小，为避免板厚及配筋过大，可采用双柱联合基础。常见的双柱联合基础有：矩形联合基础、梯形联合基础和连梁式联合基础（图 3-21）。为使联合基础的基底压力分布较为均匀，应使基础底面形心尽可能接近柱主要荷载的合力作用点。当 $x' \geqslant l'/2$ 时，可采用矩形联合基础；当 $l'/3 < x' < l'/2$ 时，则宜采用梯形联合基础。如果柱距较大，可在两个扩展基础之间加设不着地的刚性联系梁式联合基础［图 3-21(c)］，使之达到阻止两个扩展基础转动，调整各自底面压力趋于均匀的目的。下面以矩形联合基础为例介绍其设计方法。

矩形联合基础的设计步骤如下：

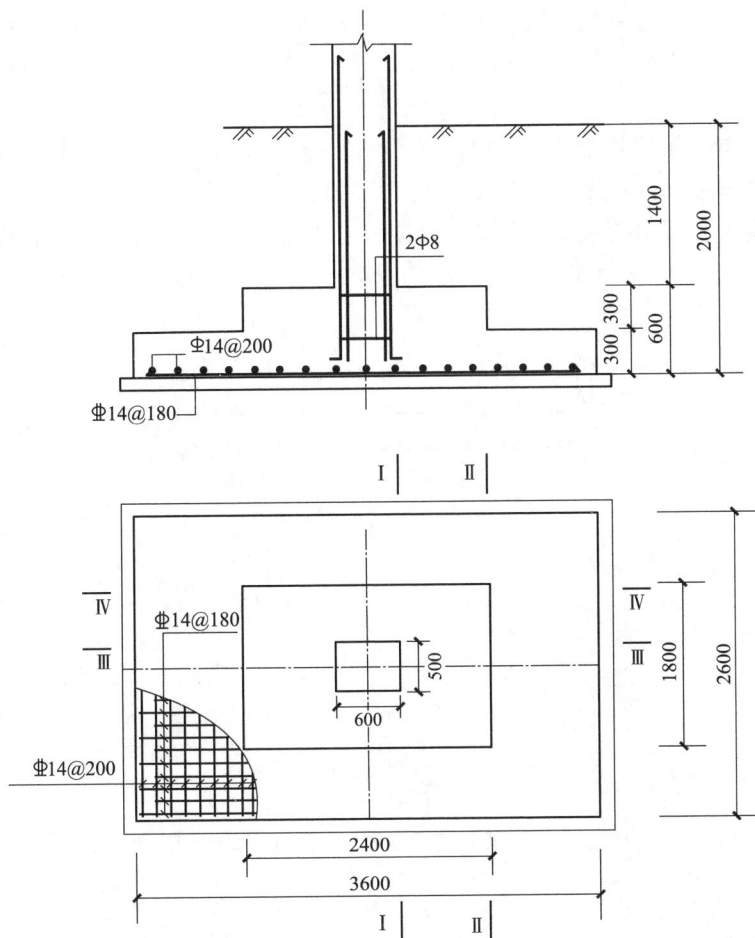

图 3-20 柱下独立基础配筋图

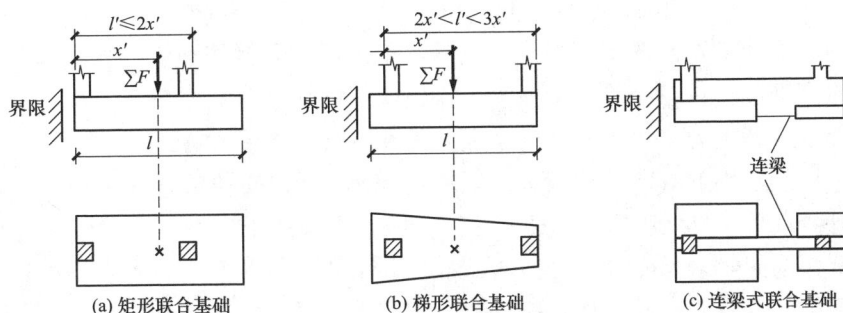

图 3-21 双柱联合基础

(1) 计算柱荷载的合力作用点（荷载重心）位置。

(2) 确定基础长度，使基础底面形心尽可能与柱荷载重心重合。

(3) 确定基础底面宽度：按地基土承载力计算基础底面宽度。

(4) 计算地基净反力，并用静力分析法计算基础内力，绘制基础弯矩图、剪力图。

(5) 根据受冲切和受剪承载力确定基础高度。一般根据构造要求先假设基础高度，再代入式（3-31）、式（3-32）进行验算。

受冲切承载力验算为

$$F_l \leqslant 0.7\beta_{hp}f_t u_m h_0 \qquad (3-31)$$

式中　F_l——相应于作用基本组合时的冲切力设计值，取柱轴心荷载设计值减去冲切破坏锥体范围内的地基净反力（图3-22）；

　　　u_m——临界截面的周长，取距离柱周边 $h_0/2$ 处板垂直截面的最不利周长，其余符号与式（3-13）相同。

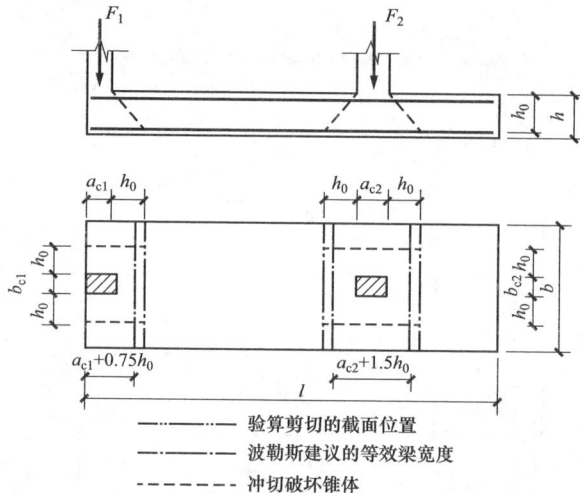

图3-22　矩形联合基础抗冲切、抗剪切计算图

受剪承载力验算为

$$V \leqslant 0.7\beta_{hs}f_t b h_0 \qquad (3-32)$$

式中　V——验算截面处相应于作用的基本组合时的剪力设计值，验算截面按宽梁可取在冲切破坏锥体底面边缘处。其余符号与式（3-8）相同。

（6）纵向配筋计算：按弯矩图中最大正负弯矩进行纵向钢筋配筋计算。

（7）横向配筋计算：按照等效梁概念进行横向配筋计算。

由于矩形联合基础为一个等厚度的平板，其在两柱间的受力方式如同一块单向板，而在靠近柱位的区段，基础的横向刚度很大。因此，根据 J. E. 波勒斯（Bowles）的建议，认为可在柱边以外各取等于 $0.75h_0$ 的宽度（图3-22）与柱宽合计作为"等效梁"宽度。基础的横向受力钢筋按横向等效梁的柱边截面弯矩计算并配置于该截面内，等效梁以外区段按构造要求配置。各横向等效梁底面的地基净反力以相应等效梁上的柱荷载计算。

【例3-4】　某矩形联合基础（图3-23），已知柱荷载设计值 $F_1=240\mathrm{kN}$，$F_2=340\mathrm{kN}$，柱截面均为 $300\mathrm{mm}\times300\mathrm{mm}$。基础埋深 $d=1.2\mathrm{m}$，地基承载力特征值为 $f_a=140\mathrm{kPa}$，设计要求基础左端与柱1侧面对齐，基础材料选用 C25 混凝土，HRB400 级钢筋。试设计该双柱矩形联合基础。

解　（1）计算基底形心位置及基础长度

对柱1的中心取矩，由 $\sum M_1=0$，得

$$x_0 = \frac{F_2 l_1 + M_2 - M_1}{F_1 + F_2} = \frac{340 \times 3.0 + 10 - 45}{340 + 240} = 1.7(\text{m})$$

$$l = 2(0.15 + x_0) = 2 \times (0.15 + 1.70) = 3.7(\text{m})$$

（2）计算基础底面宽度（荷载采用标准组合值）。柱荷载标准值近似取基本组合值除以
1.35 得

$$b = \frac{F_{k1} + F_{k2}}{l(f_a - \gamma_G d)} = \frac{(240 + 340)/1.35}{3.7 \times (140 - 20 \times 1.2)} = 1.0(\text{m})$$

（3）计算基础内力。地基净反力设计值为

$$P_n = \frac{F_1 + F_2}{lb} = \frac{340 + 240}{3.7 \times 1} = 156.8(\text{kPa})$$

$$bP_n = 156.8(\text{kN/m})$$

由剪力和弯矩的计算结果绘出 V、M
图（图 3-23）。

（4）基础高度计算。取 $h = l_1/6 = 3000/6 = 500$（mm），$h_0 = 455$mm。

由例图 3-33 中的柱冲切破坏锥体落在
基础底面以外可知，基础高度应按受剪切承
载力确定。

取柱 2 冲切破坏锥体底面边缘处截面
（截面 I—I）为计算截面，该截面的剪力
设计值为

$V = 253.8 - 156.8 \times (0.15 + 0.455)$
$= 158.9(\text{kN})$

$0.7\beta_{hs}f_t bh_0 = 0.7 \times 1.0 \times 1270 \times 1 \times$
$0.455 = 404.5$（kN）$>V$，满足设计要求。

（5）配筋计算。

1）纵向配筋（采用 HRB400 级钢筋）。
柱间负弯矩 $M_{max} = 192.6$kN·m，所需钢
筋面积为

$$A_s = \frac{M_{max}}{0.9 f_y h_0} = \frac{192.6 \times 10^6}{0.9 \times 360 \times 455}$$
$$= 1306(\text{mm}^2)$$

最大正弯矩取 $M_{max} = 23.7$kN·m，所需钢
筋面积为

$$A_s = \frac{M_{max}}{0.9 f_y h_0} = \frac{23.7 \times 10^6}{0.9 \times 360 \times 455}$$
$$= 161(\text{mm}^2)$$

基础顶配 8Φ16（$A_s = 1608$m²），其中
1/3（3根）通长布置；基础底面（柱 2 下
方）配 7Φ12（$A_s = 791$m²），其中 1/2（4

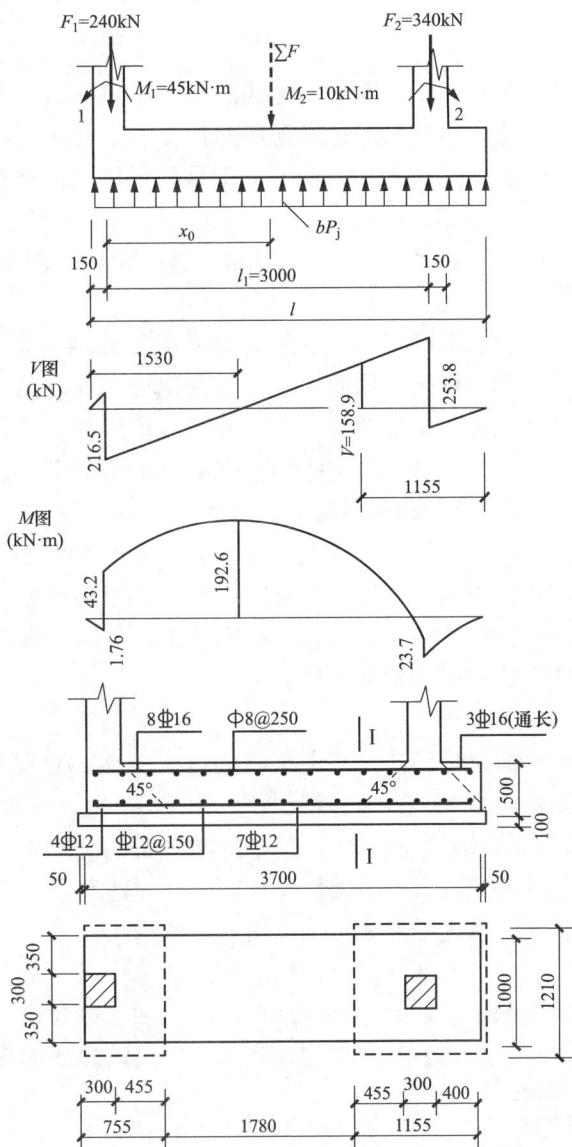

图 3-23　［例 3-4］矩形联合基础

根）通长布置。

2）横向钢筋（采用 HRB400 级钢筋）。

柱 1 处等效梁宽为 $a_{c1}+0.75h_0=0.3+0.75\times0.455=0.64$（m）

$$M_1=\frac{1}{2}\times\frac{F_1}{b}\left(\frac{b-b_{c1}}{2}\right)^2=\frac{1}{2}\times\frac{240}{1}\times\left(\frac{1-0.3}{2}\right)^2=14.7(\text{kN}\cdot\text{m})$$

$$A_s=\frac{14.7\times10^6}{0.9\times360\times(455-12)}=102(\text{mm}^2)$$

折成每米板宽内的配筋面积为 $102/0.64=159$（mm²/m）。

柱 2 处等效梁宽为 $a_{c2}+1.5h_0=0.3+1.5\times0.455=0.98$（m）

$$M_1=\frac{1}{2}\times\frac{F_2}{b}\left(\frac{b-b_{c2}}{2}\right)^2=\frac{1}{2}\times\frac{340}{1}\times\left(\frac{1-0.3}{2}\right)^2=20.8(\text{kN}\cdot\text{m})$$

$$A_s=\frac{20.8\times10^6}{0.9\times360\times(455-12)}=145(\text{mm}^2)$$

折成每米板宽内的配筋面积为 $145/0.98=148$（mm²/m）。

由于等效梁的计算配筋面积均小于构造配筋面积，现沿基础全长按构造要求配筋Φ12@150（$A_s=754\text{mm}^2/\text{m}$），基础顶面配横向构造钢筋Φ8@250。

3.4 柱下钢筋混凝土条形基础设计

一般情况下，柱下应首先考虑设置独立基础。但是，若遇柱荷载较大、各柱荷载差过大、地基承载力低或地基土质变化较大等情况，采用独立柱基无法满足设计要求时，则可考虑采用柱下条形基础、筏形基础或箱形基础等。

柱下钢筋混凝土条形基础由单根梁或交叉梁及其伸出的底板所组成。

3.4.1 条形基础内力计算

柱下条形基础可视为作用有若干集中荷载并置于地基上的梁，同时受到地基反力的作用。由于梁的变形、引起梁内产生弯矩和剪力。根据荷载大小、地基性质、基础梁刚度、上部结构以及建筑物的重要程度等条件不同，其内力计算方法也不尽相同，目前常用的有简化计算法和弹性地基梁法。

1. 简化计算法

简化计算法是假定梁的刚度无穷大，地基符合文克勒假定，地基反力按直线分布。为此，《建筑地基基础设计规范》（GB 50007—2011）规定：若地基较均匀，上部结构刚度较好，荷载分布较均匀，且条形基础梁的高度大于 1/6 柱距时，地基反力可按直线分布，条形基础梁的内力可按连续梁计算，此时边跨跨中弯矩及第一支座的弯矩值宜乘以 1.2 的系数。否则，宜按弹性地基梁方法计算其内力。

（1）地基净反力。由于假定地基净反力是直线分布，因此反力计算可将条形基础视为一狭长的矩形基础，将作用在基础上的荷载向地基梁中心点简化。由于沿梁全长作用的均匀墙重及基础均由其产生的地基反力所抵消，故作用在基础梁的净反力只有柱传来的荷载所产生（图 3-24）。

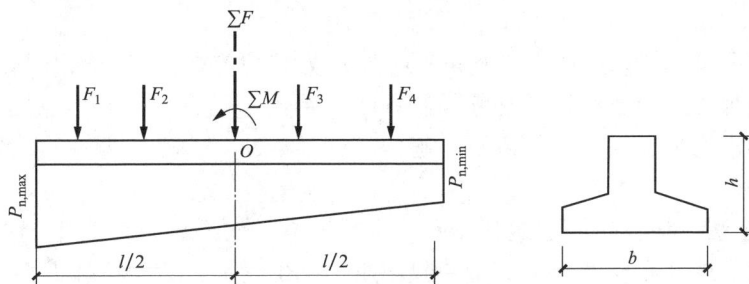

图 3-24 地基净反力分布图

$$P_{n,min}^{n,max} = \frac{\sum F_i}{lb} \pm \frac{6\sum M_i}{bl^2} \qquad (3-33)$$

式中　F_i——相应于荷载效应基本组合时，各柱传来的轴力之和（不包括基础及回填土重力），kN；

　　　　M_i——相应于荷载效应基本组合时，各荷载对基础梁中心的力矩代数和，kN·m；

　　　　l——条形基础梁长，m；

　　　　b——条形基础宽，m。

按地基反力直线分布假定所求得的地基净反力与精确计算方法相比，一般在地基梁中部的局部位置上，地基净反力略偏低些，但这些地段不大，一般可忽略不计；在地基梁的边柱附近，地基净反力偏低较多，故用此法算得的靠近边柱梁断面处的内力 M、V 也偏小，设计时通常将两边跨的地基净反力增加 15%～20% 或将两边跨的受力钢筋增加，并在构造上予以加强处理。

（2）简化内力计算方法。基础梁设计主要任务是基础梁的内力计算。目前，采用简化方法计算基础梁的内力有两种方法：倒梁法和静力平衡法。

1）倒梁法。倒梁法假定上部结构是绝对刚性的，各柱之间没有沉降差异，因而将柱脚视为条形基础的固定铰支座，基础梁视为倒置的多跨连续梁，地基净反力及柱脚处的弯矩当作基础梁上的荷载，按连续梁法计算其内力（图 3-25）。

倒梁法认为上部结构为刚性，各柱间无沉降差异。这种计算模型，只考虑出现于柱间的局部弯曲，而略去基础全长发生的整体弯曲，因而所得的柱位处截面的正弯矩与柱间最大负弯矩绝对值相比较，比其他方法均衡，故基础不利截面上的弯矩绝对值一般较小。

倒梁法计算步骤如下：

① 根据初步选定的柱下条形基础尺寸和作用荷载，确定计算简图 [图 3-25(a) 和（b）]。

② 计算地基净反力及分布，按刚性梁地基净反力线性分布进行计算。

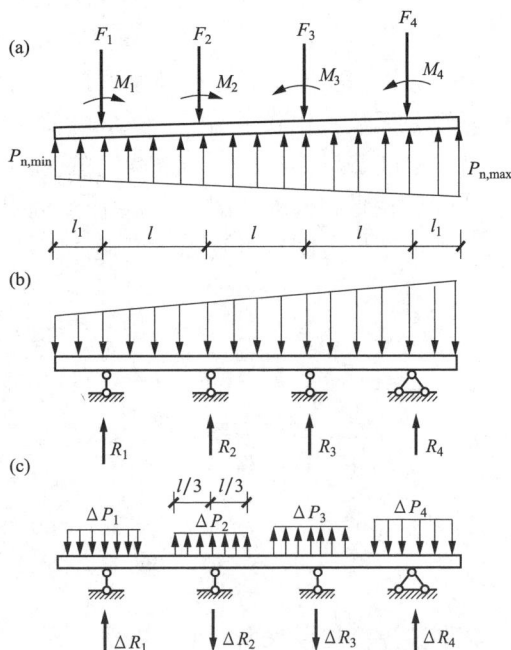

图 3-25　倒梁法计算简图

③ 用弯矩分配法或弯矩系数法计算弯矩和剪力。

用倒梁法计算基础梁内力时，求得的梁支座反力往往与柱传来的轴力不相等。此时可将不平衡力折算成为均匀荷载布置在支座两侧各 1/3 跨内 [图 3-25(c)]，再按连续梁计算内力，并与算得的内力叠加。经调整后不平衡力将明显减小，一般调整 1~2 次，这种调整方法称调整倒梁法。

2) 静力平衡法。该方法假定地基反力按直线分布，按照整体静力平衡条件求出地基净反力，将计算出的地基净反力和柱荷载一起作用于基础梁上，然后按静力平衡条件计算出截面上的弯矩和剪力，如图 3-26 所示。

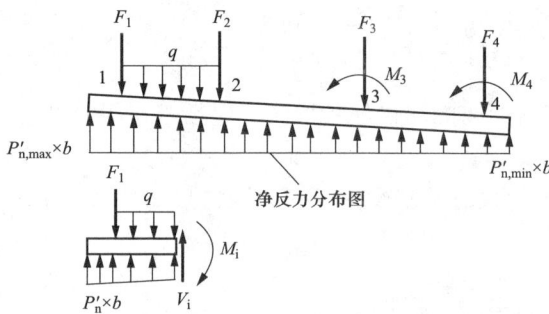

图 3-26　静力平衡法计算简图

静力平衡法未考虑地基基础与上部结构的相互作用，因而在荷载和直线分布的基底反力作用下产生整体弯曲。与其他方法比较，这样计算所得的基础不利截面的弯矩绝对值一般较大。但此法只宜用于上部为柔性结构，且自身刚度较大的条形基础以及联合基础。

2. 弹性地基梁法

(1) 文克勒地基模型。该模型假定地基是由许多独立的且互不影响的弹簧组成，即假定地基任一点所受的压力强度 P 只与该点的地基变形 s 成正比。

$$P = ks \tag{3-34}$$

式中　P——地基上任一点的压力强度，kN/m^2；

　　　k——基床系数，kN/m^3，表示产生单位变形所需的压力强度，kN/m^3，它与地基的性质有关，可根据现场载荷试验来确定；

　　　s——压力 P 作用点的地基变形量，m。

上述假设，实质上就是把地基看作是无数小土柱组成，并假设各土柱之间无摩擦力，即将地基视为无数不相联系的弹簧组成的体系 [图 3-27(a)]。对于在这种弹簧体系上施加荷载，则每根弹簧所受的压力与该弹簧的变形成正比。这种模型的地基反力图形与基础底面的竖向位移形状是相似的 [图 3-27(b)]。如果基础刚度非常大，受荷后基础底面仍然保持为平面，则地基反力图按直线规律变化 [图 3-27(c)]。

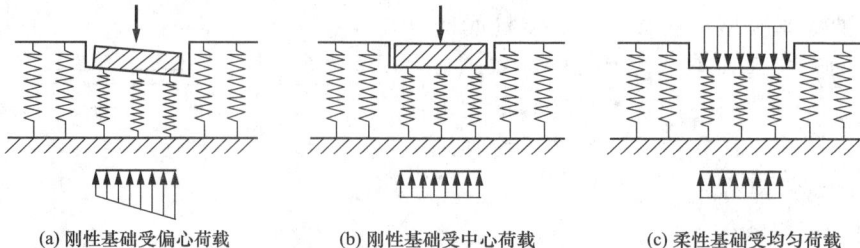

(a) 刚性基础受偏心荷载　　　　(b) 刚性基础受中心荷载　　　　(c) 柔性基础受均匀荷载

图 3-27　文克勒地基模型示意图

按照文克勒地基模型，地基的沉降只发生在基底范围以内这与实际情况不符。其原因在于忽略了地基中的剪应力，而正是由于剪应力的存在，地基中的应力才能向四周扩散分布，使基底以外的地表发生沉降。一般认为，凡力学性质与水相近的地基，采用文克勒地基模型比较合适，地基土越软弱。土的抗剪强度越低。该模型就越接近实际情况。因此，文克勒地基模型适用于抗剪强度很低的半液态土（如淤泥土、软黏土等）地基，或基底下塑性区相对较大情况，以及厚度不超过梁或板的短边宽度之半的薄压缩层地基。

（2）基础梁挠曲线微分方程的建立。设在文克勒地基上有一段等截面梁，在外荷载作用下梁的挠曲线如图 3-28 所示，梁底面的地基反力为 P，从宽度为 B 的梁上取一微段 $\mathrm{d}x$，其上作用有分布荷载 q、地基反力 P，弯矩 M 和剪力 V。

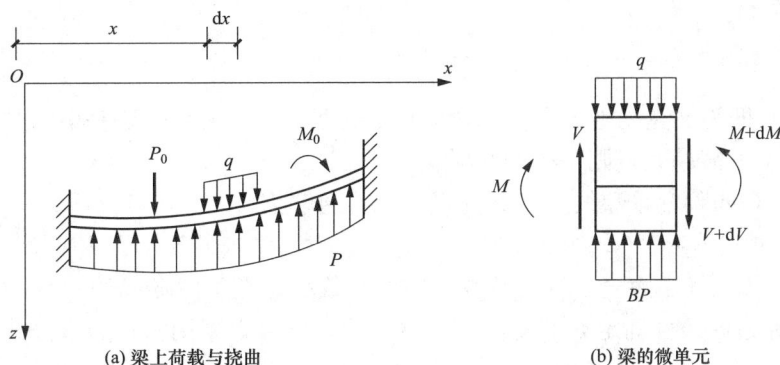

(a) 梁上荷载与挠曲   (b) 梁的微单元

图 3-28 文克勒地基上的梁受力分析

在材料力学中，梁受纯弯曲作用时，可得梁的挠曲微分方程为

$$EI\frac{\mathrm{d}^2\omega}{\mathrm{d}x^2}=-M \qquad\qquad (3-35)$$

式中 ω——梁的挠度；

M——弯矩，$kN \cdot m$；

E——梁材料的弹性模量，kPa；

I——梁的截面惯性矩，m^4。

由梁的微单元图（3-28）的静力平衡条件 $\sum M=0$、$\sum V=0$ 得到

$$\frac{\mathrm{d}M}{\mathrm{d}x}=V$$

$$\frac{\mathrm{d}V}{\mathrm{d}x}=BP-q$$

式中 V——剪力，kN；

q——梁上的分布荷载，kN/m；

P——地基反力，kPa；

B——梁的宽度，m。

式（3-35）连续对 x 取两次导数得

$$EI\frac{\mathrm{d}^4\omega}{\mathrm{d}x^4}=-\frac{\mathrm{d}^2M}{\mathrm{d}x^2}=-\frac{\mathrm{d}V}{\mathrm{d}x}=-BP+q$$

分布荷载 $q=0$，上式成为

$$EI\frac{\mathrm{d}^4\omega}{\mathrm{d}x^4}=-BP \qquad\qquad (3-36)$$

式（3-36）即为基础梁的挠曲微分方程，适用于任何地基模型。采用文克勒地基模型时，将 $P=ks$ 代入，根据变形协调条件，地基沉降等于梁的挠度 $s=\omega$ 得

$$EI\,\frac{\mathrm{d}^4\omega}{\mathrm{d}x^4}=-Bk\omega$$

或

$$EI\,\frac{\mathrm{d}^4\omega}{\mathrm{d}x^4}+Bk\omega=0 \qquad (3-37)$$

令 $\lambda=\sqrt[4]{\dfrac{kB}{4EI}}$，则式（3-37）可以改写为

$$\frac{\mathrm{d}^4\omega}{\mathrm{d}x^4}+4\lambda^4\omega=0 \qquad (3-38)$$

式（3-38）即为文克勒地基上梁的挠曲微分方程。λ 为文克勒地基梁的柔度特征值，单位为［1/长度］，λ 值越大，则基础的相对刚度小。

式（3-38）是四阶常系数线性微分方程，求得通解为

$$\omega(x)=\mathrm{e}^{\lambda x}(C_1\cos\lambda x+C_2\sin\lambda x)+\mathrm{e}^{-\lambda x}(C_3\cos\lambda x+C_4\sin\lambda x) \qquad (3-39)$$

式中　C_1、C_2、C_3、C_4 为——待定常数，根据荷载和边界条件确定。

根据荷载和边界条件确定 C_1、C_2、C_3、C_4 后，就可以采用材料力学公式计算出各个位置的内力。

柱下条形基础的计算步骤如下：

（1）确定基础底面尺寸。将条形基础视为一狭长的矩形基础，其长度 l 主要按构造要求决定，并尽量使荷载的合力作用点与基础底面形心重合。

轴心荷载

$$b\geqslant\frac{\sum F_\mathrm{k}+G_\mathrm{wk}}{(f_\mathrm{a}-\gamma_\mathrm{G}d)l} \qquad (3-40)$$

式中　$\sum F_\mathrm{k}$——相应于荷载效应标准组合时，各柱传来的轴力之和，kN；

　　　　G_wk——作用在基础梁上的墙自重，kN；

　　　　d——基础平均埋深，m；

　　　　f_a——修正后的地基承载力特征值，kPa。

偏心荷载时，先按式（3-40）初步拟定基础宽度再适当增大，然后验算基础边缘最大压力 $P_\mathrm{max}\leqslant1.2f_\mathrm{a}$。

（2）基础底板计算。柱下条形基础底板的计算方法与墙下条形钢筋混凝土条形基础相同。在计算地基净反力设计值时，荷载沿纵向和横向的偏心都要考虑。当各跨的净反力相差较大时，可依次对各跨底板进行计算，净反力可取本跨内的最大值。

（3）基础梁内力计算。

1）计算地基净反力设计值：按式（3-33）计算地基净反力设计值。

2）计算基础梁内力：当上部结构刚度很小时，可按静力分析法计算；若上部结构刚度较大，则按倒梁法计算。

（4）配筋计算。肋梁的配筋计算与一般的钢筋混凝土 T 形截面梁相仿，即对跨中按 T 形、对支座按矩形截面计算。需要指出，上述静力分析法和倒梁法实际上代表了两种极端情况，且有一定前提条件。在对条形基础进行截面设计时，可结构实际情况和设计经验，在配

筋时作出某些必要的调整。

【例 3-5】 已知条形基础宽 2.6m，各柱传来的轴力设计值如图 3-29 所示，试按倒梁法计算基础梁内力。

解　(1) 计算地基净反力。

$$\sum F_i = 1060 \times 2 + 1270 \times 3 + 1490 = 7420 (\text{kN})$$

$$\sum M_i = 1490 \times 3 + 1270 \times 9 + 1060 \times 15 - 1270 \times 3 - 1270 \times 9 - 1060 \times 15$$

$$= 660 (\text{kN} \cdot \text{m})$$

$$P_{\text{n,min}}^{\text{n,max}} = \frac{\sum F_i}{lb} \pm \frac{6 \sum M_i}{bl^2} = \frac{7420}{2.6 \times 34} \pm \frac{6 \times 660}{2.6 \times 34^2} = \frac{85.3}{82.6} (\text{kN/m}^2)$$

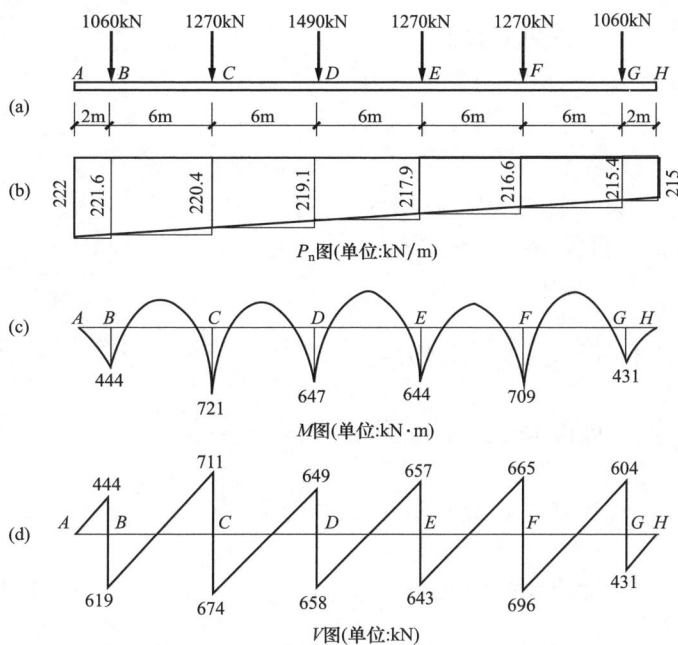

图 3-29　[例 3-5] 倒梁法计算条形基础内力

折算为线荷载得

$$P_{\text{n,max}} = 85.3 \times 2.6 = 222 (\text{kN/m})$$

$$P_{\text{n,min}} = 82.6 \times 2.6 = 215 (\text{kN/m})$$

为计算方便，各柱距内的反力分别取该段内的最大值。

(2) 计算固端弯矩。

$$M_{\text{BA}} = \frac{1}{2} \times 222 \times 2^2 = 444 (\text{kN} \cdot \text{m})$$

$$M_{\text{CB}} = -\frac{1}{8} \times 221.6 \times 6^2 = -997 (\text{kN} \cdot \text{m})$$

$$M_{\text{CD}} = \frac{1}{12} \times 220.4 \times 6^2 = 661 (\text{kN} \cdot \text{m})$$

$$M_{\text{DE}} = \frac{1}{12} \times 219.1 \times 6^2 = 657 (\text{kN} \cdot \text{m})$$

$$M_{ED} = -657 (kN \cdot m)$$

$$M_{EF} = \frac{1}{12} \times 217.9 \times 6^2 = 654 (kN \cdot m)$$

$$M_{FE} = -654 (kN \cdot m)$$

$$M_{FG} = \frac{1}{8} \times 216.6 \times 6^2 = 975 (kN \cdot m)$$

$$M_{GH} = -\frac{1}{2} \times 215.4 \times 2^2 = -431 (kN \cdot m)$$

（3）用弯矩分配法计算弯矩。计算结果如图 3-29（c）所示。

（4）计算支座剪力。根据支座弯矩及荷载，以每跨梁为脱离体计算支座剪力，计算结果如图 3-29（d）所示。

（5）验算支座反力，进行内力调整。

B 支座反力：$R_B = 444 + 619 = 1063$ （kN）$>1060kN$

C 支座反力：$R_C = 711 + 674 = 1385$ （kN）$>1270kN$

D 支座反力：$R_D = 649 + 658 = 1307$ （kN）$>1490kN$

E 支座反力：$R_E = 657 + 643 = 1300$ （kN）$>1270kN$

F 支座反力：$R_F = 665 + 696 = 1361$ （kN）$>1270kN$

G 支座反力：$R_G = 604 + 431 = 1035k$ （kN）$<1060kN$

B 支座应减少反力，即应减少地基净反力：$P_{nB} = \dfrac{1063 - 1060}{0.67 + 2} = 1.12$ （kN/m）

C 支座应减少反力，即应减少地基净反力：$P_{nC} = \dfrac{1385 - 1270}{2 + 2} = 28.75$ （kN/m）

D 支座应增加反力，即应增加地基净反力：$P_{nD} = \dfrac{1490 - 1307}{2 + 2} = 45.75$ （kN/m）

E 支座应减少反力，即应减少地基净反力：$P_{nE} = \dfrac{1300 - 1270}{2 + 2} = 7.5$ （kN/m）

F 支座应减少反力，即应减少地基净反力：$P_{nF} = \dfrac{1361 - 1270}{2 + 2} = 22.75$ （kN/m）

G 支座应增加反力，即应增加地基净反力：$P_{nG} = \dfrac{1060 - 1035}{0.67 + 2} = 9.36$ （kN/m）

调整后的地基净反力图 3-30 所示，再按照弯矩分配法计算支座弯矩及相应剪力（计算过程略），最后与图 3-29 的剪力、支座弯矩叠加。跨中弯矩可由每跨梁取脱离体求得。

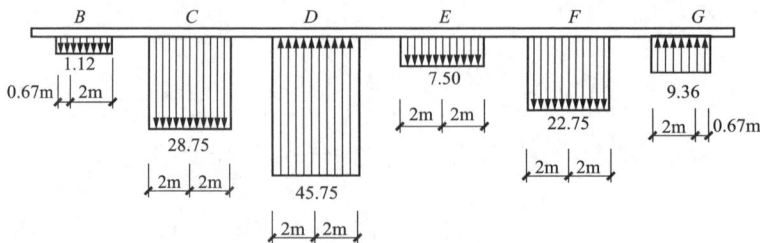

图 3-30　调整后的地基净反力（kN/m）

3.4.2 柱下钢筋混凝土条形基础的构造要求

1. 外形尺寸

（1）条形基础翼板的构造要求同墙下条形基础。翼板厚度不应小于 200mm；当翼板厚度为 200～250mm 时，宜用等厚翼板；当翼板厚度大于 250mm 时，宜用变厚度翼板，其坡度小于或等于 1∶3。

（2）条形基础的梁高由计算确定，一般宜为柱距的 1/8～1/4（通常取柱距的 1/6）。

（3）一般情况下，条形基础的端部应向外伸出，以调整底面形心位置使基底反力分布合理，但不宜伸出太长，其长度宜为第一跨距的 0.25 倍。当荷载不对称时，两端伸出长度可不相等，以使基底形心与荷载合力作用点尽量一致。

2. 钢筋和混凝土

（1）梁内纵向受力钢筋条形基础梁顶部钢筋按计算配筋全部贯通，底部纵向受力筋应有 2～4 根通长钢筋，且其面积不得小于底部纵向受力钢筋总面积的 1/3。梁高大于 700mm 时，应在梁侧加设腰筋，其直径不小于 10mm。

（2）箍筋肋梁内的箍筋应做成封闭式，直径不小于 8mm；当梁宽 $b \leqslant 350mm$ 时用双肢箍，当 $350mm < b \leqslant 800mm$ 时用四肢箍，当 $b > 800mm$ 时用六肢箍。

（3）底板钢筋直径不宜小于 10mm，间距 100～200mm。

（4）柱下条形基础的混凝土强度等级不应低于 C25。

3.5 柱下十字交叉梁条形基础设计

柱下十字交叉梁条形基础是由柱网下的纵横两组相互垂直的条形基础构成的一种空间结构，各柱位于两个方向基础梁的交叉节点处。一方面扩大基础底面面积，另一方面可利用其巨大的空间刚度以调整不均匀沉降。该基础宜用于软弱地基上柱距较小的框架结构，其构造要求与柱下条形基础类同。

要对交叉条形基础的内力进行比较分析相当复杂。目前常用的方法是简化计算法。当两个方向的梁高均大于 1/6 柱距，地基土比较均匀，上部结构刚度较好，基底反力均近似按直线分布。根据节点处竖向位移和转角相等的条件，即可求得各节点在纵横两个方向的分配荷载，然后按柱下条形基础的方法进行设计。

为简化计算，一般假设纵梁和横梁的抗扭刚度等于零。这样，纵向弯矩由纵向条基承受，横向弯矩由横向条基承受。对于轴力，则按两个方向分配。

3.5.1 地基梁弹性特征系数 λ

地基梁弹性特征系数 λ 为

$$\lambda = \frac{\sqrt[4]{k_s b}}{\sqrt[4]{4E_c I}} \tag{3-41}$$

式中 k_s——地基系数，kN/m³，按表 3-5 选用；

b——基础宽度，mm；

I——基础截面的惯性矩，m⁴；

E_c——混凝土弹性模量，kN/m²。

表 3-5　　　　　　　　　　　　　　　　　地基系数 k_s 值

土的类别	地基系数 k_s
淤泥质土、有机质土或新填土	1000～5000
软质黏性土	5000～10 000
软塑黏性土	10 000～20 000
可塑黏性土	20 000～40 000
硬塑黏性土	40 000～100 000
松砂	10 000～15 000
中密砂或松散砾石	15 000～25 000
密实砂或中密砾石	25 000～40 000

3.5.2　节点轴力分配计算

根据节点的不同类型，节点轴力可按下式计算：

1. 边柱节点 [图 3-31 (a)]

$$F_{ix} = \frac{4b_x S_x}{4b_x S_x + b_y S_y} F_i \tag{3-42a}$$

$$F_{iy} = \frac{b_y S_y}{4b_x S_x + b_y S_y} F_i \tag{3-42b}$$

2. 内柱节点 [图 3-31 (b)]

$$F_{ix} = \frac{b_x S_x}{b_x S_x + b_y S_y} F_i \tag{3-43a}$$

$$F_{iy} = \frac{b_y S_y}{b_x S_x + b_y S_y} F_i \tag{3-43b}$$

3. 角柱节点 [图 3-31 (c)]

$$F_{ix} = \frac{b_x S_x}{b_x S_x + b_y S_y} F_i \tag{3-44a}$$

$$F_{iy} = \frac{b_y S_y}{b_x S_x + b_y S_y} F_i \tag{3-44b}$$

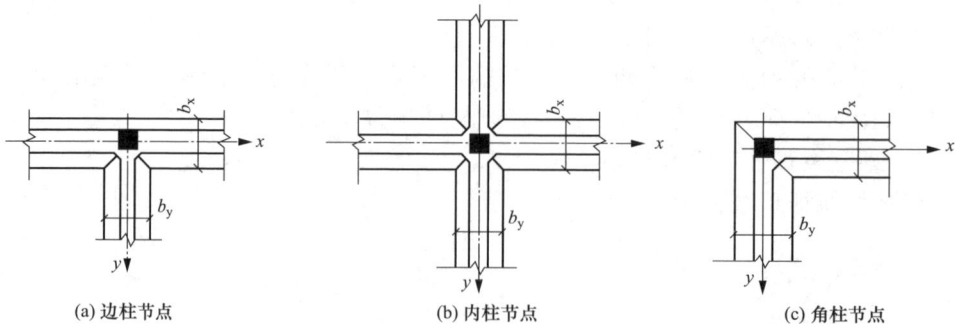

(a) 边柱节点　　　　　　　(b) 内柱节点　　　　　　　(c) 角柱节点

图 3-31　柱下十字交叉梁条形基础节点

式中　b_x、b_y——x 和 y 方向的地基梁宽度，m；

　　　S_x、S_y——x 和 y 方向的地基梁弹性特征长度，$S = 1/\lambda$；

　　　F_i——上部结构传至交叉基础梁节点 i 的竖向荷载设计值。

【知识拓展】柱下十字交叉梁设计算例见本书二维码中的数字资源。

3.6　筏形基础设计

高层建筑物荷载往往很大，当地基承载力较低时，需要很大的基础底面积，采用十字交叉条形基础不能满足地基承载力要求或采用人工地基不经济时，可以采用筏形基础。筏形基础不仅能减少地基土的单位面积压力，还能增强基础的整体刚度，调整不均匀沉降，因而在多层和高层建筑中被广泛采用。

一般在下列情况下，可考虑采用筏形基础：

(1) 在软土地基上，用柱下条形基础或柱下十字交叉梁条形基础不能满足上部结构对变形的要求和地基承载力的要求时，可采用筏形基础。

(2) 当建筑物的柱距较小而柱的荷载又很大，或柱的荷载相差较大将会产生较大的沉降差需要增加基础的整体刚度以调整不均匀沉降时，可采用筏形基础。

(3) 当建筑物有地下室或大型贮液结构（如水池、油库等），结合使用要求，筏形基础将是一种理想的基础形式。

(4) 风荷载及地震荷载起主要作用的建筑物，要求基础要有足够的刚度和稳定性时，可采用筏形基础。

筏形基础根据构造分成平板式和梁板式两种基础类型，应根据地基土质、上部结构体系、柱距、荷载大小及施工条件等确定。当对地下空间的利用要求较高时，不宜采用上梁式；在较松散的无黏性土或软弱的黏性土层中不宜采用下梁式；在框架-核心筒结构和筒中筒结构宜采用平板式基础。

3.6.1　筏形基础底面尺寸确定

在确定筏形基础底面尺寸时，应根据地基土的承载力、上部结构的布置及荷载分布等因素确定。为减小偏心弯矩作用，应尽可能使上部结构荷载的合力重心与筏基底面形心重合。当不能重合时，在地基土比较均匀的条件下，单栋建筑物，在荷载效应准永久组合下的偏心距 e 宜符合式（3-45）要求

$$e \leqslant 0.1W/A \tag{3-45}$$

式中　W——与偏心距方向一致的基础底面边缘抵抗矩，m^3；

　　　A——基础底面积，m^2。

基础底面尺寸除满足地基承载力式（2-16）、式（2-17）与式（2-23）要求外，对于有软弱下卧层的情况，还应满足软弱下卧层式（2-25）要求。另外，对有变形验算要求及稳定性验算要求时，还应进行相应验算。

3.6.2　筏形基础内力计算

筏形基础内力一般采用简化计算方法，即将筏形基础看作平面楼盖，将地基反力视为作用在筏形基础上的荷载，然后如同平面楼盖那样分别进行板、次梁及主梁的内力计算。

当地基土较均匀，上部结构整体刚度较大，梁板式筏形基础梁的高跨比或板的厚跨比不小于1/6时，且相邻柱荷载及柱间距的变化不超过20%时，筏形基础可仅考虑局部弯曲作用，地基净反力可按呈直线分布计算。符合上述条件的筏形基础的内力可按简化计算法计算。当上部结构刚度与筏形基础刚度都较小时，应考虑地基基础共同作用的影响，而筏形基础

内力可采用弹性地基板法计算，即将筏形基础看成弹性地基上的薄板，采用数值方法计算基础内力。在简化计算法中最常用的是倒楼盖法和刚性板条法，本节将对这两种方法进行介绍。

1. 倒楼盖法

"倒楼盖法"即将筏形基础看作一个放置在地基上的楼盖，柱、墙视为该楼盖的支座，地基净反力视为作用在该楼盖上的外荷载，按混凝土结构中的单向或双向梁板的肋梁楼盖、无梁楼盖方法进行计算。对于梁板式筏形基础，其筏板被基础梁分割为不同支承条件的双向板或单向板。如果板块两个方向的尺寸比值小于 2，则可将筏板视为承受地基净反力作用的双向多跨连续板。图 3-32 所示的筏板被分割为多列连续板。各板块支承条件可分为三种情况：二邻边固定、二邻边简支；三边固定、一边简支；四边固定。

根据计算简图查阅弹性板计算公式或计算手册即可求得各板块的内力。

按地基净反力计算的梁板式筏基，其基础梁的内力可按连续梁分析。可将筏形基础板上反力沿板角 45°角分线划分范围，作为梁上的荷载分别由纵横梁承担，荷载分布成三角形或梯形，如图 3-33 所示。基础梁上的荷载确定后即可采用倒梁法进行梁的内力计算。

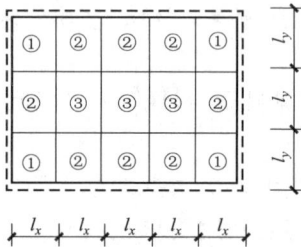

图 3-32　连续板的支承条件　　　　图 3-33　地基反力在基础梁上的分配

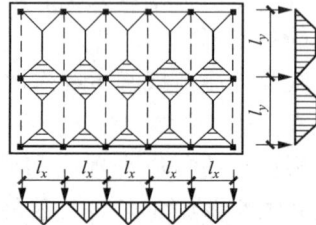

边跨跨中弯矩以及第一内支座的弯矩值宜乘以 1.2 的系数。梁板式筏基的底板和基础梁的配筋除满足计算要求外，纵横方向的底部钢筋尚应有 1/3～1/2 贯通全跨，且其配筋率不应小于 0.15%，顶部钢筋按计算配筋全部连通。

有抗震设防要求时，对无地下室且抗震等级为一、二级的框架结构，基础梁除满足抗震构造要求外，计算时尚应将柱根组合的弯矩设计值分别乘以 1.5 和 1.25 的增大系数。

对于平板式筏基，可按柱下板带和跨中板带采用无梁楼盖方法进行内力分析。

2. 刚性板条法

若平板式筏形基础刚度足够大，计算其基础内力时，可以将筏基在 x、y 方向从跨中到跨中分成若干条带，取出每一条带按独立的条形基础计算基础内力。由于没有考虑条带间的剪力，因此每一条带柱荷载的总和与地基净反力总和不平衡，因而必需进行调整，调整方法如图 3-34 所示。

假设某条带的宽度为 b，长度为 L，条带内柱的总荷载为 $\sum N$，条带内地基净反力平均值为 $\bar{P}_n$，计算两者的平均值 $\bar{P}$ 为

$$\bar{P} = \frac{\sum N + \bar{P}_n bL}{2} \qquad (3-46)$$

计算柱荷载的修正系数，按修正系数调整柱荷载。

$$\alpha = \frac{\bar{P}}{\sum N} \qquad (3-47)$$

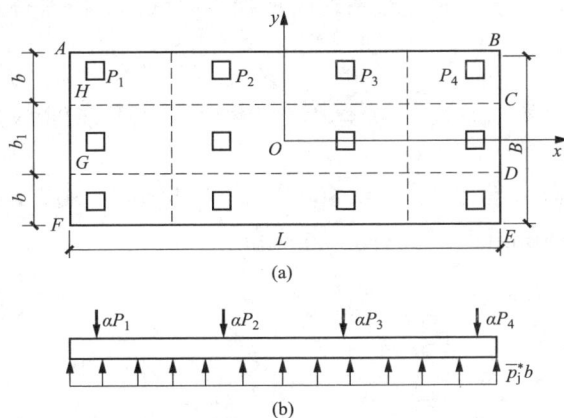

图 3-34　刚性板条法计算示意图

调整地基平均净反力，调整值为

$$\bar{P}_n^* = \frac{\bar{P}}{\sum N} \tag{3-48}$$

最后采用调整后柱荷载及地基净反力，按独立的柱下条形基础计算基础内力。

平板式筏基在进行钢筋配置时，柱下板带中，柱宽及其两侧各 0.5 倍板厚且不大于 1/4 板跨的有效宽度范围内，其钢筋配置量不应小于柱下板带钢筋数量的一半，且应能承受部分不平衡弯矩 $\alpha_m M_{unb}$，M_{unb} 为作用在冲切临界截面重心上的不平衡弯矩，α_m 按下式计算

$$\alpha_m = 1 - \alpha_s \tag{3-49}$$

式中　α_m——不平衡弯矩通过弯曲来传递的分配系数；

α_s——不平衡弯矩通过冲切临界截面上的偏心剪力来传递的分配系数。

3.6.3　筏形基础厚度确定

梁板式筏形基础底板除计算正截面受弯承载力计算外，其厚度尚应满足受冲切承载力、受剪承载力要求。

（1）底板受冲切承载力按下式计算

$$F_l \leqslant 0.7\beta_{hp} f_t u_m h_0 \tag{3-50}$$

式中　F_l——作用在图 3-35 中阴影部分面积上的地基土平均净反力设计值，kN；

u_m——距基础梁边 $h_0/2$ 处冲切临界截面的周长，m，其余参数同前。

当底板区格为矩形双向板时，底板受冲切所需的有效厚度 h_0 按下式计算

$$h_0 = \frac{(l_{n1} + l_{n2}) - \sqrt{(l_{n1} + l_{n2})^2 - \dfrac{4P_n l_{n1} l_{n2}}{P_n + 0.7\beta_{hp} f_t}}}{4} \tag{3-51}$$

式中　l_{n1}，l_{n2}——计算板格的短边和长边的净长度，m；

P_n——相应于荷载效应基本组合的地基土平均净反力设计值，kPa；

h_0——筏板的有效厚度，m；

β_{hp}——受冲切承载力截面高度影响系数，当 $h \leqslant 800$mm 时，β_{hp} 取 1.0；当 $h \geqslant 2000$mm 时，β_{hp} 取 0.9，其间按线性内插法取值。

（2）剪切承载力计算。梁板式筏形基础底板受剪切承载力应符合式（3-52）要求

$$V_s \leqslant 0.7\beta_{hs}f_t(l_{n2} - 2h_0)h_0 \tag{3-52}$$

式中　V_s——距基础梁边缘 h_0 处，作用在图 3-36 中阴影部分面积上的地基土平均净反力产生的剪力设计值，kN；

　　　　β_{hs}——截面高度影响系数，$\beta_{hs} = (800/h_0)^{1/4}$，当 $h_0 < 800$mm 时，取 $h_0 = 800$mm；当 $h_0 > 2000$mm 时，取 $h_0 = 2000$mm。

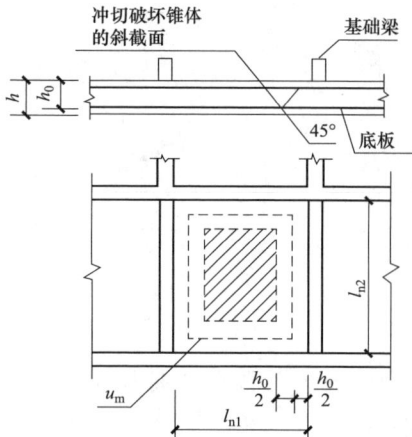

图 3-35　底板冲切计算简图　　　　　图 3-36　底板剪切计算简图

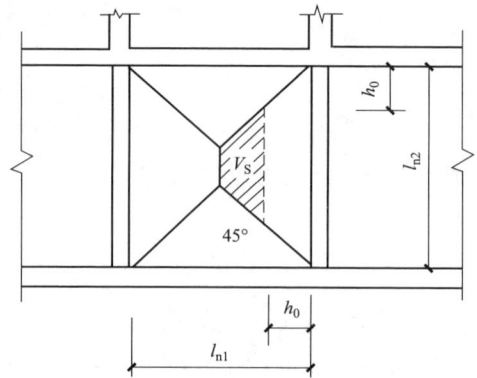

【知识拓展】平板式筏形基础厚度确定见本书二维码中的数字资源。

3.6.4　筏形基础构造要求

筏形基础的混凝土强度等级不应低于 C30，当有地下室时应采用防水混凝土，其防渗等级应根据地下水的最大水头与防渗混凝土厚度的比值，按相关规范选用，但不得小于 0.6MPa，必要时宜设架空排水层。

1. 筏形基础板厚度

筏形基础板厚度应符合抗冲切、抗弯承载力要求。等厚筏形基础最小厚度不应小于 500mm；筏基底板板厚与计算区段的最小跨度比不宜小于 1/20。有悬臂筏形基础，可做成坡度，但边端厚度不小于 200mm。筏形基础悬挑墙外的长度，横向不宜大于 1000mm，纵向不宜大于 600mm。如果采用不埋式筏形基础，四周必须设置连梁。梁板式筏基底板厚度在满足抗冲切、抗弯承载力要求外，还要满足抗剪承载力的要求，且最小厚度不应小于 400mm，板厚与最大双向板格的短边净跨比尚不应小于 1/14，梁板式筏基梁的高跨比不宜小于 1/6。

2. 筏形基础配筋

筏形基础配筋由计算确定，按双向配筋，并考虑下述原则：

（1）平板式筏形基础按上板带和跨中板带分别计算配筋，以柱上板带的正弯矩计算下筋，用跨中板带的负弯矩计算上筋，用柱上和跨中板带正弯矩的平均值计算跨中板带的下筋。

（2）肋梁式筏形基础在用四边嵌固双向板计算跨中和支座弯矩时，应适当予以折减。对肋梁取柱上板带宽度等于柱距，按 T 形梁计算，肋板也应适当地挑出 1/6～1/3 柱距。

配筋除满足上述计算要求，纵横向支座配筋尚应有 0.15％配筋率连通，跨中钢筋按实际配筋率全部连通。

筏形基础分布钢筋在厚度小于或等于 250mm 时，取 $d=8$mm，间距 250mm；板厚大于 250mm 时，取 $d=10$mm，间距 200mm。

对于双向悬臂挑出，但基础梁不外伸的筏形基础，应在板底布置射状附加钢筋，附加钢筋直径与边跨主筋相同，间距不大于 200mm，一般为 5～7 根。

筏形基础配筋除符合计算要求外，纵横方向支座钢筋尚应分别有 0.15％、0.10％配筋率连通，跨中钢筋按实际配筋率全部连通。底板受力钢筋的最小直径不宜小于 8mm。当有垫层时，钢筋保护层厚度不宜小于 35mm。

思考与习题

3.1　地基基础设计方法有哪些？

3.2　浅基础破坏模式有哪些？无筋扩展基础与扩展基础受力有哪些特点？

3.3　无筋扩展基础台阶允许宽高比的限值与哪些因素有关？

3.4　钢筋混凝土墙下条形基础结构设计参数有哪些？如何确定？

3.5　钢筋混凝土柱下独立基础结构设计参数有哪些？如何确定？

3.6　什么是地基净反力？独立基础与条形基础的地基净反力分别如何确定？

3.7　柱下十字交叉基础依据什么原则分配柱荷载？

3.8　倒梁法的基本假定是什么？简述倒梁法如何计算基础梁的内力。

3.9　什么是文克勒地基模型？

3.10　筏形基础内力计算方法有哪些？各自适用于哪些情况？

3.11　某宿舍楼采用墙下 C25 混凝土条形基础，基础顶面墙体宽度 370mm，相应于荷载效应基本组合时，基底平均压力为 200kPa，基础底面宽度 $b=1.5$m，试计算该基础最小高度。

3.12　某砌体结构，底层内纵墙厚 0.37m，上部结构传至基础顶面处竖向力标准值 $F_k=250$kN/m，已知基础埋深 $d=1.5$m，基础材料采用毛石，M10 砂浆砌筑，地基土为黏土，其重度为 18kN/m³，经深度修正后的地基承载力特征值 $f_a=200$kPa。试确定毛石基础宽度及剖面尺寸，并绘出基础剖面示意图。

3.13　某住宅楼砖墙承重，底层墙厚度为 370mm，如图 3-37 所示，相应于荷载效应基本组合时，作用基础顶面上的荷载 $F=220$kN/m，基础埋深 $d=1.0$m。已知条形基础宽度 $b=2$m，基础材料采用 C30 混凝土，$f_t=1.43$N/mm²；HRB400 钢筋，$f_y=360$N/mm²。试确定墙下钢筋混凝土条形基础的底板厚度和配筋。

3.14　某建筑物的柱网布置如图 3-38 所示，边柱截面 450mm×450mm，内柱截面 500mm×500mm，B 轴线上边柱荷载标准值 $F_{1k}=1000$kN，

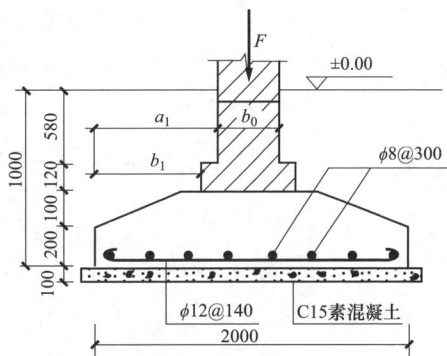
图 3-37　习题 3.13 示意图

设计值 $F_1 = 1250kN$，内柱荷载标准值 $F_{2k} = 2000kN$，设计值 $F_2 = 2500kN$，柱距 6m，初选基础埋深 $d = 1.5m$，修正后的地基承载力特征值 $f_a = 150kPa$。试计算 B 轴线上条形基础内力。

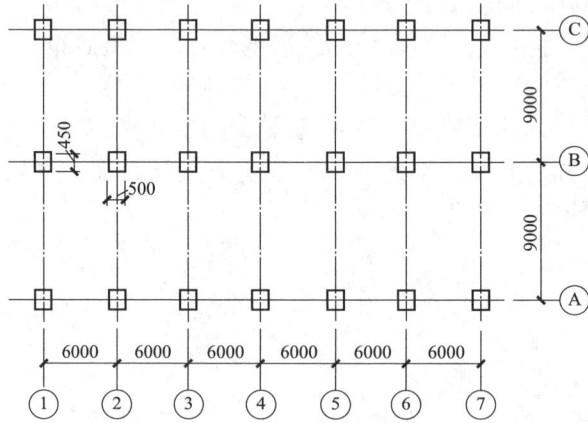

图 3-38 条形基础柱网布置图

3.15 某梁板式筏形基础底板区格如图 3-39 所示，筏板混凝土强度等级为 C35（$f_t = 1.57N/mm^2$），试计算该区格底板斜截面受剪承载力为多少？

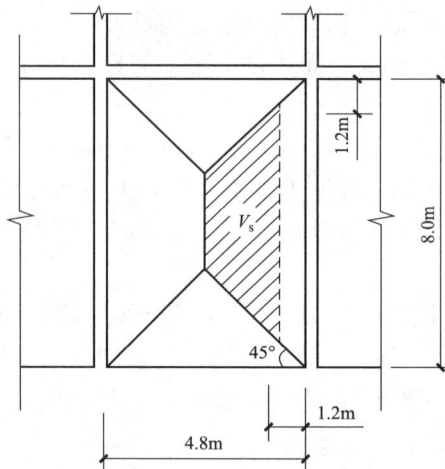

图 3-39 梁板式筏形基础底板区格图

4

桩基础

4.1 桩基础概述

当建筑场地浅层地基土质不能满足建筑物对地基承载力和变形的要求，也不宜采用地基处理等措施时，可以考虑利用地基深部土层的承载能力，采用深基础方案。深基础主要有桩基础、沉井基础、墩基础和地下连续墙等类型，其中以桩基础的历史最为悠久，应用最为广泛。如我国秦代的渭桥、隋朝的郑州超化寺、五代的杭州湾大海堤和北宋的龙华塔等，都是我国古代桩基的典范。近年来，随着生产力水平的提高和科学技术的发展，桩基础的种类和形式、施工机具、施工工艺，以及桩基设计理论和设计方法等，都有了很大的发展。

4.1.1 桩基础的工程特性

桩基础是由设置于岩土中的基桩和连接于桩顶的承台组成，将上部结构荷载通过承台传递给基桩，再由基桩传递到地基土体（持力层）。

桩基础具有如下工程特性：

(1) 历史悠久。在浙江河姆渡的原始社会居住的遗址，发现中国最早桩基，距今有7000年；在北宋建筑师李诫编著的《营造法式》中记载有临水筑基。到清代《工部工程做法》一书对桩基的选料、布置和施工方法等方面都有了规定。始建于公元503年的西安古灞桥，是中国迄今为止发现最早、最大的石拱桥，基础采用木桩。建于北宋时期公元977年上海市龙华塔、建于北宋时期公元1023年的山西太原市晋祠圣母殿，都是中国现存的采用桩基的古建筑。

(2) 入土深，穿越软土层，将荷载传递到下部较好土层。苏通大桥主墩基础由131根长约120m、直径2.5～2.8m的群桩组成，承台长114m、宽48m，面积有一个足球场大，建造在40m水深以下厚达300m的软土地基上，是世界上规模最大、入土最深的群桩基础。

(3) 直径大，承载力高。上海中心大厦塔楼地上121层，结构顶面高度575m，建筑塔顶高度632m，地下5层。采用大直径后注浆灌注桩，桩径1m，桩端埋深88m，单桩承载力达到3000kN。桩基目前桩径最大可达5m。

(4) 沉降小、抗震性能好。郑西高铁渭河特大桥，自华山华阴站至西安临潼车站全长79.732km。沿途穿越厚层的湿陷性黄土。采用直径1.25m的桩基，桩基最深处达到70m。成功地将地基的不均匀沉降控制在20mm以内，相邻墩基之间最大沉降差控制在5mm以内。从而保证了高铁运行的舒适性、安全性。

4.1.2 桩基础的适用性

正是由于桩基础具有承载力高、稳定性好，沉降量小而均匀，便于机械化施工，适应性强等突出特点。与其他深基础相比，桩基础的适用范围最广，一般对下述情况可考虑选用桩基础方案：

（1）地基的上部土质太差或地基土质不均匀，或上部结构荷载分布不均匀，不能满足上部结构对不均匀变形的要求。

（2）地基上部存在不良土层，如可液化土层、湿陷性黄土、膨胀土、软土、季节性冻土等，而下部有较好土层时，可采用桩基础穿过不良土层，将荷载传递到较好土层中。

（3）建筑物除承受较大垂直荷载外，尚有较大偏心荷载、水平荷载或动力及周期性荷载作用。

（4）高层建筑、高耸建筑物、重型工业厂房、重要的有纪念性的大型建筑等，对地基沉降与不均匀沉降有较严格的限制时。

（5）地下水位很高，采用其他基础形式施工困难；或位于水中的构筑物基础，如桥梁、码头、钻采平台等。

（6）地震区域建筑物，浅基础不能满足结构稳定性要求时。

通常当软弱土层很厚，桩端达不到良好地层时，桩基设计应考虑沉降等问题。如果桩穿过较好土层而桩端位于下卧软弱层，则不宜采用桩基。因此，在工程实践中，必须认真做好地基勘察、详细分析地质资料、综合考虑、精心设计和施工，才能使所选基础类型发挥出最佳效益。

4.1.3 桩基设计原则

《建筑桩基技术规范》（JGJ 94—2008）规定，建筑桩基础采用极限状态设计表达式进行计算。桩基的极限状态分为两类：

（1）承载能力极限状态：桩基达到最大承载能力、整体失稳或发生不适于继续承载的变形。

（2）正常使用极限状态：桩基达到建筑物正常使用所规定的变形限值或耐久性要求的某项限值。

根据建筑规模、功能特征，对差异变形的适用性、场地地基和建筑物体型的复杂性以及由于桩基问题可能造成建筑物破坏或影响正常使用的程度，将桩基设计分为三个安全等级（表 4-1）。

表 4-1   建 筑 桩 基 设 计 等 级

设计等级	建筑物类型
甲级	（1）重要的建筑； （2）30 层以上或高度超过 100m 的高层建筑； （3）体型复杂且层数相差超过 10 层的高低层（含纯地下室）连体建筑； （4）20 层以上框架 - 核心筒结构及其他对差异沉降有特殊要求的建筑； （5）场地和地基条件复杂的 7 层以上的一般建筑及坡地、岸边建筑； （6）对相邻既有工程影响较大的建筑
乙级	除甲级、丙级以外的建筑
丙级	场地和地基条件简单、荷载分布均匀的 7 层及 7 层以下的一般建筑

（1）所有桩基均应根据具体条件分别进行承载能力计算和稳定性验算，内容包括：

1）根据桩基使用功能和受力特征分别进行竖向承载力和水平向承载力计算。

2）桩身和承台结构的承载力计算；当桩侧土不排水抗剪强度小于 10kPa 且桩长径比大

于 50 时应进行桩身压屈验算；对混凝土预制桩应按吊装，运输和锤击作用进行桩身承载力验算；对钢管桩应进行局部压屈验算。

3）桩端平面以下存在软弱下卧层时应进行软弱下卧层承载力验算。

4）坡地，岸边桩基应进行整体稳定性验算。

5）抗浮、抗拔桩基应进行基桩和群桩的抗拔承载力计算。

6）抗震设防区的桩基应进行抗震承载力验算。

（2）根据建筑桩基的设计等级及长期荷载作用下桩基变形对上部结构的影响程度，应按下列规定对桩基进行变形验算：

1）设计等级为甲级的非嵌岩桩和非深厚坚硬持力层的建筑桩基。

2）设计等级为乙级的体型复杂、荷载分布显著不均或桩端平面以下存在软弱土层的建筑桩基。

3）软土地基上多层建筑减沉复合疏桩基础。

4）承受较大水平荷载，且对水平变位有严格限制的建筑桩基，应计算其水平位移。

（3）应根据桩基所处的环境类别和相应裂缝控制等级，对不允许出现裂缝或需限制裂缝宽度的混凝土桩身和承台还应进行抗裂或裂缝宽度验算。

4.1.4 桩基础的作用效应与抗力

桩基设计时所采用的作用效应组合与相应的抗力应符合下列规定：

（1）确定桩数和布桩时，应采用传至承载底面的荷载效应标准组合，相应的抗力采用基桩或复合基桩承载力特征值。

（2）计算荷载作用下的桩基沉降和水平位移时，应采用荷载效应准永久组合；计算水平地震作用、风荷载作用下的桩基水平位移时，应采用水平地震作用、风荷载效应标准组合。

（3）验算坡地、岸边建筑桩基的整体稳定性时，应采用荷载效应标准组合；抗震设防区应采用地震作用效应和荷载效应的标准组合。

（4）计算桩基结构承载力、确定尺寸和配筋时，应采用传至承台顶面的荷载效应基本组合；当进行承台和桩身裂缝控制验算时，应分别采用荷载效应的标准组合和准永久组合。

（5）桩基结构安全等级、设计使用年限和结构重要性系数 γ_0 应按现行有关建筑结构规范的规定采用；对桩基结构进行抗震验算时其承载力调整系数 γ_{RE} 应按《建筑抗震设计规范》（GB 50011—2016）的规定采用。

对软土，湿陷性黄土，季节性冻土和膨胀土、岩溶地区以及坡地岸边的桩基，抗震设防区桩基和可能出现负摩阻力的桩基，均应根据各自不同的特殊条件，遵循相应的设计原则。

4.1.5 桩基设计内容

桩基设计的基本内容包括下列各项：

（1）选择桩的类型和几何尺寸。

（2）确定单桩竖向和水平向承载力特征值。

（3）确定桩的数量、间距和布桩方式。

（4）验算桩基的承载力和沉降。

（5）桩身结构设计。

（6）承台设计。

（7）绘制桩基础施工图。

4.2　桩 基 础 分 类

合理选择桩的类型是桩基设计中极为重要的环节。分类的目的是掌握其不同的特点，以供设计时根据现场的具体条件选择适当的桩型。

桩基础根据桩的数量分为单桩基础和群桩基础。一般将单根桩与柱直接相联形成的桩基础称为单桩基础，工程上采用的"一柱一桩"就是典型的单桩基础。由两根或两根以上的多根桩组成群桩，通过承台将群桩与上部结构连接成形成的桩基础称为群桩基础（图 4-1），群桩基础中的单桩称为基桩。桩基础是由设置于岩土中的基桩和连接于桩顶的承台两部分组成（图 4-1）。承台可以是浅基础的任何形式，如柱下独立承台、柱下条形承台、墙下条形承台、筏板承台（桩筏基础）、箱形承台（桩箱基础）。

桩基中的桩可以是竖直或倾斜的，工业与民用建筑大多以承受竖向荷载为主而多用竖直桩。根据桩的承载性状、施工方法、桩的设置效应、使用功能及承台位置等可把桩划分为各种类型。

4.2.1　按承载性状分类

根据竖向荷载下桩土相互作用特点，达到承载力极限状态时桩侧与桩端阻力的发挥程度和分担荷载比例，将桩分为摩擦型桩和端承型桩两大类（图 4-1）。

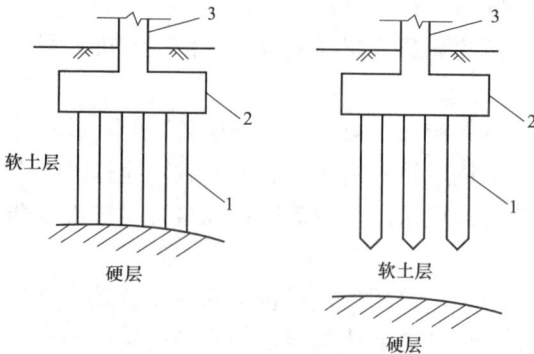

图 4-1　按承载性状分
1—基桩；2—承台；3—上部结构

1. 摩擦型桩

在竖向极限荷载作用下，桩顶荷载全部或主要由桩侧阻力承受。根据桩侧阻力分担荷载的比例，摩擦型桩又分为摩擦桩和端承摩擦桩两类。

摩擦桩：桩顶极限荷载绝大部分由桩侧阻力承担，桩端阻力可忽略不计。例如在深厚软弱土层中，无较硬的土层作为桩端持力层，或桩端持力层虽然较坚硬但桩的长径比 l/b 很大，传递到桩端的轴力很小，以至在极限荷载作用下，桩顶荷载绝大部分由桩侧阻力承受，桩端阻力很小可忽略不计的桩。

端承摩擦桩：桩顶极限荷载由桩侧阻力和桩端阻力共同承担，但桩侧阻力分担荷载较大。例如当桩的长径比不是很大，桩端持力层为较坚实的黏性土中粉土和砂类土时，除桩侧阻力外，还有一定的桩端阻力 [图 4-1(b)]。

2. 端承型桩

在竖向极限荷载作用下，桩顶荷载全部或主要由桩端阻力承受，桩侧阻力相对于桩端阻力可忽略不计。根据桩端阻力分担荷载的比例，又可分为端承桩和摩擦端承桩两类。

端承桩：桩顶极限荷载绝大部分由桩端阻力承担，桩侧阻力可忽略不计。桩的长径比 l/b 较小（一般 $l/b<10$），桩端设置在密实砂类，碎石类土层中或位于中、微风化及新鲜基岩中。

摩擦端承桩：桩顶极限荷载由桩侧阻力和桩端阻力共同承担，但桩端阻力分担荷载较大。通常桩端进入中密以上的砂类，碎石类土层中或位于中、微风化及新鲜基岩顶面。这类桩的侧阻力虽属次要，但不可忽略。

此外，当桩端嵌入岩层一定深度（要求桩的周边嵌入微风化或中等风化岩体的最小深度不小于 0.5m）时，称为嵌岩桩。对于嵌岩桩，桩侧与桩端荷载分担比例与孔底沉渣及进入基岩深度有关，桩的长径比不是制约荷载分担的唯一因素。

4.2.2 按施工方法分类

根据桩的施工方法不同，主要可分为预制桩和灌注桩两大类。

1. 预制桩

预制桩是在施工现场或工厂预制好桩体，然后运至桩位处，再经锤击，振动、静压或旋入等方式设置就位的一类桩。主要有钢筋混凝土桩、钢桩及木桩等。预制桩的施工工艺包括制桩与沉桩两部分，沉桩工艺随沉桩机械不同而不同，沉桩方法有锤击法、振动法、静压法及射水法等。

（1）钢筋混凝土预制桩。钢筋混凝土预制桩的横截面有方形、圆形等多种形状。一般普通实心方桩的截面边长为 300～500mm，桩长为 25～30m，工厂预制时分节长度不超过12m，沉桩时在现场连接到所需桩长。

良好的接头是确保钢筋混凝土预制桩承载能力的关键，因此，分节的接头不仅应满足足够的强度、刚度及耐腐蚀性要求，而且还应符合制造工艺简单，质量可靠。目前较为常用接头的连接方法有焊接接桩、法兰接桩和硫黄胶泥锚接桩三种。其中前两种接桩方法可用于各种土层；硫黄胶泥锚接桩适用于软土层。

大截面实心桩自重大，用钢量大，其配筋主要受起吊、运输、吊立和沉桩等各阶段的应力控制。为减少混凝土预制桩钢筋用量，提高桩的承载力和抗裂性，可采用预应力混凝土桩。

预应力混凝土管桩（图 4-2）采用先张法预应力工艺和离心成型法制作。经高压蒸汽养护生产的为 PHC 管桩，桩身混凝土强度等级大于或等于 C80；未经高压蒸汽养护生产的为PC 管桩（强度为 C60～C80）。建筑工程中常用的 PHC，PC 管桩的外径为 300～600mm，每节长 5～13m。桩的下端设置开口的钢桩尖或封口的十字刃钢桩尖（图 4-3）。沉桩时桩节处通过焊接端头板接长。

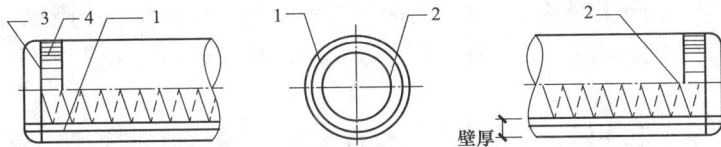

图 4-2　预应力混凝土管桩
1—预应力筋；2—螺旋箍筋；3—端头板；4—钢套箍

预制桩的截面形状，尺寸和桩长可在一定范围内选择，桩尖可达坚硬黏性土或强风化基岩，具有承载能力高、耐久性好，且较易保证质量等优点。但其自重大，需大能量的打桩设备，并且由于桩端持力层起伏不平而导致桩长不一，施工中往往需要接长或截短，工艺比较复杂。

（2）钢桩。常用的钢桩有下端开口或闭口的钢管桩和H 型钢桩等。一般钢管桩的直径为 250～1200mm。钢桩的

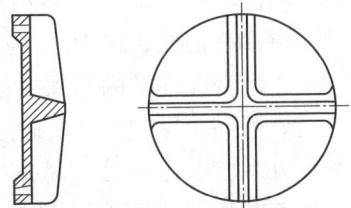

图 4-3　预应力混凝土管桩的封口十字形钢桩尖

穿透能力强，自重轻，锤击沉桩效果好，承载能力高，无论起吊、运输或是沉桩，接桩都很方便。其缺点是耗钢量大，成本高，易锈蚀，我国只在少数重点工程中使用，如上海宝钢工程就采用了直径 914.4mm 、壁厚 16mm、长 61m 规格的钢管桩。

（3）木桩。常用松木、杉木或橡木做成，一般桩径为 160～260mm，桩长 4～6m，桩顶锯平并加铁箍，桩尖削成棱锥形。木桩制作和运输方便、打桩设备简单，在我国使用历史悠久，目前已很少使用，只在某些加固工程或能就地取材的临时工程中采用。木桩在淡水中耐久性好，但在海水及干湿交替的环境中极易腐烂，因此，一般应打入地下水位以下不少于 0.5m。

预制桩的沉桩方式主要有锤击法、振动法和静压法。

1）锤击法沉桩。锤击法沉桩是用桩锤（或辅以高压射水）将桩击入地基中的施工方法，适用于地基土为松散的碎石土（不含大卵石或漂石）、砂土、粉土，以及可塑黏性土的情况。锤击法沉桩伴有噪声、振动和地层扰动等问题，在城市建设中应考虑其对环境的影响。

2）振动法沉桩。振动法沉桩是采用振动锤进行沉桩的施工方法，适用于可塑状的黏性土和砂土，对受振动时土的抗剪强度有较大降低的砂土地基和自重不大的钢桩，沉桩效果更好。

3）静压法沉桩。静压法沉桩是采用静力压桩机将预制桩压入地基中的施工方法。静压法沉桩具有无噪声、无振动、无冲击力、施工应力小、桩顶不易损坏和沉桩精度较高等特点。但较长桩分节压入时，接头较多会影响压桩的效率。

预制桩沉桩深度一般应根据地质资料及结构设计要求估算。施工时从最后贯入度和桩尖设计标高两方面控制。最后贯入度指沉至某标高时每次锤击的沉入量，通常以最后每阵的平均贯入量表示。锤击法常以 10 次锤击为一阵，振动沉桩以 1min 为一阵。最后贯入度则根据计算或地区经验确定，一般可取最后两阵的平均贯入度，为 10～50mm/阵。

2. 灌注桩

灌注桩是直接在所设计桩位处成孔，然后在孔内下放钢筋笼（也有直接插筋或省去钢筋的）再浇灌混凝土而成。其横截面呈圆形，也可以做成大直径和扩底桩。灌注桩具有能适应各种地层，无须接桩，施工时无振动、无挤土、噪声小，宜在建筑物密集地区使用的等优点。灌注桩依据成孔方式分为沉管灌注桩、钻（冲）孔灌注桩、挖孔灌注桩、爆破成孔灌注桩。

（1）沉管灌注桩。利用锤击或振动方法将带有桩尖（桩靴）的桩管（钢管）沉入土中成孔。然后放置钢筋笼，边浇筑混凝土，边拔出套管而成桩。其施工程序如图 4-4 所示。一般可分为单打法、复打法（浇灌混凝土并拔管后，立即在原位再次沉管及浇灌混凝土）和反插法（灌满混凝土后，先振动再拔管，一般拔 0.5～1.0m，再反插 0.3～0.5m）三种。复打后的桩横截面面积增大，承载力提高，但其造价也相应提高。

锤击沉管灌注桩的常用桩径（预制桩尖的直径）为 300～500mm，桩长常在 20m 以内，可打至硬塑黏土层或中、粗砂层。其优点是设备简单、打桩进度快、成本低。但在软、硬土层交界处或软弱土层处容易发生颈缩（桩身截面局部缩小）现象，此时通常可放慢拔管速度，控制灌注管内混凝土量，使充盈系数（混凝土实际用量与计算的桩身体积之比）为 1.10～1.15。此外，也可能由于邻桩挤压或其他振动作用等各种原因使土体上隆，引起桩身受拉而出现断桩现象；或出现局部夹土、混凝土离析及强度不足等质量事故。

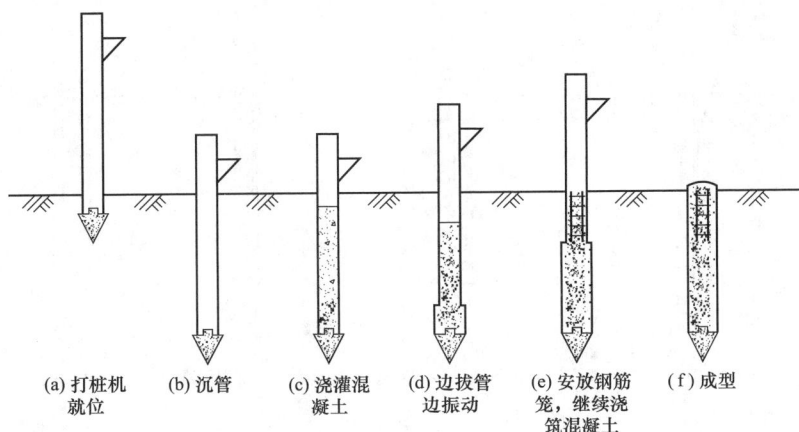

图 4-4 沉管灌注桩的施工程序示意图

(a)打桩机就位　(b)沉管　(c)浇灌混凝土　(d)边拔管边振动　(e)安放钢筋笼,继续浇筑混凝土　(f)成型

振动沉管灌注桩的钢管底端带有活瓣桩尖(沉管时桩尖闭合,拔管时活瓣张开以便浇灌混凝土),或套上预制混凝土桩尖。桩横截面直径一般为 $400\sim500\mathrm{mm}$,常用振动锤的振动力为 70、100kN 和 160kN。在黏性土中,其沉管穿透能力比锤击沉管灌注桩稍差,承载力也比锤击沉管灌注桩要低。

内击式沉管灌注桩(也称弗朗基桩,Franki Pile)的优点是混凝土密实且与土层紧密接触,同时桩头扩大,承载力较高,效果较好,但穿越厚砂层能力较低,打入深度难以掌握。施工时,先在竖起的钢套筒内放进约 1m 高的混凝土或碎石,用吊锤在套筒内锤打,形成"塞头"。以后锤打时,塞头带动套筒下沉,至设计标高后,吊住套筒,浇灌混凝土并继续锤击,使塞头脱出筒口,形成扩大的桩端,其直径可达桩身直径的 $2\sim3$ 倍,当桩端不再扩大而使套筒上升时,开始浇筑桩身混凝土(若需配筋时先吊放钢筋笼),同时边拔套筒边锤击,直达所需高度为止。

(2)钻(冲)孔灌注桩。钻(冲)孔灌注桩用钻机(如螺旋钻、振动钻、冲抓锥钻、旋转水冲钻等)钻土成孔,然后清除孔底残渣,安放钢筋笼,浇灌混凝土。有的钻机成孔后,可撑开钻头的扩孔刀刃使之旋转切土扩大桩孔,浇灌混凝土后在底端形成扩大桩端,但扩底直径不宜大于 3 倍桩身直径。此类灌注桩最大优点是入土(岩)深(可达 100m 以上),桩径大(可达 5m 以上),承载力高,沉降小,可水下施工。缺点是清孔较难彻底、泥浆沉淀不易清除,影响端部承载力的充分发挥,并造成较大沉降。钻(冲)孔灌注桩施工关键是桩身的成型和混凝土质量。

钻(冲)孔灌注桩依据成桩方式又分为干作业成孔灌注桩和泥浆护壁成孔灌注桩。

1. 干作业成孔灌注桩

干作业成孔灌注桩指不用泥浆和套管护壁情况下,用长螺旋钻机在桩位处钻孔,然后下放钢筋笼,浇筑混凝土成桩,一般适用于成孔深度内没有地下水的情况,成孔时不必采取护壁措施而直接取土成孔。

2. 泥浆护壁成孔灌注桩(湿式成孔灌注桩)

利用泥浆保护孔壁,通过循环泥浆携带悬浮于孔内钻、挖出的土渣并将其排出孔外,从而形成桩孔而后吊放钢筋笼,浇筑混凝土所成的灌注桩,其施工程序如图 4-5 所示。

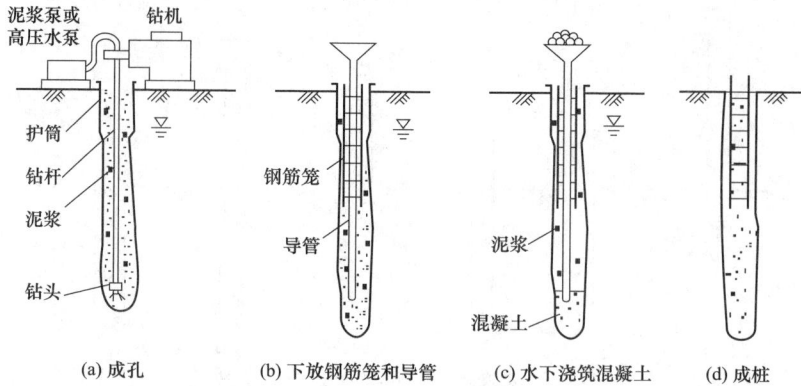

(a) 成孔　　　　(b) 下放钢筋笼和导管　　　(c) 水下浇筑混凝土　　　(d) 成桩

图 4-5　钻孔灌注桩施工程序

（1）护壁泥浆。目前国内泥浆多选用膨润土或高塑性黏土加水搅拌而成，可加入适量烧碱、碳酸钠，其主要作用是防止塌孔、护壁、携渣、防渗、润滑钻头等。一般要求泥浆相对密实度为 1.1～1.3，黏度为 16～22Pa·s，含砂率小于 6%，胶体率大于 95%。施工时泥浆水面应高出地下水面 1m 以上，清孔后再水下浇灌混凝土。

（2）成孔方式。泥浆护壁成孔灌注桩按成孔方式分为回转钻机成孔、潜水钻机成孔、冲击钻成孔、冲抓钻成孔和旋挖钻机成孔等，各类施工机具适用的土质情况见表 4-2。

1）回转钻机成孔。利用钻具的旋转切削土体钻进，并同时采用循环泥浆的方法护壁排渣。一般按泥浆循环的程序不同分为正循环和反循环两种。

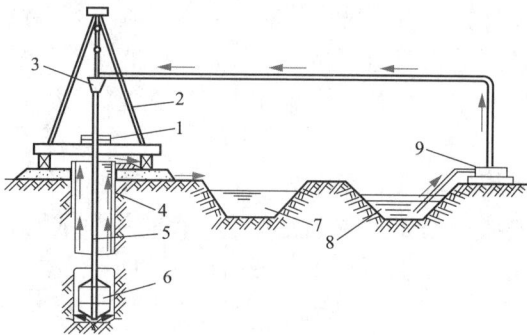

图 4-6　正循环旋转钻孔

1—钻机；2—钻架；3—泥浆笼头；4—护筒；5—钻杆；
6—钻头；7—沉淀池；8—泥浆池；9—泥浆泵

正循环即在钻进的同时，泥浆泵将泥浆压进泥浆笼头，通过钻杆中心从钻头喷入钻孔内，泥浆挟带钻渣沿钻孔上升，从护筒顶部排浆孔排出至沉淀池，钻渣在此沉淀而泥浆仍进入泥浆池循环使用（图 4-6）。正循环成孔设备简单，操作方便，工艺成熟，当孔深不太深，孔径小于 800mm 时钻进效率高。当桩径较大时，钻杆与孔壁间的环形断面较大，泥浆循环时返流速度低，排渣能力弱。如使泥浆返流速度增大到 0.20～0.35m/s，则泥浆泵的排出量需很大，有时难以达到，此时不得不提高泥浆的相对密度和黏度。但如果泥浆密度过大，稠度大，则难以排出钻渣，孔壁泥皮厚度大，影响成桩和清孔。一般适用于 $d < 800$mm 中小直径桩。

反循环泥浆从钻杆与孔壁间的环状间隙流入孔内，来冷却钻头并携带沉渣由钻杆内腔返回地面的一种钻进工艺（图 4-7）。由于钻杆内腔断面积比钻杆与孔壁间的环状断面积小得多，因此，泥浆的上返速度大，一般可达 2～3m/s，是正循环工艺泥浆上返速度的数十倍，因而可以提高排渣能力，减少钻渣在孔底重复破碎的机会，能大大提高成孔效率。但在接长钻杆时装卸较麻烦，如钻渣粒径超过钻杆内径（一般为 120mm）易堵塞管路，则不宜采用。适用于 $d \geq 800$mm 大直径桩。

2）冲击钻进成孔。利用钻锥（重为 10～35kN）不断地提锥、落锥反复冲击孔底土层，把土层中泥沙、石块挤向四壁或打成碎渣，钻渣悬浮于泥浆中，利用掏渣筒取出，重复上述过程冲击钻进成孔适用于岩土层中成孔，特别适用于有孤石的砂砾土层、漂石层、坚硬土层。

3）冲抓钻进成孔。用兼有冲击和抓土作用的抓土瓣，通过钻架，由带离合器的卷扬机操纵，靠冲锥自重（重为 10～20kN）冲下使土瓣锥尖张开插入土层，然后由卷扬机提升锥头收拢抓土瓣将土抓出，弃土后继续冲抓钻进而成孔（图 4-8）。适用于松散土层、粉质黏土、砂土、砂砾层及软质岩层。

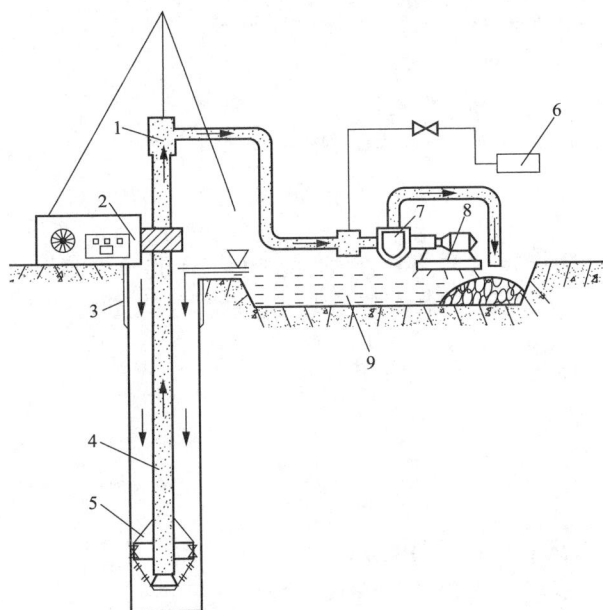

图 4-7 反循环旋转钻孔
1—泥浆笼头；2—钻机；3—护筒；4—钻杆；5—钻头；
6—真空泵；7—泥浆泵；8—沉淀池；9—泥浆池

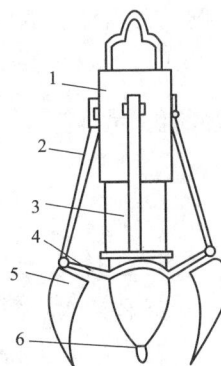

图 4-8 冲抓锥
1—外套；2—连杆；3—内套；
4—支撑杆；5—叶瓣；6—锥头

（3）浇筑水下混凝土。浇筑水下混凝土采用直升导管法。将导管居中插入到离孔底 300～500mm（不能插入孔底沉积的泥浆中），导管上口接漏斗，在接口处设隔水栓，以隔绝混凝土与导管内水的接触。在漏斗中存备足够数量的混凝土后，放开隔水栓使漏斗中存备的混凝土连同隔水栓向孔底猛落，将导管内水挤出，混凝土沿导管下落至孔底堆积，并使导管埋在混凝土内，此后向导管连续灌注混凝土。导管下口埋入孔内混凝土内 1～1.5m 深以保证钻孔内的水不可能重新流入导管。随着混凝土不断由漏斗、导管灌入孔内，钻孔内初期灌注的混凝土及其上面的水或泥浆不断被顶托升高，相应地不断提升导管和拆除导管，直至灌注混凝土完毕（图 4-9）。

导管采用内径 0.20～0.40m 的钢管，壁厚 3～4mm，每节长度 1～2m，最下面一节导管应较长，一般为 3～4m。导管两端用法兰盘及螺栓连接，并垫橡皮圈以保证接头不漏水。隔水栓常用直径较导管内径小 20～30mm 的木球，或混凝土球、砂袋等，以粗铁丝悬挂在导管上口或近导管内水面处，要求隔水球能在导管内滑动自如不致卡管。

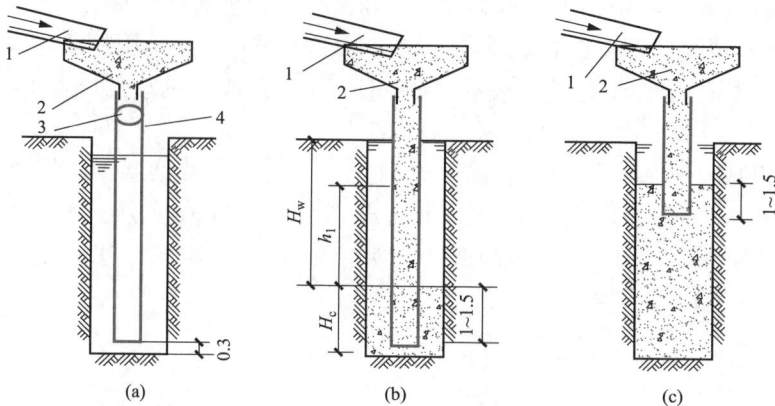

图 4-9　灌注水下混凝土

1—通混凝土储料槽；2—漏斗；3—隔水栓；4—导管

水下浇筑混凝土技术要点：

（1）确保首盘灌注的混凝土数量。要保证将导管内水全部压出，并能将导管初次埋入1～1.5m深。按照这个要求估算首盘连续浇灌混凝土的最小用量，计算公式如下

首盘混凝土量估算：

$$V = h_1 \times \frac{\pi d^2}{4} + H_c \times \frac{\pi D^2}{4}$$

$$h_1 = \frac{H_w \gamma_w}{\gamma_c} \tag{4-1}$$

式中　V——首盘混凝土量，m^3；

　　　H_c——导管初次埋深加开始时导管离孔底的间距，m；

　　　h_1——孔内混凝土高度为H_c时，导管内混凝土柱与导管处水压平衡所需高度，m；

　　　H_w——孔内水面到混凝土面的水柱高，m；

　　　γ_w、γ_c——孔内水（或泥浆）及混凝土的重度，kN/m^3；

　　　d、D——导管及桩孔直径。

（2）开始灌注混凝土时，将导管居中插入距孔底300～500mm，导管首次埋入混凝土灌注面以下不应小于1.0m；在灌注过程中，导管埋入混凝土深度宜为2～6m。

（3）灌注水下混凝土必须连续施工，严格控制提拔导管速度，严禁将导管提出混凝土灌注面。

　　3. 挖孔桩

挖孔桩是指采用人工或机械挖掘成孔，逐段边开挖边支护，达所需深度后再进行扩孔、安装钢筋笼及浇灌混凝土而成。挖孔桩一般内径应大于或等于800mm，开挖直径大于或等于1000mm，护壁厚度大于或等于100mm，分节支护，每节高500～1000mm，可用混凝土浇筑或砖砌筑，桩身长度宜限制在40m以内。

挖孔桩可直接观察地层情况，孔底易清除干净，设备简单，噪声小，场区内各桩可同时施工，且桩径大、适应性强，比较经济。但由于挖孔时可能存在塌方、缺氧、有害气体、触电等危险，易造成安全事故，因此应严格执行有关安全操作的规定。此外，挖孔桩难以避免流砂现象。

4. 爆扩灌注桩

爆扩灌注桩是指就地成孔后，在孔底放入炸药包并灌注适量混凝土后，用炸药爆炸扩大孔底，再安放钢筋笼，灌注桩身混凝土而成的桩。爆扩桩的桩身直径一般为200～350mm，扩大头直径一般取桩身直径的2～3倍，桩长一般为4～6m，最深不超过10m。这种桩的适应性强，除软土的新填土外，其他各种地层均可用，最适宜在黏土中成型并支承在坚硬密实土层上的情况。表4-2给出了我国常用灌注桩的成桩方式与适用条件。

表4-2 灌注桩成桩方式与适用条件

成孔方法		桩径（mm）	桩长（m）	适用土质条件
泥浆护壁成孔桩	正循环回转钻	≥800	≤80	黏性土、粉砂、细砂、中、粗砂，含少量砾石、卵石的土（含量少于20%）、软岩
	反循环回转钻			黏性土、砂类土、含少量砾石、卵石的土（含量少于20%，粒径小于钻杆内径2/3的）土
	冲抓钻	≥800	≤30	黏性土、粉土、砂土、填土、碎石土及风化岩层
	冲击钻		≤50	
	旋挖钻		≤80	
	潜水钻	500～800	≤50	黏性土、淤泥、淤泥质土及砂土
干作业成孔	长螺旋钻孔	300～800	≤30	地下水位以上的黏性土、砂土及人工填土非密实的碎石类土、强风化岩
	钻孔扩底	300～600	≤30	地下水位以上的坚硬、硬塑的黏性及中密以上的砂土风化岩层
	机动洛阳铲	300～500	≤20	地下水位以上的黏性土、黄土及人工填土
沉管成孔	锤击	340～800	≤30	桩端持力层为埋深不超过20m的中、低压缩性黏土、粉土、砂土和碎石类土
	振动	400～500	≤24	黏性土、粉土和砂土
爆破成孔		≤350	≤12	地下水位以上的黏性土、黄土、碎石土及风化岩
人工挖孔		≥100	≤40	地下水位以上的黏性土、黄土及人工填土

4.2.3 按桩的设置效应分类

桩的设置方法（打入或钻孔成桩等）不同，桩周土所受的挤压作用也很不同。挤压作用将使土的天然结构、应力状态和性质发生很大变化，从而影响桩的承载力和变形性质，这些影响统称为桩的设置效应。桩按设置效应可分为下列三类。

（1）非挤土桩。沉桩过程对桩周围的土无挤压作用的桩称为非挤土桩。如钻（挖）孔灌注桩及先钻孔后再打入的预制桩等，因设置过程中清除孔中土体，桩周土不受排挤作用，并可能向桩孔内移动，使土的抗剪强度降低，桩侧摩阻力有所减小。

（2）部分挤土桩。沉桩过程对桩周围的土稍有挤压作用的桩称为部分挤土桩。如长螺旋压灌灌注桩、冲击成孔灌注桩、预钻孔打入式预制桩、H型钢桩、开口钢管桩和开口预应力混凝土管桩等，在桩的设置过程中对桩周土体稍有挤压作用，但土的强度和变形性质变化不大，一般可用原状土测得的强度指标来估算桩的承载力和沉降量。

（3）挤土桩。沉桩过程，桩孔中土未取出，直接在桩位处锤击、贯入桩体入土，桩孔处土大量排开全部挤压到桩四周，这类桩称为挤土桩。如实心的预制桩、下端封闭的管桩，木桩以及沉管灌注桩等在锤击和振动贯入过程中都要将桩位处的土体大量排挤开，使土的结构严重扰动破坏，对土的强度及变形性质影响较大。因此，必须采用原状土扰动后再恢复的强度指标来估算桩的承载力及沉降量。

4.2.4　按使用功能分类

桩基础根据不同的使用功能，其构造要求和计算方法有所不同。根据在使用状态下的抗力性状和工作机理分类。

1. 竖向抗压桩

一般的建筑工程桩基，在正常工作条件下，主要承受从上部结构传下来的竖向荷载。竖向抗压桩从桩的荷载传递机理来看，又可划分为摩擦型桩和端承型桩两大类。竖向抗压桩应进行竖向承载力计算，必要时还需进行桩基的沉降验算、软弱下卧层的承载力验算。特殊情况下，还应考虑桩侧负摩阻力的影响。

2. 竖向抗拔桩

如输电塔桩基础、抗浮桩、板桩墙后的锚桩和试桩时设置的锚桩等主要承受竖向上拔荷载作用的桩。此类桩应进行桩身强度和抗裂计算以及抗拔承载力验算。

3. 水平受荷桩

主要承受水平荷载作用的桩，如港口码头工程中的桩、基坑工程中的护坡桩等。

4. 复合受荷桩

同时承受竖向、水平荷载作用的桩。在桥梁工程中，桩除了要承担较大的竖向荷载外，往往由于波浪、风、地震、船舶的撞击力，以及车辆荷载的制动力等使桩承受较大的侧向荷载，从而导致桩的受力条件更为复杂，尤其是大跨径桥梁更是如此。像这样一类桩基就是典型的复合受荷桩。

4.2.5　按承台位置分类

根据承台与地面的相对位置，一般可分为低承台桩基和高承台桩基（图 4-10）。低承台桩基的承台底面位于地面以下，其受力性能好，具有较强的抵抗水平荷载的能力，在工业与民用建筑中，几乎都使用低承台桩基；高承台桩基的承台底面位于地面以上，且常处于水下，水平受力性能差，但可避免水下施工及节省基础材料，多用于桥梁及港口工程。

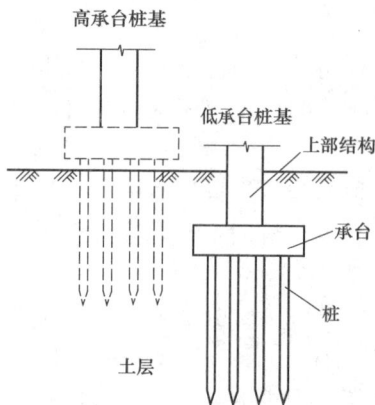

图 4-10　高承台桩基、低承台桩基示意图

4.2.6　按桩径大小分类

小直径桩：$d \leqslant 250\text{mm}$。
中等直径桩：$250\text{mm} < d < 800\text{mm}$。
大直径桩：$d \geqslant 800$。

4.2.7　桩基质量检验

桩基础属于地下隐蔽工程，尤其是灌注桩，很容易出现颈缩、夹泥、断桩或沉渣过厚等多种形态的质量缺陷，影响桩身结构完整性和单桩承载力，因此，必须进行施工监督、现场记录和质量检测，以保证质量，减少隐患。对于柱下单桩或大直径灌注桩工程，保证桩身质量就更为重要。目前已有多种桩身结构完整性的检测技术，下列几种较为常用：

（1）开挖检查。这种方法只限于对所暴露的桩身进行观察检查。

（2）抽芯法。在灌注桩桩身内钻孔（直径 100～150mm），取混凝土芯样进行观察和单轴抗压试验，了解混凝土有无离析、空洞、桩底沉渣和夹泥等现象，也可检测桩长、桩身质量及判断桩身完整性类别等。有条件时也可采用钻孔电视直接观察孔壁、孔底质量。

（3）声波透射法。可检测桩身缺陷程度及位置，判定桩身完整性类别。预先在桩中埋入 3～4 根金属管，利用超声波在不同强度（或不同弹性模量）的混凝土中传播速度的变化来检测桩身质量。试验时在其中一根管内放入发射器，而在其他管中放入接收器，通过测读并记录不同深度处声波的传递时间来分析判断桩身质量。

（4）动测法。包括锤击激振、机械阻抗、水电效应、共振等小应变动测、PDA（打桩分析仪）等大应变动测及 PIT（桩身结构完整性分析仪）等。对于等截面、质地较均匀的预制桩，测试效果较可靠；而对于灌注桩的动测检验，目前已有相当多的实践经验，具有一定的可靠性。

4.3　竖向荷载作用下单桩工作性能

本节研究单桩工作性能的目的是为研究单桩承载力打下理论的基础。通过桩土相互作用分析，了解桩土间的传力途径和单桩承载力的构成及其发展过程，以及单桩的破坏机理等，对正确评价单桩承载力设计值具有一定的指导意义。本节主要讨论竖向荷载作用下的单桩受力性能。

4.3.1　桩的荷载传递

桩顶受到竖向荷载后，使得桩身材料发生压缩弹性变形，这种变形使得桩与桩侧土体发生相对位移，而位移又使得桩身表面产生向上的桩侧摩阻力 Q_s。在桩侧摩阻力作用下，桩侧土体产生剪切变形，并将荷载向桩周土层传递，从而使桩身轴力与桩身压缩变形随深度递减。随着桩顶竖向荷载逐渐增大，桩身压缩量和位移量逐渐增加，桩身下部桩侧摩阻力逐渐被调动并发挥出来。当桩侧摩阻力不足以抵抗向下的竖向荷载时，一部分竖向荷载将传递到桩底（桩端），使桩端持力层受压变形，产生持力层土对桩端的阻力，成为桩端阻力 Q_p。

由此可见，土对桩的支承力由桩侧摩阻力和桩端阻力两部分组成。桩的荷载传递过程实质上就是桩侧摩阻力与桩端阻力逐步发挥的过程。一般说来，靠近桩身上部土层的侧摩阻力先于下部土层发挥，由于发挥桩端阻力所需的极限位移，明显大于桩侧阻力发挥所需的极限位移，桩侧摩阻力先于桩端阻力发挥。

$$Q = Q_s + Q_p \tag{4-2}$$

式中　Q——桩顶荷载；

　　　Q_s——桩侧摩总阻力；

　　　Q_p——桩端总阻力。

4.3.2　桩侧摩阻力、轴力与桩身位移

1. 桩侧摩阻力

如图 4-11 所示，桩顶在竖向荷载 Q 作用下，桩身任一深度 z 处横截面上所引起的轴力 N_z，将使该截面向下位移 δ_z，桩端下沉 δ_1，从而导致桩身侧面与桩周土之间相对滑移，其大小制约着土对桩侧向上作用的摩阻力的发挥程度。在深度 z 处取一微元体 dz，则微元体

上竖向力的平衡条件

$$N_z = \tau_z \cdot u_p \cdot dz + (N_z + dN_z) \tag{4-3}$$

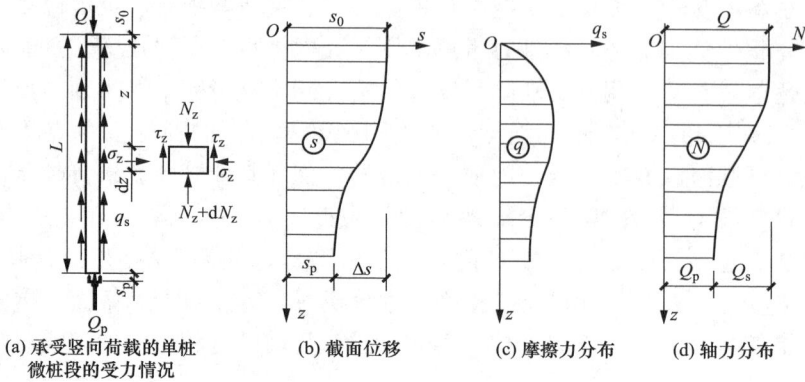

(a) 承受竖向荷载的单桩　　　(b) 截面位移　　　(c) 摩擦力分布　　　(d) 轴力分布
微桩段的受力情况

图 4-11　单桩荷载传递示意图

桩侧摩阻力一般用 q_s 表示，即 $\tau_z = q_s$

由此，可得桩侧摩阻力 q_s 与桩身轴力 N_z 的关系为

$$q_s = -\frac{1}{u_p} \cdot \frac{dN_z}{dz} \tag{4-4}$$

式中　N_z——深度 z 处桩截面的轴力，kN；

　　　q_s——深度 z 处单位桩侧表面上的摩阻力，kPa；

　　　u_p——桩的周长。

由图 4-11(c) 可见，桩侧摩阻力随着深度的增加而减小。

2. 桩身轴力

由材料力学轴向拉伸及压缩变形公式，深度 z 处桩身的轴力为 N_z，则桩在深度 z 处竖向压缩变形 $ds(z)$ 为

$$ds(z) = -\frac{N_z \cdot dz}{E_p A} \tag{4-5}$$

$$N_z = -E_p A \cdot \frac{ds(z)}{dz} \tag{4-6}$$

式中　$ds(z)$——深度 z 处桩的微段竖向压缩变形，m；

　　　E_p——桩身弹性模量，MPa；

　　　A——桩身横截面面积，m^2。

对式（4-6）两端同时积分，可得

$$\frac{dN_z}{dz} = -E_p A \cdot \frac{ds^2(z)}{dz^2} \tag{4-7}$$

式（4-7）代入式（4-4）可得

$$q_s(z) = E_p A \frac{1}{u_p} \cdot \frac{ds^2(z)}{dz^2} \tag{4-8}$$

式（4-8）是桩土荷载传递的基本微分方程。可以采用实测法测出桩身的位移 s_z 分布曲线，由式（4-6）得到轴力 N_z 分布曲线，式（4-4）得到桩侧摩阻力 q_s 分布曲线。

由式（4-4）可得任一深度 z 处桩身截面的轴力 $N(z)$ 为

$$N(z)=Q-u\int_0^z uq_s(z)\mathrm{d}z \qquad (4-9)$$

桩的轴力随桩侧摩阻力而发生变化，桩顶处轴力最大，即为桩顶荷载，$N_0=Q$；桩端轴力达到最小，其值为总桩端阻力 $N_l=Q_p$，故桩侧总阻力 $Q_s=Q-Q_p$。桩身轴力变化如图 4-11（d）所示。

3. 桩身位移

任一深度 z 处，桩身截面相应的竖向位移 $s(z)$ 应为桩顶位移 s_0 与 z 深度范围内的桩身压缩量之差，所以

$$s(z)=s_0-\frac{1}{E_pA}\int_0^z N(z)\mathrm{d}z \qquad (4-10)$$

式中　s_0——桩顶竖向位移值，m。

由式（4-10）可见，当 $z=l$ 时，$s(z)=s_0$ 为桩顶竖向位移，数值最大。

桩身竖向位移图如图 4-11（b）所示，由图可见，桩身竖向位移在桩顶处最大，随着深度的增加而逐渐减小。

4.3.3　桩侧摩阻力和桩端阻力

桩侧摩阻力和桩端阻力的发挥所需位移不同。试验表明：桩端阻力的充分发挥需要有较大的位移值，在黏性土中约为桩底直径的 25%，在砂性土中约为桩底直径的 8%～10%，对于钻孔桩，由于孔底虚土、沉渣压缩的影响，发挥端阻极限值所需位移更大而桩侧摩阻力只要桩土间有不太大的相对位移就能得到充分的发挥，具体数量目前认识尚没有一致的意见，但一般认为黏性土为 4～6mm，砂性土为 6～10mm。对大直径的钻孔灌注桩，如果孔壁呈凹凸形，发挥侧摩阻力需要的极限位移较大，可达 20mm 以上，甚至 40mm，约为桩径的 2.2%，如果孔壁平直光滑，发挥侧摩阻力需要的极限位移较小，小至只有 3～4mm。

影响桩侧摩阻力和桩端阻力的其他因素主要有以下方面。

1. 深度效应

当桩端进入均匀持力层的深度 h 小于某一深度时，其端阻力一直随深度线性增大；当进入深度大于该深度后，极限端阻力基本保持恒定不变，该深度称为端阻力的临界深度 h_{cp}，该恒定极限端阻力为端阻稳定值 q_{pl}。h_{cp} 随砂的相对密实度和桩径的增大而增大，随覆盖压力 P_0 的增大而减小。q_{pl} 随 D_r 增大而增大，而与桩径及上覆压力 P_0 无关。当桩端持力层下存在软弱下卧层，且桩端与软弱下卧层的距离小于某一厚度时，端阻力将受软弱下卧层的影响而降低。该厚度称为端阻的"临界厚度"。临界厚度主要随砂的相对密实度和桩径的增大而加大。在上海、安徽、蚌埠对桩端进入粉砂不同深度的打入桩进行了系列试验，表明了临界深度在 $7d$ 以上，临界厚度为（5～7）d；硬黏性土中的临界深度与临界厚度接近 $7d$。

2. 成桩效应

非密实砂土中的挤土桩，成桩过程使桩周土因挤压而趋于密实，导致桩侧、桩端阻力提高。对于桩群，桩周土的挤密效应更为显著。饱和黏土中的挤土桩，成桩过程使桩周土受到挤压、扰动、重塑，产生超孔隙水压力，随后出现孔压消散、再固结和触变恢复，导致侧摩阻力、端阻力产生显著的时间效应，即软黏土中挤土摩擦型桩的承载力随时间增长。

非挤土桩的成桩效应。非挤土桩（钻、冲、挖孔灌注桩）在成孔过程由于孔壁侧向应力解除，出现侧向土松弛变形，由此导致土体强度削弱，桩侧阻力随之降低。采用泥浆护臂成

孔的灌注桩，在桩土界面之间将形成"泥皮"的软弱界面，导致桩侧阻力显著降低。如果形成的孔壁比较粗糙（凹凸不平），由于混凝土与土之间的咬合作用，接触面的抗剪强度受到泥皮的影响较小，使得桩侧摩阻力能得到比较充分的发挥。对于非挤土桩，成桩过程桩端土不仅不产生挤密，反而出现虚土或沉渣现象，使端阻力降低，沉渣越厚，端阻力降低越多。

4.3.4　桩侧负摩阻力

在荷载作用下，一般正常情况下的桩体相对于桩周土体会向下移动或具有向下移动的趋势。但如果由于某种原因使桩侧土层相对于桩体向下位移时，土体会在桩侧产生下拉的摩阻力，使桩身的轴力增大，该下拉的摩阻力称为负摩阻力。桩身受到负摩阻力作用时，相当于施加在桩身上的竖向向下的荷载，而使桩身轴力、沉降均增大，桩承载力降低。

1. 桩侧负摩阻力的产生条件

桩侧负摩阻力产生的条件：桩侧土体下沉必须大于桩身的下沉。工程实践中如遇下列情况时，应考虑桩侧负摩阻力作用：

（1）在软土地区，大面积降低地下水位下降，使桩周土中有效应力增大，从而导致桩侧土沉降。

（2）桩周存在软弱土层、邻近桩周附近地面大面积堆载。

（3）桩穿越较厚欠固结土、新填土、液化土层进入相对较硬土层。

（4）湿陷性黄土遇水湿陷。

（5）冻土地区，由于温度升高而引起桩侧土的沉陷。

2. 桩侧负摩阻力的分布

图 4-12 表示桩身穿过软弱压缩土层而到达坚硬土层的竖向荷载桩的荷载传递及桩侧摩阻力、桩身轴力的分布曲线图。由图 4-12 可见，在 l_n 深度范围内，桩周土的沉降大于桩的截面沉降，桩周土相对于桩侧向下位移，桩侧摩阻力朝下，为负摩阻力；在 l_n 深度以下，桩周土的沉降小于桩的截面沉降，桩周土相对于桩侧向上位移，桩侧摩阻力朝上，为正摩阻力；而在 l_n 深度处，桩周土与桩的截面沉降相等，两者无相对位移发生，其摩阻力为零，这种摩阻力为零的点称为中性点。l_n 即为中性点的深度。

图 [4-12(b)] 和 [图 4-12(c)] 分别为桩侧摩阻力和桩身轴力的分布曲线，其中 Q_n 为中性点以上的负摩阻力之和，又称为下拉荷载；Q_s 为中性点以下正摩阻力之和。在中性点处桩身轴力达到最大值（$N_{max} = Q + Q_n$），而桩端总阻力则等于 $Q + (Q_n - Q_s)$。

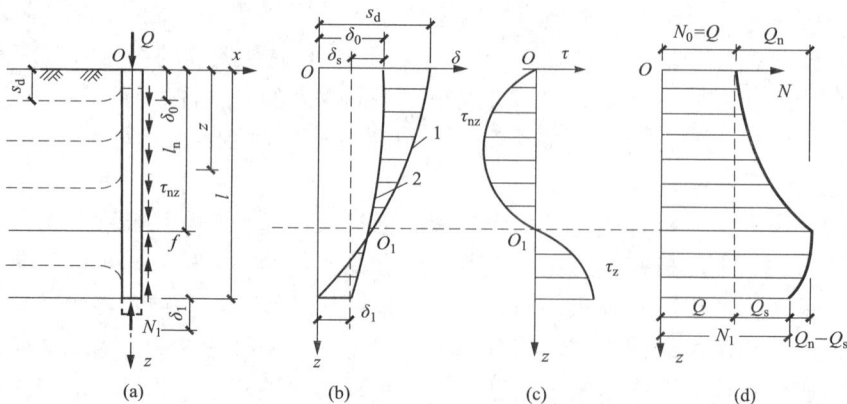

图 4-12　桩侧负摩阻力分布示意图

由于桩侧负摩阻力是由桩周土层的固结沉降引起的，因此负摩阻力的产生和发展要经历一定的时间过程，这一时间过程的长短取决于桩自身沉降完成的时间和桩周土层固结完成的时间。由于土层竖向位移和桩身截面位移都是时间的函数，因此，中性点的位置、摩阻力以及桩身轴力都将随时间而有所变化。

要确定桩侧负摩阻力的大小，须先确定中性点的位置和负摩阻力强度的大小。中性点的深度 l_n 与土的压缩性和变形条件，以及桩和持力层土的刚度等因素有关。桩身沉降 s_p 越小，l_n 越大，对于支承在岩层上的端承桩（$s_p=0$），负摩擦力可分布于全桩身。

中性点的位置取决于桩与桩侧土的相对位移，原则上应按桩周土层沉降与桩的沉降相等的条件确定。要精确计算中性点位置是比较困难的，多采用近似的估算方法，或采用依据一定的试验结果得出的经验值。工程实测表明，在可压缩土层 l_0 范围内，中性点的稳定深度是随着桩端持力层的强度和刚度的增大而增加的，其深度比 l_n/l_0 可按表 4-3 的经验选用。

表 4-3   中性点深度比 l_n/l_0

持力层土类	黏性土、粉土	中密以上砂	砾石、卵石	基岩
l_n/l_0	0.5~0.6	0.7~0.8	0.9	1.0

注　1. l_0，l_n 为自桩顶算起的桩周软弱土层下限深度和中性点深度；

2. 桩穿越自重湿陷性黄土时，l_n 按表列值增大 10%（持力层为基岩者除外）；

3. 当桩周土层固结与桩基固结沉降同时完成时，取 $l_n=0$；

4. 当桩周土层计算沉降量小于 20mm 时，应按表列值乘以 0.4~0.8 折减。

3. 桩侧负摩阻力的计算

（1）桩侧负摩阻力标准值 q_{si}^n 计算。单桩桩侧负摩阻力的大小受桩周土层和桩端土的强度与变形性质、土层的应力历史、地面堆载的大小与范围、地下水降低的幅度与范围、桩的类型与成桩工艺等因素的影响。因此精确计算负摩阻力是很困难的。一般单桩负摩阻力的计算可参考《建筑桩基技术规范》（JGJ 94—2008）的负摩阻力系数法计算。桩侧负摩阻力标准值 q_{si}^n 按下式计算

$$q_{si}^n = \xi_n \sigma_i' \tag{4-11}$$

$$\sigma_{ri}' = \sum_{m=1}^{i-1} \gamma_m \cdot \Delta z_m + \frac{1}{2} \gamma_i \cdot \Delta z_i \tag{4-12}$$

式中　q_{si}^n——单桩负摩阻力标准值，kPa，当 q_{si}^n 计算值大于正摩阻力时，取正摩阻力值。

ξ_n——桩周第 i 层土负摩阻力系数，可按表 4-4 取用。

σ_i'——桩周第 i 层土平均竖向有效上覆压力，kPa。当填土、自重湿陷性黄土湿陷、欠固结土层产生固结和地下水降低时，$\sigma_i'=\sigma_{ri}'$；当地面分布大面积荷载时，$\sigma_i'=P+\sigma_{ri}'$，其中，P 为地面均布荷载。

σ_{ri}'——由土自重引起的桩周第 i 层土平均竖向有效应力；桩群外围自地面算起，桩群内部自承台底算起。

表 4-4   负摩阻力系数 ξ_n

桩周土类	饱和软土	黏性土、粉土	砂土	自重湿陷性黄土
ξ_n	0.15~0.25	0.25~0.40	0.35~0.50	0.20~0.35

注　1. 同一类土中，打入桩或沉管灌注桩取较大值，钻孔灌注桩、挖孔灌注桩取较小值；

2. 填土按土的类别取较大值。

此外，也可按照土的类别，可按下列经验公式估算负摩阻力标准值：

软土或中等强度黏土

$$q_{si}^n = c_u \tag{4-13}$$

砂类土

$$q_{si}^n = \frac{N_i}{5} + 3 \tag{4-14}$$

式中　c_u——土的不排水抗剪强度，kPa；

　　　　N_i——桩周第 i 层土经钻杆长度修正后的平均标准贯入试验锤击数。

（2）下拉荷载计算。中心点以上区域负摩阻力的合力，称为下拉荷载 Q_g^n，下拉荷载可按《建筑桩基技术规范》（JGJ 94—2008）推荐公式计算

$$Q_g^n = \eta_n u \sum_{i=1}^n q_{si}^n l_i \tag{4-15}$$

式中　u——桩的周长，m；

　　　　l_i——中性点以上各土层的厚度，m；

　　　　n——中性点以上土层数；

　　　　η_n——负摩阻力群桩效应系数，$\eta_n \leqslant 1$；当不考虑群桩效应时，取 $\eta_n = 1.0$。

4. 减少桩侧负摩阻力影响的措施

在桩基设计中，应尽量采取某些措施减小负摩阻力。在新填土层中要确保土体密实度要求，在填土沉降稳定后成桩；大面积堆载时，先预压使土体沉降完成；对湿陷性黄土，进行强夯或掺入挤密桩等消除或减弱湿陷性；采用隔离法，例如，在预制桩表面涂一薄层沥青，或者对钢桩再加一层厚度为 3mm 的塑料薄膜（兼作防锈蚀用），对现场灌注桩也可采用在桩与土之间灌注脱土浆等方法来消除或降低负摩阻力的影响。

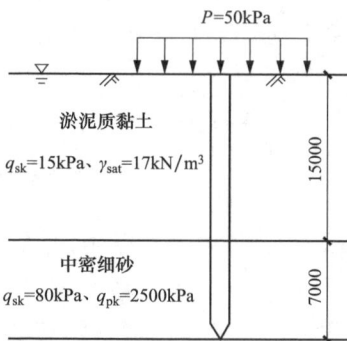

图 4-13　［例 4-1］图

值进行设计 $q_{si}^n = 15$kPa。

（3）计算下拉荷载。

【例 4-1】　某灌注桩，桩径 $d = 850$mm，桩长 $l = 22$m。由于大面积堆载引起负摩阻力，图 4-13 所示。已知中性点 $l_n/l_0 = 0.8$，淤泥质土负摩阻力系数为 0.2，试计算负摩阻力下引起的下拉荷载。

解　（1）中性点深度 l_n：$l_n = 0.8l_0 = 0.8 \times 15 = 12$（m）

（2）计算桩侧负摩阻力标准值。

由式（4-12）得桩周第 i 层土平均竖向有效上覆压力为

$$\sigma_i' = 50 + 0 + 1/2 \times (17 - 10) \times 12 = 92 \text{(kPa)}$$

桩侧负摩阻力标准值：$q_{si}^n = \xi_n \sigma_i' = 0.2 \times 92 = 18.4 \text{(kPa)} > q_{sk} = 15$kPa，计算值大于正摩阻力标准值，取正摩阻力标准

$$Q_g^n = \eta_n u \sum_{i=1}^n q_{si}^n l_i = 1 \times \pi \times 0.85 \times 15 \times 12 = 480.42 \text{(kN)}$$

4.3.5　单桩破坏模式

单桩在竖向荷载作用下，其破坏模式主要取决于桩周土的抗剪强度、桩端支承情况、桩的尺寸以及桩的类型等条件。图 4-14 给出了竖向荷载下可能的基桩破坏模式简图。

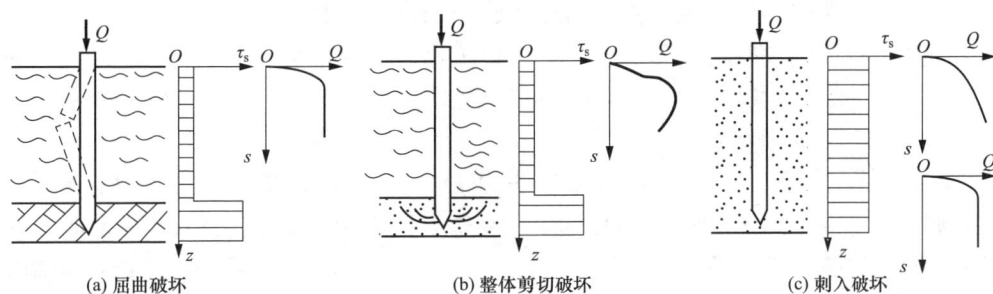

图 4 - 14 单桩破坏模式

1. 屈曲破坏

当桩底支承在坚硬的土层或岩层上，桩周土层极为软弱，桩身无约束或侧向抵抗力。桩在轴向荷载作用下，如同一细长压杆出现纵向挠曲破坏，如图 4 - 14(a) 所示。荷载-沉降（Q-s）关系曲线为"急剧破坏"的陡降型，其沉降量很小，具有明确的破坏荷载。桩的承载力取决于桩身的材料强度。如穿越深厚淤泥质土层中的小直径端承桩或嵌岩桩，细长的木桩等多属于此种破坏。

2. 整体剪切破坏

当具有足够强度的桩穿过抗剪强度较低的土层，达到强度较高的土层，且桩的长度不大时，桩在轴向荷载作用下，由于桩底上部土层不能阻止滑动土楔的形成，桩底土体形成滑动面而出现整体剪切破坏，如图 4 - 14(b) 所示。此时桩的沉降量较小，桩侧摩阻力难以充分发挥，主要荷载由桩端阻力承受，荷载-沉降（Q-s）关系曲线也为陡降型，呈现明确的破坏荷载。桩的承载力主要取决于桩端土的支承力。一般打入式短桩、钻扩短桩等均属于此种破坏。

3. 刺入破坏

当桩的入土深度较大或桩周土层抗剪强度较均匀时，桩在轴向荷载作用下将出现刺入破坏，如图 4 - 14(c) 所示。此时桩顶荷载主要由桩侧摩阻力承受，桩端阻力极微，桩的沉降量较大。一般当桩周土质较软弱时，荷载-沉降（Q-s）关系曲线为"渐进破坏"的缓变型，无明显拐点，极限荷载难以判断，桩的承载力主要由上部结构所能承受的极限沉降 s_u 确定；当桩周土的抗剪强度较高时，荷载-沉降（Q-s）关系曲线可能为陡降型，有明显拐点，桩的承载力主要取决于桩周土的强度。一般情况下的钻孔灌注桩多属于此种情况。

4.4 单桩竖向承载力的确定

4.4.1 单桩竖向极限承载力

1. 单桩竖向极限承载力

单桩承载力是指单桩在外荷载作用下，不丧失稳定性，不产生过大变形时，单桩所能承受的最大荷载。单桩在竖向荷载作用下达到破坏状态前或出现不适于继续承载的变形时所对应的最大荷载，称为单桩竖向极限承载力。

单桩的竖向承载力主要取决于地基土对桩的支承能力和桩身的材料强度。一般情况下，桩的承载力由地基土的支承能力所控制，材料强度往往不能充分发挥，只有对端承桩，超长桩以及桩身质量有缺陷的桩，桩身材料强度才起控制作用。此外，当桩的入土深度较大，桩周土质软弱且比较均匀，桩端沉降量较大，或建筑物对沉降有特殊要求时，还应考虑桩的竖向沉降量，按上部结构对沉降的要求来确定单桩竖向承载力。

2. 单桩竖向极限承载力标准值

《建筑桩基技术规范》（JGJ 94—2008）用单桩竖向极限承载力标准值 Q_{uk} 表示设计过程中相应桩基所采用的单桩竖向极限承载力的基本代表值。该代表值是用数理统计方法加以处理，具有一定概率的最大荷载值。通常等于总极限侧阻力 Q_{sk} 和总极限端阻力 Q_{pk} 之和，即

$$Q_{uk} = Q_{sk} + Q_{pk} \tag{4-16}$$

设计采用的单桩竖向极限承载力标准值应符合下列规定：

（1）设计等级为甲级的建筑桩基，应通过单桩静载荷试验确定。

（2）设计等级为乙级建筑桩基，仅当地质条件简单时，可参照地质条件相同的试桩资料，结合静力触探等原位测试和经验参数综合确定；其余均应通过单桩静载荷试验确定。

（3）设计等级为丙级建筑桩基，可根据原位测试和经验参数确定。

4.4.2 按材料强度确定

按桩身材料强度确定单桩竖向承载力时，可将桩视为两端铰支的轴心受压杆件，对于钢筋混凝土桩轴心受压桩正截面受压承载力应符合下列规定：

当桩顶以下 $5d$ 范围的桩身螺旋式箍筋间距不大于 100mm，且符合《建筑桩基技术规范》（JGJ 94—2008）中相应构造要求时：

$$N \leqslant \varphi(\psi_c f_c A_p + 0.9 f_y' A_s) \tag{4-17}$$

式中　N——荷载效应基本组合下的单桩竖向承载力设计值，kN；

　　　f_c——混凝土的轴心抗压强度设计值，kPa；

　　　f_y'——纵向钢筋的抗压强度设计值，kPa；

　　　A_p——桩身的横截面面积，m^2；

　　　A_s——纵向钢筋的横截面面积，m^2；

　　　φ——桩的稳定系数，对低承台桩基，考虑土的侧向约束可取 $\varphi=1.0$；但穿过很厚软黏土层（$c_u<10$kPa）和可液化土层的端承桩或高承台桩基，其值应小于 1.0；

　　　ψ_c——基桩成桩工艺系数，混凝土预制桩、预应力混凝土空心桩取 0.85；干作业非挤土灌注桩取 0.90；泥浆护壁和套管护壁非挤土灌注桩、部分挤土灌注桩及挤土灌注桩取 0.7~0.8；软土区挤土灌注桩取 0.6。

尚需注意，只有当桩顶以下 $5d$ 范围内桩身箍筋间距不大于 100mm，且符合相关构造要求时才考虑纵向主筋对桩身受压承载力的作用，否则上式中 $f_y'A_s$ 项为零。此外，对高承台基桩，桩身穿越可液化土或不排水抗剪强度小于 10kPa 的软弱土层中的基桩，还应考虑桩身挠曲对轴向偏心力、偏心距增大的影响。

4.4.3 按土对桩的支承力确定单桩竖向极限承载力

按土对桩的支承力确定单桩竖向极限承载力的方法主要有静载荷试验法、静力触探法、经验参数法及动测法等。

按静载荷试验确定单桩竖向承载力标准值。静载荷试验是评价单桩承载力最为直观和可靠的方法，除了考虑到地基土的支承能力外，也考虑了桩身材料强度对承载力的影响。单桩

静载荷试验是在桩顶逐级施加竖向荷载，直至桩达到破坏状态为止，并在试验过程中测量每级荷载下不同时间的桩顶沉降，根据沉降与荷载及时间的关系，分析确定单桩竖向极限承载力。

对于甲级、乙级建筑桩基，必须通过静载荷试验。在同一条件下的试桩数量，不宜少于总数的1％，并不应少于3根；当工程总桩数在50根以内时不应少于2根。对于地基条件复杂，桩施工质量可靠性低及本地区采用的新桩型或新工艺等情况下的桩基也须通过静载荷试验。

对于预制桩，由于打桩时土中产生的孔隙水压力有待消散，土体因打桩扰动而降低的强度随时间逐渐恢复，因此，为了使试验能真实反映桩的承载力，要求在桩身强度满足设计要求的前提下，砂类土间歇时间不少于7d，粉土不少于10d，非饱和黏性土不少于15d，饱和黏性土不少于25d。

（1）单桩静载荷试验装置。试验装置主要由加载系统与量测系统组成。加载系统主要用于给试桩加竖向荷载的装置，一般由液压千斤顶及其反力系统组成。反力系统包括主、次梁及锚桩，所提供的反力应大于预估最大试验荷载的1.2倍。采用工程桩作为锚桩时，应对试验过程锚桩上拔量进行监测，图4-15(a)所示为锚桩横梁试验装置布置图。反力系统也可以采用压重平台反力装置，提供的反力是压重平台［图4-15(b)］，压重应在试验开始前一次加上，并均匀稳固放置于平台上，量测系统主要由千斤顶上的压力环或应变式压力传感器（测荷载大小）及百分表或电子位移计（测试桩沉降）等组成。为准确测量桩的沉降，消除相互干扰，要求有基准系统，其由基准桩、基准梁组成，且保证在试桩、锚桩（或压重平台支墩）和基准桩相互之间有足够的距离（表4-5），以减少彼此的相互影响，保证测量精度。

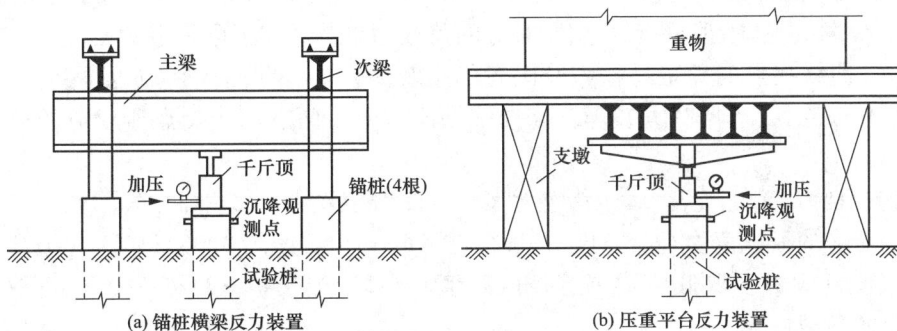

(a) 锚桩横梁反力装置　　　　(b) 压重平台反力装置

图4-15　单桩静载荷试验的加载装置

表4-5　　　　　　　　　　　试桩、锚桩和基准桩之间的中心距离

反力系统	试桩与锚桩（或压重平台支墩边）	试桩与基准桩	基准桩与锚桩（或压重平台支墩边）
锚桩横梁反力装置 压重平台反力装置	≥4d 且≥2.0m	≥4d 且>2.0m	≥4d 且>2.0m

注　d 为试桩，锚桩或地锚的设计直径，取其较大者（如试桩或锚桩为扩底桩时，试桩与锚桩的中心距离尚不应小于2倍扩大端直径）。

（2）试验方法。试验时加载方式通常有慢速维持荷载法，快速维持荷载法、等贯入速率法、等时间间隔加载法以及循环加载法等。工程中最常用的是慢速维持荷载法，即分级加载，每加一级荷载达到相对稳定后测读其沉降量，然后再加下一级荷载，直至试桩破坏。试验时要求分级加荷不少于 8 级，每级加载量约为预估单桩极限荷载的 1/8～1/10。

1）沉降观测。在每级加荷后，按 5、10、15min 各测读一次，以后每隔 15min 测读一次，累计 1h 后，每隔半小时测读一次，直至沉降稳定为止。

2）沉降相对稳定标准。每级荷载下，桩的沉降量连续两次在每小时内小于 0.1mm 可视为达到相对稳定。循此加载观测，直到桩达到破坏状态，终止加载。

（3）终止加载条件。当出现下列情况之一时即可终止加载：

1）当荷载-沉降（Q-s）曲线上有可判定极限承载力的陡降段，且桩顶总沉降量超过40mm。

2）某级荷载下，桩顶沉降量大于前一级荷载下沉降量的 2 倍，且经 24h 尚未达到相对稳定。

3）25m 以上的非嵌岩桩，Q-s 曲线呈缓变型时，桩顶总沉降量大于 60～80mm。

4）在特殊条件下，可根据具体要求加载至桩顶总沉降量大于 100mm。

5）桩顶加载达到设计规定的最大加载量。

6）已达锚桩最大抗拔力或压重平台的最大重力。

（4）单桩竖向极限承载力 Q_u 的确定。一般认为，当桩顶发生剧烈或不停滞的沉降时，桩处于破坏状态，相应的荷载称为极限荷载（单桩极限承载力 Q_u）。由桩的静载荷试验结果绘出荷载-沉降关系（Q-s）曲线（图 4-16）及各级荷载作用下沉降-时间（s-$\lg t$）曲线（图 4-17），再根据曲线特性，采用下述方法确定单桩竖向极限承载力 Q_u。

1）根据沉降随荷载的变化特征确定 Q_u。如图 4-16 中曲线①所示，对于陡降型 Q-s 曲线，可取曲线发生明显陡降的起始点所对应的荷载为单桩竖向极限承载力 Q_u。

因 Q-s 曲线拐点的确定易掺入绘图者的主观因素，有些曲线拐点也不甚明了，因此，国外多用切线交会法，即取相应于 Q-s 曲线始段和末段两点切线交点所对应的荷载作为极限荷载 Q_u。

2）根据沉降量确定 Q_u。对于缓变型 Q-s 曲线（图 4-16 中曲线②），一般可取 $s=$40～60mm 对应的荷载值为 Q_u。对于大直径桩可取 $s=(0.03～0.06)D$（D 为桩端直径）所对应的荷载值（大桩径取低值，小桩径取高值），对于细长桩（$l/d>80$），可取 $s=60～$80mm 对应的荷载。

3）根据沉降随时间的变化特征确定 Q_u，取 s-$\lg t$ 曲线（图 4-17）尾部出现明显向下弯曲的前一级荷载值作为 Q_u；也可取终止加载条件 2）中的前一级荷载值作为 Q_u。

测出每根试桩的极限承载力值 Q_u 后，可通过统计确定单桩竖向极限承载力标准值 Q_{uk}。参加统计的所有试桩，当满足其级差不超过平均值的 30% 时，取其平均值为单桩竖向极限承载力；若级差超过平均值的 30%，应分析级差过大的原因，结合工程具体情况综合确定，必要时增加试桩数量；但是对桩数为 3 根或 3 根以下的桩基承台，或工程桩抽检数量少于 3根时，应取最小值作为单桩竖向极限承载力。

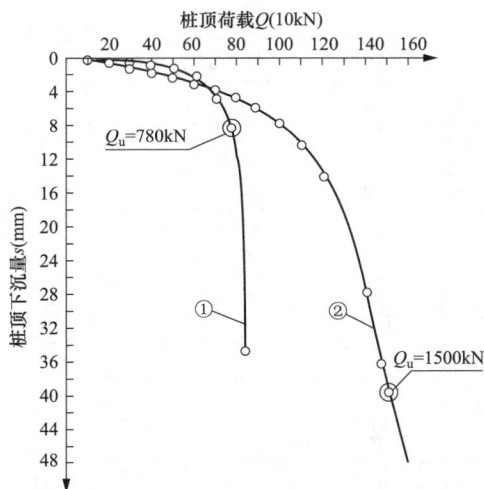

图 4-16 单桩载荷-沉降（Q-s）曲线

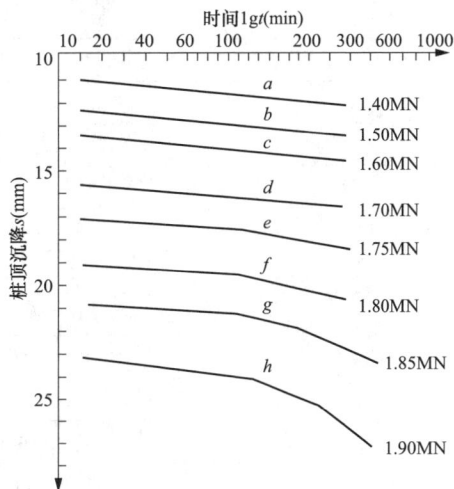

图 4-17 单桩沉降 s-lgt 曲线

4.4.4 按经验参数法确定单桩竖向承载力标准值

土对桩的支撑作用由两部分组成：一部分是桩端处土的端阻力；另一部分是桩侧土的摩阻力。单桩的竖向荷载是通过桩端阻力和桩侧摩阻力来平衡。《建筑桩基技术规范》（JGJ 94—2008）在大量经验及资料积累的基础上，针对不同的常用桩型，推荐如下单桩竖向承载力标准值估算方法。

（1）一般预制桩及中小直径灌注桩。对直径 $d<800$mm 的灌注桩和预制桩，单桩竖向极限承载力标准值 Q_{uk} 可按下式计算

$$Q_{uk}=Q_{sk}+Q_{pk}=u\sum q_{sik}l_i+q_{pk}A_p \tag{4-18}$$

式中　Q_{sk}——单桩总极限侧阻力标准值，kN；

　　　Q_{pk}——单桩总极限端阻力标准值，kN；

　　　q_{sik}——桩侧第 i 层土的极限侧阻力标准值，kPa，无当地经验值时，可按表 4-6 取值；

　　　q_{pk}——桩端极限端阻力标准值，kPa，无当地经验值时，可按表 4-7 取值。

其他符号意义同前。

表 4-6　　　　　　　　　　　　桩的极限侧阻力标准值 q_{sik}　　　　　　　　　　　　　kPa

土的名称	土的状态		混凝土预制桩	水下钻（冲）孔桩	干作业钻孔
填土	—		22~30	20~28	20~28
淤泥	—		14~20	12~18	12~18
淤泥质土	—		22~30	20~28	20~28
黏性土	流塑	$I_L>1.0$	24~40	21~38	21~38
	软塑	$0.75<I_L≤1.0$	40~55	38~53	38~53
	可塑	$0.50<I_L≤0.75$	55~70	53~68	53~66
	硬可塑	$0.25<I_L≤0.50$	70~86	68~84	66~82
	硬塑	$0<I_L≤0.25$	86~98	84~96	82~94
	坚硬	$I_L≤0$	98~105	96~102	94~104

续表

土的名称	土的状态		混凝土预制桩	水下钻（冲）孔桩	干作业钻孔
红黏土	$0.7<\alpha_w\leqslant 1$		13~32	12~30	12~30
	$0.5<\alpha_w\leqslant 0.7$		32~74	30~70	30~70
粉土	稍密	$e>0.9$	26~46	24~42	24~42
	中密	$0.75<e\leqslant 0.9$	48~66	42~62	42~62
	密实	$e<0.75$	66~88	62~82	62~82
粉细砂	稍密	$10<N\leqslant 15$	24~48	22~46	22~46
	中密	$15<N\leqslant 30$	48~66	46~64	46~64
	密实	$N>30$	66~88	64~86	64~86
中砂	中密	$15<N\leqslant 30$	54~74	53~72	53~72
	密实	$N>30$	74~95	72~94	72~94
粗砂	中密	$15<N\leqslant 30$	74~95	74~96	76~98
	密实	$N>30$	95~116	95~116	98~120
砾砂	稍密	$5<N_{63.5}\leqslant 15$	70~110	50~90	60~100
	中密（密实）	$N_{63.5}>15$	116~138	116~130	112~130
圆砾、角砾	中密、密实	$N_{63.5}>10$	160~200	135~150	135~150
碎石、卵石	中密、密实	$N_{63.5}>10$	200~300	140~170	150~170
全风化软质岩	—	$30<N\leqslant 50$	100~120	80~100	80~100
全风化硬质岩	—	$30<N\leqslant 50$	140~160	120~140	140~150
强风化软质岩	—	$N_{63.5}>10$	160~240	140~200	140~220
强风化硬质岩	—	$N_{63.5}>10$	220~300	160~240	160~260

注　1. 对于尚未完成自重固结的填土和以生活垃圾为主的杂填土，不计算其侧阻力；

　　2. α_w 为含水比，$\alpha_w=w/w_L$，w 为土的天然含水量，w_L 为土的液限；

　　3. N 为标准贯入击数，$N_{63.5}$ 为重型圆锥动力触探击数；

　　4. 全风化、强风化软质岩和全风化、强风化硬质岩指其母岩分别为 $f_{rk}\leqslant 15MPa$、$f_{rk}>30MPa$ 的岩石。

（2）大直径桩（$d\geqslant 800mm$）。大直径桩的桩底持力层一般都呈渐进破坏，其 Q-s 曲线呈缓变型，单桩承载力的取值常以沉降控制，极限端阻力随桩径的增大而减小，且以持力层为无黏性土时为甚。由于大直径桩一般为钻孔、冲孔、挖孔灌注桩，在无黏性土的成孔过程中将使孔壁因应力解除而松弛，故侧阻力的降幅随孔径的增大而增大。《建筑桩基技术规范》（JGJ 94—2008）推荐其单桩的竖向极限承载力标准值按下式计算

$$Q_{uk}=Q_{sk}+Q_{pk}=u\sum\psi_{si}q_{sik}l_i+\psi_p q_{pk}A_p \tag{4-19}$$

式中　q_{sik}——桩侧第 i 层土的极限侧阻力标准值，kPa，无当地经验值时，可按表 4-6 取值，对于扩底桩变截面以上 $2d$ 长度范围不计侧阻力；

　　　　q_{pk}——桩径为 0.8m 的极限端阻力标准值，kPa，对于干作业挖孔（清底干净）可采用深层平板（端承型桩平板直径应与孔径一致）载荷试验确定；不能进行试验时按表 4-8 取值；对于其他成桩工艺可按表 4-7 取值；

　　　　ψ_{si}、ψ_p——大直径桩侧阻力、端阻力尺寸效应系数，按表 4-9 取值。

此外，对于混凝土护壁振捣密实的大直径挖孔桩，桩身周长 u_p 可按护壁外直径计算。

表 4-7　　桩的极限端阻力标准值 q_{pk}　　　　　kPa

土的名称	土的状态	混凝土预制桩 $l \leqslant 9$	$9 < l \leqslant 16$	$16 < l \leqslant 30$	$l > 30$	泥浆护壁钻(冲)孔灌注桩 $5 < l \leqslant 10$	$10 < l \leqslant 15$	$15 < l \leqslant 30$	$l > 30$	干作业钻孔灌注桩 $5 \leqslant l < 10$	$10 \leqslant l < 15$	$15 \leqslant l$
黏性土	软塑 $0.75 < I_L \leqslant 1.0$	210~850	650~1400	1200~1800	1300~1900	150~250	250~300	300~450	300~450	200~400	400~700	700~950
	可塑 $0.50 < I_L \leqslant 0.75$	850~1700	1400~2200	1900~2800	2300~3600	350~450	450~600	600~750	750~800	500~700	800~1100	1000~1600
	硬可塑 $0.25 < I_L \leqslant 0.50$	1500~2300	2300~3300	2700~3600	3600~4400	800~900	900~1000	1000~1200	1200~1400	850~1100	1500~1700	1700~1900
	硬塑 $0 < I_L \leqslant 0.25$	2500~3800	3800~5500	5500~6000	6000~6800	1100~1200	1200~1400	1400~1600	1600~1800	1600~1800	2200~2400	2600~2800
粉土	中密 $0.75 < e < 0.9$	950~1700	1400~2100	1900~2700	2500~3400	300~500	500~650	650~750	750~800	800~1200	1200~1400	1400~1600
	密实 $e < 0.75$	1500~2600	2100~3000	2700~3600	3600~4400	650~900	750~950	900~1000	1100~1200	1200~1700	1400~1900	1600~2100
粉砂	稍密 $10 < N \leqslant 15$	1000~1600	1500~2300	1900~2700	2100~3000	350~500	450~600	600~700	650~750	500~950	1300~1600	1500~1700
	密实 $N > 15$	1400~2200	2100~3000	3000~4500	3800~5000	650~750	750~900	900~1100	1100~1200	900~1000	1700~1900	1700~1900
细砂	$N > 15$	2500~4000	3600~5000	4400~6000	5300~7000	650~850	900~1200	1200~1500	1500~1800	1200~1600	2000~2400	2400~2700
中砂	$N > 15$	4000~6000	5500~7000	6500~8000	7500~9000	850~1050	1100~1500	1500~1900	1900~2100	1800~2400	2800~3800	3600~4400
粗砂	$N > 15$	5700~7500	7500~8500	8500~10 000	9500~11 000	1500~1800	2100~2400	2400~2600	2600~2800	2900~3600	4000~4600	4600~5200
砾砂	中密 $N > 15$	6000~9500		9000~10 500		1400~2000		2000~3200		3500~6000		
角砾、圆砾	密实 $N_{63.5} > 10$	7000~10 000		9500~11 500		1800~2200		2200~3500		4000~5500		
碎石、卵石	密实 $N_{63.5} > 10$	8000~11 000		10 500~13 000		2000~3000		3000~4000		4500~6500		
全风化软质岩	$30 < N \leqslant 50$	4000~6000				1000~1600				1200~2000		
全风化硬质岩	$30 < N \leqslant 50$	5000~8000				1200~2000				1400~2400		
强风化软质岩	$N_{63.5} > 10$	6000~9000				1400~2200				1600~2500		
强风化硬质岩	$N_{63.5} > 10$	7000~11 000				1800~2800				2000~3000		

注：1. 对于砂土和碎石类土，要综合考虑土的密实度，桩端进入持力层的深径比 h_b / d 确定，土愈密实，h_b / d 越大，取值越高；

2. 预制桩的岩石极限端阻力指桩端支承于中微风化基岩表面或进入强风化岩软质岩一定深度条件下的极限端阻力；

3. 全风化、强风化软质岩和强风化硬质岩其母岩分别为 $f_{rk} \leqslant 15 \text{MPa}$、$f_{rk} > 30 \text{MPa}$ 的岩石。

表 4-8　　　　　　　　干作业桩（清底干净，$D=800\mathrm{m}$）标准值 q_{pk}　　　　　　kPa

名称		状态		
黏性土		$0.25<I_L\leqslant0.75$	$0<I_L\leqslant0.25$	$I_L\leqslant0$
		$800\sim1800$	$1800\sim2400$	$2400\sim3000$
粉土		—	$0.75\leqslant e\leqslant0.9$	$e\leqslant0.75$
		—	$1000\sim1500$	$1500\sim2000$
砂土、碎石类土		稍密	中密	密实
	粉砂	$500\sim700$	$800\sim1100$	$1200\sim2000$
	细砂	$700\sim1100$	$1200\sim1800$	$2000\sim2500$
	中砂	$1000\sim2000$	$2200\sim3200$	$3500\sim5000$
	粗砂	$1200\sim2200$	$2500\sim3500$	$4000\sim5500$
	砾砂	$1400\sim2400$	$2600\sim4000$	$5000\sim7000$
	圆砾、角砾	$1600\sim3000$	$3200\sim5000$	$6000\sim9000$
	卵石、碎石	$2000\sim3000$	$3300\sim5000$	$7000\sim11\,000$

注　1. 当桩进入持力层的深度 h_b 分别为：$h_b\leqslant D$，$D<h_b\leqslant4D$，$h_b>4D$ 时，q_{pk} 可相应取低、中、高值。

　　2. 砂土密实度可根据标贯锤击数判定，$N\leqslant10$ 为松散，$10<N\leqslant15$ 为稍密，$15<N\leqslant30$ 为中密，$N>30$ 为密实。

　　3. 当桩的长径比 $l/d\leqslant8$，q_{pk} 宜取低值。

　　4. 当沉降要求不严格时，q_{pk} 宜取高值。

表 4-9　　　　　　大直径桩侧阻力尺寸效应系数 ψ_{si}、端阻力尺寸效应系数 ψ_p

土的类别	黏性土、粉土	砂土、碎石类土
ψ_{si}	$(0.8/d)^{1/5}$	$(0.8/d)^{1/3}$
ψ_p	$(0.8/D)^{1/5}$	$(0.8/D)^{1/5}$

（3）混凝土空心桩。混凝土敞口管桩单桩竖向承载力与实心混凝土预制桩不同的是存在桩端土塞效应。沉桩过程中，桩端部分土将涌入管内形成"土塞"，土塞高度及闭塞效果随土性、管径、壁厚、桩进入持力层深度等诸多因素影响而变化。桩端土闭塞程度直接影响桩的承载力性状，即土塞效应。混凝土敞口管桩端阻力包括管壁端部端阻力和敞口部分端阻力，后者桩端土塞效应系数 λ_p。

$$Q_{uk}=Q_{sk}+Q_{pk}=u\sum q_{sik}l_i+\lambda_p q_{pk}(A_j+A_{pl}) \qquad (4-20)$$

式中　A_j、A_{pl}——空心桩桩端净面积和敞口面积，m^2；

　　　　λ_p——桩端土塞效应系数，当 $h_b/d<5$ 时，$\lambda_p=0.16h_b/d$；当 $h_b/d\geqslant5$ 时，$\lambda_p=0.8$；

　　　　h_b——桩端进入持力层深度，m。

（4）钢管桩。钢管桩竖向承载力与混凝土空心桩类似也存在桩端土塞效应。可根据土的物理性质指标与承载力参数之间的经验关系确定，按下列公式计算

$$Q_{uk}=Q_{sk}+Q_{pk}=u\sum q_{sik}l_i+\lambda_p q_{pk}A_p \qquad (4-21)$$

式中　λ_p——桩端土塞效应系数，对于闭口钢管桩 $\lambda_p=1$，对于敞口钢管桩取值与空心混凝土桩相同。

（5）嵌岩桩。嵌岩桩承载力由桩周土总侧力 Q_{sk}、嵌岩段总侧阻力 Q_{rs} 和总端阻力 Q_{pk} 三部分组成。嵌岩段桩的极限侧阻力大小与岩性、桩体材料和成桩清孔情况有关，可用嵌岩段极限侧阻力 q_{rs} 和侧阻系数 ζ_s（$\zeta_s = q_{rs}/f_{rk}$）衡量，嵌岩桩端阻分担荷载随桩岩刚度比（E_p/E_r）和嵌岩深径比（h_r/d）的变化而不同，用端阻系数 ζ_p（$\zeta_p = q_{rp}/f_{rk}$）衡量。总的说来，岩石强度越高，ζ_s 越低；随岩石饱和单轴抗压强度 f_{rk} 降低而增大，随嵌岩深度增加而减小，受清底情况影响较大。现行《建筑桩基技术规范》（JGJ 94—2008）采用嵌岩段总极限阻力简化计算。嵌岩段总极限阻力标准值可按如下简化公式计算

$$Q_{rk} = Q_{rs} + Q_{pk} = \zeta_r f_{rk} A_p \tag{4-22}$$

桩端置于完整、较完整基岩的嵌岩桩的单桩竖向极限承载力，由桩端土总侧阻力和嵌岩段总极限阻力组成。当根据岩石单轴抗压强度确定单桩竖向极限承载力标准值时，可按下式计算

$$Q_{uk} = Q_{sk} + Q_{rk} = u \sum q_{sik} l_i + \zeta_r f_{rk} A_p \tag{4-23}$$

式中 Q_{sk}、Q_{rk}——土的总极限侧阻力、嵌岩段总极限阻力，kN；

        q_{sik}——桩周第 i 层土的极限侧阻力，kPa，无当地经验时，可根据成桩工艺按表 4-6 取值；

        f_{rk}——岩石饱和单轴抗压强度标准值，黏土岩取天然湿度单轴饱和抗压强度标准值，kPa；

        ζ_r——嵌岩段侧阻和端阻综合系数，与嵌岩深径比 h_r/d、岩石软硬程度和成艺有关，可按表 4-10 采用。

表 4-10   嵌岩段侧阻和端阻综合系数 ζ_r

嵌岩深径比 h_r/d	0	0.5	1.0	2.0	3.0	4.0	5.0	6.0	7.0	8.0
极软岩、软岩	0.60	0.80	0.95	1.18	1.35	1.48	1.57	1.63	1.66	1.7
较硬岩、坚硬岩	0.45	0.65	0.81	0.90	1.00	1.04	—	—	—	—

注 1. 极软岩、软岩指 $f_{rk} \leqslant 15$MPa，软硬岩、坚硬岩 $f_{rk} > 30$MPa，介于二者之间可内插取值。

    2. h_r 为桩身嵌岩深度，当岩面倾斜时，以坡下方嵌岩深度为准；当 h_r/d 为非表列值时，ζ_r 可内插取值。

（6）后注浆灌注桩。后注浆灌注桩单桩极限承载力计算模式与普通灌注桩相同，区别在于侧阻力和端阻力以增强系数 β_{si} 和 β_p。β_{si} 和 β_p 总的变化规律是：端阻的增幅高于侧阻，粗粒土的增幅高于细粒土。桩端、桩侧复式注浆高于桩端、桩侧单一注浆。这是由于端阻受沉渣影响敏感，经后注浆沉渣得到加固且桩端有扩底效应，桩端沉渣和土的加固效应强于桩侧泥皮的加固效应；粗粒土是渗透注浆，细粒土是劈裂注浆，前者的加固效应强于后者。

后注浆单桩极限承载力标准值可按下式估算

$$Q_{uk} = Q_{sk} + Q_{gsk} + Q_{gpk} = u \sum q_{sjk} l_j + u \sum \beta_{si} q_{sik} l_{gi} + \beta_p q_{pk} A_p \tag{4-24}$$

式中 Q_{sk}——后注浆非竖向增强段的总极限侧阻力，kN；

        Q_{gsk}——后注浆竖向增强段的总极限侧阻力，kN；

        Q_{gpk}——后注浆总极限端阻力，kN；

        l_j——后注浆非竖向增强段第 j 层土厚度，m；

        l_{gi}——后注浆竖向增强段内第 i 层土厚度：对于泥浆护壁成孔灌注桩，当为单一

桩端后注浆时，竖向增强段为桩端以上 12m；当为桩端、桩侧复式注浆时，竖向增强段为桩端以上 12m 及各桩侧注浆断面以上 12m，重叠部分应扣除；对于干作业灌注桩，竖向增强段为桩端以上、桩侧注浆断面上下各 6m，m；

q_{sjk}、q_{sik}、q_{pk}——后注浆竖向增强段第 i 土层初始极限侧阻力标准值、非竖向增强段第 j 土层初始极限侧阻力标准值、初始极限端阻力标准值，根据表 4 - 6、表 4 - 7 确定，kPa；

β_{si}、β_p——后注浆侧阻力、端阻力增强系数，无当地经验时，可按表 4 - 11 取值，对于桩径大于 800mm 的桩，应按表 4 - 9 进行侧阻和端阻尺寸效应修正。

表 4 - 11　　　　　　　　后注浆侧阻力增强系数 β_{si}、端阻力增强系数 β_p

土层名称	淤泥 淤泥质土	黏性土 粉土	粉砂 细砂	中砂	粗砂 砾砂	砾石 卵石	全风化岩 强风化岩
β_{si}	1.2～1.3	1.4～1.8	1.6～2.0	1.7～2.1	2.0～2.5	2.4～3.0	1.4～1.8
β_p	—	2.2～2.5	2.4～2.8	2.6～3.0	3.0～3.5	3.2～4.0	2.0～2.4

注　干作业钻、挖孔桩，按表列值乘以小于 1.0 的折减系数。当桩端持力层为黏性土或粉土时，折减系数取 0.6；为砂土或碎石土时，取 0.8。

4.4.5　按静力触探法确定单桩竖向承载力标准值

静力触探是将圆锥形的金属探头，以静力方式按一定的速率均匀压入土中。借助探头的传感器，测出探头侧阻力 f_s 及端阻力 q_c。探头由浅入深测出各种土层的参数后，即可算出单桩承载力。根据探头构造的不同，又可分为单桥探头、双桥探头和三桥探头。

双桥探头（圆锥面积 15cm，锥角 60°，摩擦套筒高 21.85cm，侧面积 300cm²）根据静力触探探头贯入土中平均侧阻 f_{si} 和加权平均端阻 q_c 进行估算

$$Q_{uk} = \alpha q_c A_p + u \sum \beta_i f_{si} l_i \qquad (4 - 25)$$

式中　q_c——桩端平面上、下探头阻力，kPa，取桩端平面以上 $4d$ 范围内探头阻力加权平均值，再与桩端平面以下 d 范围内的探头阻力进行平均；

α——桩端阻力修正系数，对黏性土、粉土取 2/3，饱和砂土取 1/2；

f_{si}——第 i 层土的探头平均侧阻力，kPa；

β_i——第 i 层土桩侧阻力综合修正系数，按下式计算

黏性土、粉土

$$\beta_i = 10.04(f_{si})^{-0.55} \qquad (4 - 26)$$

砂土

$$\beta_i = 5.05(f_{si})^{-0.45} \qquad (4 - 27)$$

4.4.6　单桩竖向承载力特征值的确定

《建筑桩基技术规范》（JGJ 94—2008）规定，单桩竖向承载力特征值 R_a 按下式确定

$$R_a = \frac{1}{K} Q_{uk} \qquad (4 - 28)$$

式中　Q_{uk}——单桩竖向极限承载力标准值；

K——安全系数，取 $K = 2$。

【**例 4 - 2**】 某混凝土预制桩，桩径 400mm，桩长 10m。各土层分布情况如图 4 - 18 所示，试确定单桩的竖向承载力标准值和单桩承载力特征值。

解 （1）桩侧极限侧阻力标准值 q_{sik}、桩的极限端阻力标准值 q_{qk}。

因桩为非大直径桩，查表可得各层土的桩侧极限侧阻力值。

查表 4 - 6 可得，黏性土层：$I_L = 0.75$，$q_{s1k} = 55kPa$；粉质黏土层：$I_L = 0.6$，内插法得 $q_{s2k} = 64kPa$。

桩端位于粉质黏土中，$I_L = 0.6$；查表 4 - 7 得桩极限端阻力标准值 $q_{pk} = 1880kPa$（按 I_L 内插）。

（2）单桩的竖向承载力标准值 Q_{uk}、单桩承载力特征值 R_a。

$$Q_{uk} = Q_{sk} + Q_{pk} = u \sum q_{sik} l_i + q_{pk} A_p$$

$$Q_{uk} = 0.4 \times \pi \times (55 \times 8 + 64 \times 2) + 1880 \times \frac{\pi}{4} \times 0.4^2 = 949.5 (kN)$$

$$R_a = \frac{1}{K} Q_{uk} = \frac{1}{2} \times 949.5 = 474.8 (kN)$$

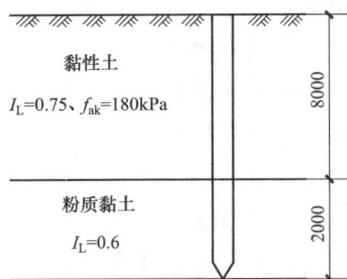

图 4 - 18 ［例 4 - 2］图

黏性土 $I_L = 0.75$，$f_{ak} = 180kPa$ 8000

粉质黏土 $I_L = 0.6$ 2000

4.5 群桩竖向承载力验算

群桩基础是指同一承台下的桩数≥2 根的桩基础，群桩基础中的每根桩称为基桩。群桩是若干个基桩的集合体。

4.5.1 群桩的工作特点

竖向荷载作用下的群桩基础，由于桩、土和承台之间的相互作用，其基桩的承载力和沉降性状往往与相同地质条件和设置方法下的同尺寸单桩有着显著差别。群桩基础的承载力（Q_q）不等于各单桩承载力之和（$\sum Q_i$），沉降也不同，称为群桩效应。群桩效应受土性、桩距、桩数、桩的长径比、桩长与承台宽度比、成桩类型和排列方式等多个因素的影响而变化。

1. 端承型群桩基础

由于端承型桩基持力层坚硬，桩顶沉降较小，桩侧摩阻力不易发挥，桩顶荷载基本上通过桩身直接传到桩端处土层上。而桩端处承压面积很小，各桩端的压力彼此互不影响（图 4 - 19），因此，可近似认为端承型群桩基础中各基桩的工作性状与单桩基本一致。同时，由于桩的变形很小，桩间土基本不承受荷载，群桩基础的承载力就等于各单桩的承载力之和，群桩的沉降量也与单桩基本相同。因此，端承型群桩基础可不考虑群桩效应。

2. 摩擦型群桩基础

摩擦型群桩主要通过每根桩侧的摩擦阻力将上部荷载传递到桩周及桩端土层中，且一般假定桩侧摩阻力在土中引起的附加应力 σ_z 按某一角度，沿桩长向下扩散分布至桩端平面处，压力分布如图 4 - 20 中阴影部分所示。

（1）当桩数较少，桩中心距 s_a 较大时，如 $s_a \geq 6d$，桩端平面处各桩传来的压力互不重叠或重叠不多［图 4-20(a)］，此时群桩中各桩的工作情况与单桩的一致，故群桩的承载力等于各单桩承载力之和。

（2）当桩数较多，桩距较小时，如桩距 $s_a=(3\sim4)d$ 时，桩端处地基中各桩传来的压力将相互重叠［图 4-20(b)］。桩端处压力比单桩时大得多，桩端以下压缩土层的厚度也比单桩要大，此时群桩中各桩的工作状态与单桩的迥然不同，其承载力小于各单桩承载力之总和，沉降量则大于单桩的沉降量。显然若限制群桩的沉降量与单桩沉降量相同，则群桩中每一根桩的平均承载力就比单桩时要低，故应考虑群桩效应。

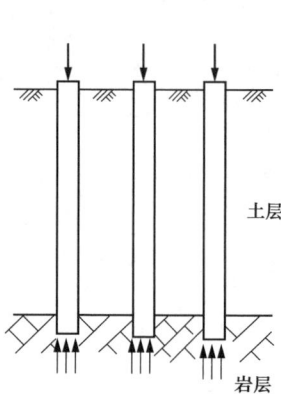

图 4-19 端承型群桩

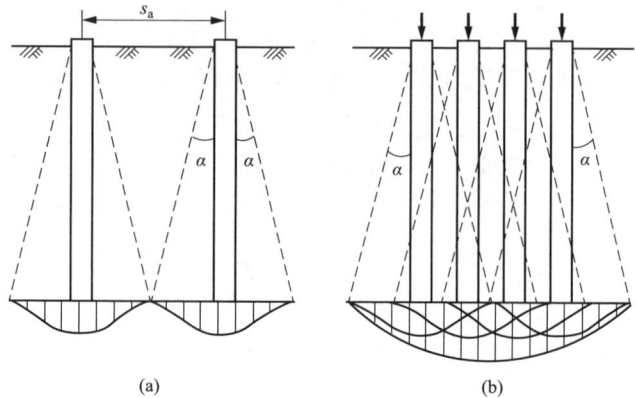

图 4-20 摩擦型群桩桩端处应力分布图

4.5.2 承台下土对荷载的分担作用

桩基础设计的一个较重要问题是：承台底面下的桩间土是否分担荷载。

传统方法认为，荷载全部由桩承担，承台底面桩间土不分担荷载，这种考虑是偏于安全的。现在研究表明，除了几种情况外，承台下桩间土是可以承担部分荷载的。

1. 复合桩基

对于摩擦型桩基，承受竖向荷载而沉降时，承台底桩间土一般会产生土反力，从而分担荷载，桩基的承载力随之提高。这种由基桩和承台下地基土共同承担荷载的桩基础，称为复合桩基。复合桩基中的基桩，称为复合基桩。复合基桩承载力中含有承台底土反力。

2. 产生复合桩基的条件

（1）摩擦型群桩。

（2）群桩整体下沉。桩端必须贯入持力层促使群桩整体下沉。

（3）承台底面与土保持接触。桩身受荷后压缩变形，产生桩土相对滑移，从而使承台底面与土保持接触，使得承台底部土体产生反力。

如果上述条件不满足，承台与承台底部的土体就要脱空，承台下土体就不参与工作（不产生反力），这种桩基础不是复合桩基，称为非复合桩基。

因此判断桩基础是不是复合桩基，关键取决于承台底面与土保持接触还是脱开。

设计复合桩基础应注意：以桩基础的整体下沉为前提，只有在桩基础沉降不会危及建筑物的安全和正常使用的条件下，才可以进行复合桩基础设计。按照复合桩基设计时，《建筑桩基技术规范》（JGJ 94—2008）以承台底土的分担作用——承台效应，反映群桩效应影响。

3. 非复合桩基

根据实际工程观测,在下列条件下,将出现间土与承台脱空的情况,因而属于非复合桩基础,也就不能考虑承台下土对荷载的分担作用。

(1) 经常承受动力作用的桩基础,如铁路桥梁的桩基础。

(2) 承台下存在可能产生负摩擦力的土层,如湿陷性黄土、欠固结土、新填土、高灵敏度软土以及可液化土,另外由于降水地基土固结而与承台脱开也将导致负摩擦力产生。

(3) 在饱和软土中沉入密集桩群,引起超静孔隙水压力和土体隆起,或基础周围地面有大量堆积荷载,随着时间推移,桩间土逐渐固结下沉而与承台脱空等。

4.5.3 基桩的竖向承载力特征值

1. 基桩:不考虑承台效应

对于端承型桩基、桩数少于 4 根的摩擦型桩基,或由于地层土性、使用条件等因素不宜考虑承台效应时。基桩竖向承载力特征值取单桩竖向承载力特征值,即

$$R = R_a \tag{4-29}$$

2. 复合基桩:考虑承台效应

对于符合下列条件之一的摩擦型桩基,宜考虑承台效应确定其复合基桩的竖向承载力特征值:

(1) 上部结构整体刚度较好、体型简单的建(构)筑物。

(2) 对差异沉降适应性较强的排架结构和柔性构筑物。

(3) 按变刚度调平原则设计的桩基刚度相对弱化区。

(4) 软土地基的减沉复合疏桩基础。

考虑承台效应的复合基桩竖向承载力特征值计算分不考虑地震作用和考虑地震作用两种。

不考虑地震作用

$$R = R_a + \eta_c f_{ak} A_c \tag{4-30}$$

考虑地震作用

$$R = R_a + \frac{\zeta_a}{1.25} \eta_c f_{ak} A_c \tag{4-31}$$

$$A_c = (A - n A_{ps})/n \tag{4-32}$$

式中　η_c——承台效应系数,可按表 4-12 取值;

　　f_{ak}——承台底 1/2 承台宽度且深度范围≤5m 内各层土的地基承载力特征值按厚度加权的平均值,kPa;

　　A_c——计算基桩所对应的承台底地基土净面积,m^2;

　　A_{ps}——为桩身截面面积,m^2;

　　A——为承台计算域面积:对于柱下独立桩基,A 为承台总面积;对于桩筏基础,A 为柱、墙筏板的 1/2 跨距和悬臂边 2.5 倍筏板厚度所围成的面积;桩集中布置于单片墙下的桩筏基础,取墙两边各 1/2 跨距围成的面积,按条形承台计算 η_c,m^2;

　　ζ_a——地基抗震承载力调整系数,应按表 4-13 采用。

设计复合桩基时应注意:承台分担荷载是以桩基的整体下沉为前提,故只有在桩基沉降不会危及建筑物的安全和正常使用,且承台底不与软土直接接触时,才考虑开发利用承台底土反力的潜力。非复合桩基时,承台效应系数 $\eta_c = 0$。

表 4 - 12　　　　　　　　　　　　　　承台效应系数 η_c

B_c/l ＼ s_a/d	3	4	5	6	＞6
≤0.4	0.06～0.08	0.14～0.17	0.22～0.26	0.32～0.38	0.50～0.80
0.4～0.8	0.08～0.10	0.17～0.20	0.26～0.30	0.38～0.44	
＞0.8	0.10～0.12	0.20～0.22	0.30～0.34	0.44～0.50	
单排桩条形承台	0.15～0.18	0.25～0.30	0.38～0.45	0.50～0.60	

注　1. 表中 s_a/d 为桩中心距与桩径之比；B_c/l 为承台宽度与桩长之比。当计算基桩为非正方形排列时，$s_a=\sqrt{A/n}$，A 为承台计算域面积，n 为总桩数。

　　2. 对于桩布置于墙下的箱、筏承台，η_c 可按单排桩条形承台取值；对单排桩条形承台，若 $B_c<1.5d$，η_c 按非条形承台取值。

　　3. 采用后注浆灌注桩的承台，η_c 取低值。

　　4. 对饱和黏性土中的挤土桩基、软土地基上的桩基承台，η_c 取低值的 0.8 倍。

表 4 - 13　　　　　　　　　　　地震抗震承载力调整系数 ζ_a

岩土名称和形状	ζ_a
岩石、密实的碎石，密实的砾、粗、中砂，$f_{ak}\geq300kPa$ 的黏性土和粉土	1.5
中密、稍密的碎石土，中密和稍密的砾、粗、中砂，密实和中密的细、粉砂，$150kPa\leq f_{ak}<300kPa$ 的黏性土和粉土，坚硬黄土	1.3
稍密的细、粉砂，$100kPa\leq f_{ak}<150kPa$ 的黏性土和粉土，可塑黄土	1.1
淤泥，淤泥质土，松散的砂，杂填土，新近堆积土及流塑黄土	1.0

4.5.4　桩顶作用效应简化计算

桩顶作用效应分为荷载效应和地震作用效应，相应的作用效应组合分为荷载效应标准组合和地震作用效应。

1. 基桩桩顶荷载效应计算

对于一般建筑物和受水平力较小的高大建筑物，当桩基中桩径相同时，通常可假定：承台是刚性的；各桩刚度相同；x，y 轴是桩基平面的惯性主轴。在上述假定条件下，可采用材料力学有关轴心受压、偏心受压公式计算基桩桩顶荷载。

2. 轴心竖向力作用下

$$N_k=\frac{F_k+G_k}{n}\tag{4-33}$$

$$G_k=\gamma_G Ad$$

式中　N_k——荷载效应标准组合轴心竖向力作用下基桩或复合基桩桩顶的竖向力，kN；

　　　　F_k——荷载效应标准组合下作用于承台顶面的竖向力，kN；

　　　　G_k——承台及其上土的自重标准值，kN，地下水位以下部分应扣除水的浮力；

　　　　A——承台底面面积，m^2；

　　　　d——承台埋深，m；

　　　　n——桩基中的基桩总数。

3. 偏心竖向力作用下

竖向荷载作用下，承台传给桩顶的荷载，实际上由桩来承受，故群桩构成的组合截面面

积 $A = nA_i$。利用材料力学偏心受压公式计算。设 x_i、y_i 分别为第 i 根基桩中心到群桩形心的 y、x、主轴线的距离；A_i 为第 i 根基桩横截面面积，I_i 为第 i 根基桩自身主轴的惯性矩；I_x、I_y 分别为群桩组合截面对形心主轴的总惯性矩。

由平行移轴公式，第 i 根基桩对 x、y 轴的惯性矩：$I_{xi} = I_i + y_i^2 A_i$；$I_{yi} = I_i + x_i^2 A_i$。

由于任一基桩的自身主轴惯性矩 $I_i = d^4/12$，由于 d 相对于坐标 x、y 很小，$I_i = d^4/12$ 可近似忽略不计。则群桩组合截面对 x、y 轴的总惯性矩为

$$\left. \begin{aligned} I_x &= \sum I_{xi} = \sum (I_i + y_i^2 A_i) = 0 + \sum y_i^2 A_i = A_i \sum y_i^2 \\ I_y &= \sum I_{yi} = \sum (I_i + x_i^2 A_i) = 0 + \sum x_i^2 A_i = A_i \sum x_i^2 \end{aligned} \right\} \tag{4-34}$$

设 M_{xk}、M_{yk} 分别为作用于承台底面对群桩组合截面的形心主轴的力矩标准值。则群桩组合截面的第 i 根基桩的横截面上的正应力标准值 σ_{ik}，按材料力学偏心受压公式计算

$$\sigma_{ik} = \frac{\dfrac{F_k + G_k}{n}}{A_i} \pm \frac{M_{xk} \cdot y_i}{I_x} \pm \frac{M_{yk} \cdot x_i}{I_y}$$

$$N_{ik} = A_i \sigma_{ik} = \frac{F_k + G_k}{n} \pm \frac{M_{xk} \cdot y_i}{\sum y_i^2} \pm \frac{M_{yk} x_i}{\sum x_i^2} \tag{4-35}$$

$$N_{kmax} = A_i \sigma_{kmax} = \frac{F_k + G_k}{n} + \frac{M_{xk} \cdot y_{max}}{\sum y_i^2} + \frac{M_{yk} \cdot x_{max}}{\sum x_i^2} \tag{4-36}$$

式中　M_{xk}、M_{yk}——荷载效应标准组合下作用于承台底面，通过桩群形心的 x，y 轴的力矩，$kN \cdot m$；

N_{ik}——荷载效应标准组合偏心竖向力作用下第 i 根基桩或复合基桩桩顶的竖向力，kN；

N_{kmax}——荷载效应标准组合偏心竖向力作用下桩顶最大竖向力，kN；

x_i、x_j、y_i、y_j——第 i、j 基桩或复合基桩至 y、x 轴的距离，m；

x_{max}——群桩中最大桩顶竖向力的基桩中心到 y 轴的最大距离，m；

y_{max}——群桩中最大桩顶竖向力的基桩中心到 x 轴的最大距离，m。

4. 水平力作用下

$$H_{ik} = H_k/n \tag{4-37}$$

式中　H_{ik}——荷载效应标准组合下作用于第 i 根基桩或复合基桩的水平力，kN；

H_k——荷载效应标准组合下作用于承台底面的水平力，kN。

4.5.5 基桩竖向承载力验算

根据《桩基础设计规范》（JGJ 94—2008）要求，桩基础中基桩的竖向承载力验算应考虑荷载作用效应标准组合和地震作用于荷载效应的标准组合，须分别满足下列要求。

1. 荷载效应标准组合

承受轴心荷载的桩基，其基桩或复合基桩承载力特征值 R 应符合下式要求

$$N_k \leqslant R \tag{4-38}$$

承受偏心荷载的桩基，除应满足上式要求外，尚应满足下式要求

$$N_{kmax} \leqslant 1.2R \tag{4-39}$$

式中　N_{kmax}——荷载效应标准组合偏心竖向力作用下桩顶最大竖向力，kN；

　　　　R——基桩竖向承载力特征值，kN。

对于 8 度和 8 度以上抗震设防区的高大建筑物低承台桩基，在计算各基桩的作用效应和桩身内力时，可考虑承台（包括地下墙体）与基桩的协同工作和土的弹性抗力作用。

2. 地震作用效应和荷载效应标准组合

在考虑地震作用的地区，应将基桩竖向承载力特征值提高 25%，故：

轴心荷载作用下

$$N_{EK} \leqslant 1.25R \qquad (4-40)$$

偏心荷载作用下，除应满足式（4-40）的要求外，尚应满足

$$N_{EKmax} \leqslant 1.5R \qquad (4-41)$$

式中　N_{EK}——地震作用效应和荷载效应标准组合下，基桩或复合基桩的竖向力，kN；

　　　　N_{EKmax}——地震作用效应和荷载效应标准组合下，基桩或复合基桩的最大竖向力，kN。

【例 4-3】　某建筑有一柱下群桩基础，柱传至顶面的荷载标准值为 $F_k = 2500$kN，$M_k = 300$kN·m。方形混凝土预制桩，采用截面 400mm×400mm，承台埋深 2.0m，桩长 12m。桩基平面布置和土层参数如图 4-21 及表 4-14 所示，考虑承台效应影响，试验算桩基承载力是否满足要求。

表 4-14　　　　　　　　　　　　　土 层 分 布 及 参 数

土层名称	土层厚度（自地表面起算）（m）	桩侧摩阻力标准值 q_{sik}(kPa)	桩端极限端阻力 q_{pk}(kPa)
填土	2.0	—	—
粉质黏土	10.0	25	$f_{ak} = 300$kPa
粉砂	4.0	100	4000
细砂	8.0	45	800

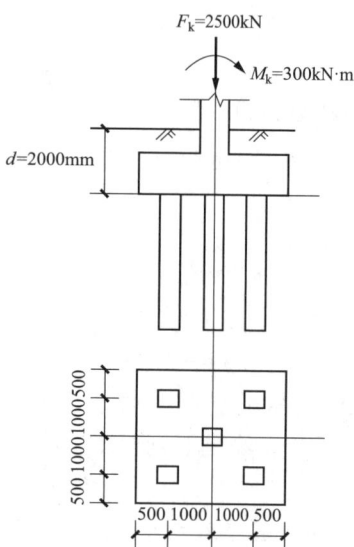

图 4-21　[例 4-3] 桩基
平面布置图

解　基础为偏心荷载作用的桩基础，承台面积为 $A = 3m \times 3m = 9m^2$，承台埋置深度 $d = 2.0$m。

（1）基桩桩顶荷载标准值计算。

$$N_k = \frac{F_k + G_k}{n} = \frac{F_k + \gamma_G A d}{n}$$

$$= \frac{2500 + 20 \times 9 \times 2.0}{5} = 572 \text{(kN)}$$

$$N_{kmax} = \frac{F_k + G_k}{n} + \frac{M_{yk} \cdot x_{max}}{\sum x_i^2}$$

$$= 572 + \frac{300 \times 1.0}{4 \times 1.0^2} = 647 \text{(kN)}$$

（2）复合基桩承载力特征值计算。按规范推荐的经验参数法计算单桩极限承载力标准值桩周长 $u = 0.4 \times 4 = 1.6$（m），桩截面面积 $A_p = 0.4 \times 0.4 = 0.16$（m²）。由表 4-13 查得粉质黏土层、粉砂层的桩极限侧阻力标准值和桩端极限端阻力。单桩竖向极限承载力标准值 Q_{uk} 为

$$Q_{uk} = Q_{sk} + Q_{pk}$$

$$= u \sum q_{sik} l_i + q_{pk} A_p = 0.4 \times 4 \times (25 \times 10 + 100 \times 2) + 4000 \times 0.4 \times 0.4$$

$$= 1360 (kN)$$

单桩竖向承载力特征值 R_a 为

$$R_a = \frac{1}{K} Q_{uk} = \frac{1}{2} \times 1360 = 680 (kN)$$

考虑承台效应，$s_a = \sqrt{A/n} = \sqrt{3 \times 3/5} = 1.34$；$s_a/d = 1.34/0.4 = 3.35$，近似取 $s_a/d = 3$，$B_c/l = 3.0/12.0 = 0.25$。查表 4 - 12，偏于安全取 $\eta_c = 0.06$。

基桩所对应的承台底净面积 A_c 为

$$A_c = \frac{A - nA_{ps}}{n} = \frac{9 - 5 \times 0.16}{5} = 1.64 (m^2)$$

复合基桩竖向承载力特征值 R 为

$$R = R_a + \eta_c f_{ak} A_c = 680 + 0.06 \times 300 \times 1.64 = 709.5 (kN)$$

由此得知 $N_k < R$；$N_{kmax} < 1.2R = 1.2 \times 709.5 = 851.4 (kN)$，桩基承载力满足设计要求。

4.5.6　桩基软弱下卧层承载力验算

当桩基持力层下有软弱下卧层时，使得桩端持力层厚度有限，若设计不当，可能导致持力层因冲剪而破坏，其破坏模式有整体剪切破坏和基桩冲剪破坏两种，如图 4 - 22 所示，故还应包括软弱下卧层承载力验算。

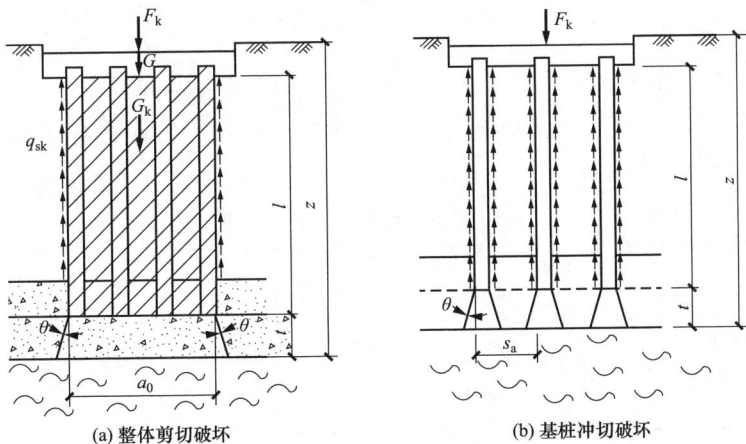

(a) 整体剪切破坏　　　　　　(b) 基桩冲切破坏

图 4 - 22　桩基础软弱下卧层承载力验算图

1. 整体冲剪破坏

对桩距较小 $s_a \leqslant 6d$ 的群桩基础，群桩、桩间土形成如同一体的等效深基础对持力层发生冲剪破坏。整体冲剪主要表现为持力层呈锥台形整体冲剪，其锥面与竖直线成 θ 角。θ 角随持力层与下卧层的压缩模量之比（E_{s1}/E_{s2}）和持力层相对厚度（z/b）而变，如图 4 - 21(a) 所示。整体冲剪验算，将桩基础视为等效深基础进行计算。

2. 基桩冲切破坏

群桩基础若桩距较大 $s_a > 6d$，或是单桩基础，且持力层厚度较小，单桩可能会产生单独冲剪破坏情况，相互之间互不干扰。

3. 软弱下卧层验算

当桩端持力层以下受力层范围内存在承载力低于桩端持力层 1/3 的软弱下卧层时，应进行下卧层的承载力验算。验算时要满足

$$\sigma_z + r_m z \leqslant f_{az} \tag{4-42}$$

式中 σ_z——作用于软弱下卧层顶面的附加应力，kPa；

r_m——软弱层顶面以上各土层重度加权平均值（地下水位以下取浮重度），kN/m³；

z——承台底面至软弱层顶面的深度，m；

f_{az}——软弱下卧层经深度修正（系数取 1.0）的地基承载力特征值，kPa。

（1）对于桩距 $s_a \leqslant 6d$ 的群桩基础，一般按整体冲剪破坏考虑，其等效基础［如图 4-22 所示(a)］阴影部分，其软弱下卧层顶面处竖向附加应力 σ_z 按下式计算

$$\sigma_z = \frac{F_k + G_k - 3/2(a_0 + b_0)\sum q_{sik} l_i}{(a_0 + 2t\tan\theta)(b_0 + 2t\tan\theta)} \tag{4-43}$$

式中 q_{sik}——桩周第 i 层土的极限侧阻力标准值，无当地经验时，可根据成桩工艺查表 4-6；

a_0、b_0——桩群外围桩边包络线内矩形面积的长、短边长，m；

θ——桩端硬持力层应力扩散角，(°)，按表 4-15 取值；

t——桩端至软弱下卧层顶面的距离，m。其余符号意义同前。

（2）对于桩距 $s_a > 6d$ 的群桩基础以及单桩基础［如图 4-22 所示(b)］，都应作为基桩冲剪破坏，其软弱下卧层顶面的竖向附加应力 σ_z 按下式计算

$$\sigma_z = \frac{4(N_k - u\sum q_{sik} l_i)}{\pi(d_e + 2t\tan\theta)} \tag{4-44}$$

式中 N_k——桩顶荷载标准值，kN；

d_e——桩端等代直径（mm），对于圆形桩端，$d_e = d$，对于方形桩，$d_e = 1.13b$（b 为桩的边长）。

表 4-15 桩端硬持力层应力扩散角 θ

E_{s1}/E_{s2}	$t = 0.25B_0$	$t \geqslant 0.50B_0$
1	4°	12°
3	6°	23°
5	10°	25°
10	20°	30°

注 1. E_{s1}、E_{s2} 分别为硬持力层、软弱下卧层的压缩模量。

2. $t < 0.25B_0$ 时，取 $\theta = 0°$，必要时，宜通过试验确定；$0.25B_0 < t < 0.5B_0$ 时，可内插取值。

4.5.7 桩基竖向抗拔承载力及负摩阻力验算

1. 桩基竖向抗拔承载力验算

对于高耸结构物桩基（如高压输电塔、电视塔、微波通信塔等）承受巨大浮托力作用的基础（如地下室、地下油罐、取水泵房等），以及承受巨大水平荷载的桩结构（如码头、桥台、挡土墙等），桩侧部分或全部承受上拔力，这类桩称为抗拔桩，此时尚须验算桩的抗拔承载力。

桩的抗拔承载力主要取决于桩身材料强度及桩与土之间的抗拔侧阻力和桩身自重。《建筑桩基技术规范》（JGJ 94—2008）规定，承受土拔力的桩基，应同时验证群桩基础呈整体破坏和呈非整体破坏时的基桩抗拔承载力，需满足如下要求

整体破坏 $$N_k \leqslant \frac{T_{gk}}{2} + G_{gp} \qquad (4-45)$$

非整体破坏 $$N_k \leqslant \frac{T_{uk}}{2} + G_p \qquad (4-46)$$

式中 N_k——按荷载效应标准组合计算的基桩拔力，kN；

$\quad\quad T_{gk}$——群桩呈整体破坏基桩抗拔极限承载力标准值，kN，按式（4-47）计算；

$\quad\quad T_{uk}$——群桩呈非整体破坏时的基桩抗拔极限承载力标准值，kN，按式（4-48）计算；

$\quad\quad G_{gp}$——群桩基础所包围体积的桩土总自重设计值除以总桩数，地下水位以下取浮重度；

$\quad\quad G_p$——基桩自重设计值，地下水位以下取浮重度，对于扩底桩应按规范确定桩、土柱体周长后计算桩土自重。

整体破坏 $$T_{gk} = \frac{1}{n} u_1 \sum \lambda_i q_{sik} l_i \qquad (4-47)$$

非整体破坏 $$T_{uk} = \sum \lambda_i q_{sik} u_i l_i \qquad (4-48)$$

式中 u_1——桩群外围周长，m；

$\quad\quad \lambda_i$——抗拔系数，按表 4-16 取值；

$\quad\quad n$——总桩数；

$\quad\quad u_i$——桩身周长，等直径桩为 πd，对扩底桩，自桩底起的 $(4\sim10)d$ 范围内取值 πD，其余部分仍取 πd，m。

表 4-16 抗拔系数 λ

土类	λ 值
砂土	0.50～0.70
黏性土、粉土	0.70～0.80

2. 桩基负摩阻力验算

群桩中任一基桩的下拉荷载标准值 Q_g^n，可取单桩下拉荷载 Q_n 乘以负摩阻力群桩效应系数 η_n，即

$$Q_g^n = \eta_n Q_n \qquad (4-49)$$

其中

$$\eta_n = s_{ax} \cdot s_{ay} \Big/ \left[\pi d \left(\frac{q_n}{\gamma_n} \right) + \frac{d}{4} \right] \qquad (4-50)$$

式中 s_{ax}、s_{ay}——纵横向桩的中心距；

$\quad\quad q_n$——中性点以上桩周土层厚度加权平均负摩阻力标准值；

$\quad\quad \gamma_n$——中性点以上桩周土层厚度加权平均重度（地下水位以下取有效重度）。

对于单桩基础，可取 $\eta_n = 1$；当按式（4-50）计算的群桩基础 $\eta_n > 1$ 时，取 $\eta_n = 1$。

当考虑桩侧负摩阻力，验算基桩竖向承载力特征值 R 时，对于摩擦型基桩取桩身计算中性点以上侧阻力为零，按下式验算基桩承载力

$$N_k \leqslant R \qquad (4-51)$$

对端承型基桩除应满足式（4-51）要求外，尚应计入下拉荷载，按下式验算基桩承载力

$$N_k + Q_g^n \leqslant R \qquad (4-52)$$

式（4-51）、式（4-52）中基桩竖向承载力特征值 R 只计中性点以下部分侧阻力值和

端阻力值。

当土层不均匀和建筑物对不均匀沉降较敏感时，尚应将负摩阻力引起的下拉荷载计入附加荷载验算桩基沉降。

4.6 桩基础的沉降计算

桩基础的稳定性好，沉降小而均匀、沉降收敛快，故以往对桩基础沉降很少计算，各种相关规范均以承载力计算作为桩基础设计的主要控制条件，而以变形计算作为辅算。然而，近年来高层建筑越来越高，地质条件也越来越复杂，高层建筑与周围环境关系日益密切，特别是考虑桩-土共同作用、桩间土分担部分荷载后，以沉降作为控制条件。因此，桩基础的沉降计算越来越重要，故《地基基础规范》和《桩基规范》均提了按地基变形控制设计的原则。

4.6.1 需进行桩基础沉降计算

1. 《建筑地基基础设计规范》（GB 50007—2011）规定

（1）地基基础设计等级为甲级的建筑物桩基础。

（2）体形复杂、荷载不均匀或桩端以下存在软弱土层的设计等级为乙级的建筑物桩基。

（3）摩擦型桩基。

2. 《建筑桩基技术规范》（JGJ 94—2008）规定

下列建筑桩基应进行沉降计算：

（1）设计等级为甲级的非嵌岩桩和非深厚坚硬持力层的建筑桩基。

（2）设计等级为乙级的体型复杂、荷载分布显著不均匀或桩端平面以下存在软弱土层的建筑桩基。

（3）软土地基多层建筑减沉复合疏桩基础。

4.6.2 不需进行桩基础沉降计算

《建筑地基基础设计规范》（GB 50007—2011）规定，对下列情况可不作沉降验算：

（1）对嵌岩桩、设计等级为丙级的建筑物桩基、对沉降无特殊要求的条形基础下不超过两排的桩基、起重机工作级别 A5 及 A6 以下的单层工业厂房桩基础，可不用进行沉降验算。

（2）当有可靠地区经验时，对地质条件不复杂、荷载均匀、对沉降无特殊要求的端承型桩基础，也可不进行沉降验算。

4.6.3 桩基沉降验算

1. 等效作用分层总和法

当桩基础符合沉降验算的情况时，需对桩基础进行沉降验算。

目前在工程中计算桩基沉降量，为简化计算，《建筑桩基设计规范》（JGJ 94—2008）采用等效作用分层总和法计算桩基础沉降，该方法适用于桩距小于或等于 6 倍桩径的桩基础。等效作用分层总和法的计算图如图 4-23 所示。等效作用面位于桩端平面，等效作用面积为桩承台投影面积，等效作用附加压力近似取承台底平均附加压力。桩端平面以下地基附加应力按布辛奈斯克解计算。

计算桩基础最终沉降量计算方法和步骤与浅基础沉降量类似，计算桩端平面以下由附加应力引起的压缩层范围内地基的变形量，但计算过程中各土层的压缩模量，按实际的自重应力和附加应力由实验曲线确定；同时，引入桩基等效沉降系数 ψ_e 对沉降计算结果加以修正：

$$s = \psi \cdot \psi_e \cdot s' \qquad (4-53)$$

式中　s——桩基最终沉降量，mm；

　　　s'——按分层总和法计算的桩基沉降量，但桩基沉降计算深度 z 应按应力比法确定，mm；

　　　ψ——桩基沉降计算经验系数，无当地可靠经验时可按《建筑桩基技术规范》（JGJ 94—2008）查取；

　　　ψ_e——桩基等效沉降系数，可按《建筑桩基技术规范》（JGJ 94—2008）有关规定计算。

对于单桩，单排桩、桩中心距大于 $6d$ 的桩基，当承台底地基土分担荷载按复合桩基计算时，可采用 Mindin 解考虑桩径影响，计算基桩引起的附加应力，采用 Boussinesq 解计算承台引起的附加应力，取两者叠加，按单向压缩分层总和法计算该点的最终沉降量，并应计入桩身压缩量，详见《建筑桩基技术规范》（JGJ 94—2008）。

图 4-23　桩基础沉降计算示意图

2. 桩基沉降变形允许值

计算的桩基础沉降变形应满足桩基础的变形允许值，表 4-17 为《建筑桩基技术规范》（JGJ 94—2008）给出的变形允许值，对于此表中未包括的建筑桩基沉降变形允许值，应根据上部结构对桩基沉降变形的适应能力和使用要求确定。《建筑地基基础规范》给出的软弱土层变形允许值与《建筑桩基技术规范》（JGJ 94—2008）略有差别，但基本相同，在此不再赘述。

表 4-17　　　　　　　　　　　　建筑桩基沉降变形允许值

变形特征		允许值
砌体承重结构基础的局部倾斜		0.002
各类建筑相邻柱（墙）基的沉降差		
（1）框架、框架-剪力墙、框架-核心筒结构		$0.002l_0$
（2）砌体墙填充的边排柱		$0.0007l_0$
（3）当基础不均匀沉降时不产生附加应力的结构		$0.005l_0$
单层排架结构（柱距为 6m）柱基的沉降量（mm）		120
桥式吊车轨面的倾斜（按不调整轨道考虑）		
横向		0.003
纵向		0.004
多层和高层建筑的整体倾斜	$H_g \leqslant 24$	0.004
	$24 < H_g \leqslant 60$	0.003
	$60 < H_g \leqslant 100$	0.0025
	$H_g > 100$	0.002
高耸结构桩基的整体倾斜	$H_g \leqslant 20$	0.008
	$20 < H_g \leqslant 50$	0.006
	$50 < H_g \leqslant 100$	0.005
	$100 < H_g \leqslant 150$	0.004
	$150 < H_g \leqslant 200$	0.003
	$200 < H_g \leqslant 250$	0.002

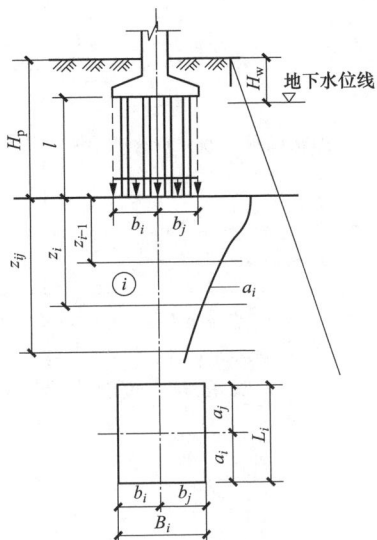

续表

变形特征		允许值
高耸结构基础的沉降量（mm）	$H_g \leqslant 100$	350
	$100 < H_g \leqslant 200$	250
	$200 < H_g \leqslant 250$	150
体形简单的剪力墙结构 高层建筑桩基最大沉降量		200

注　1. l_0 为相邻柱基的中心距离（mm）；H_g 为自室外地面起算的建筑物高度（m）；

　　2. 倾斜是指基础倾斜方向两端点的沉降差与其距离的比值；

　　3. 局部倾斜指砌体承重结构沿纵向 6~10m 内基础两点的沉降差与其距离的比值。

4.7　单桩的水平承载力

建筑工程中的桩基础大多以承受竖向荷载为主，但在风荷载、地震荷载，机械制动荷载或土压力、水压力等作用下，也将承受一定的水平荷载。尤其是桥梁工程中的桩基，除了满足桩基的竖向承载力要求之外，还必须对桩基的水平承载力进行验算。

4.7.1　水平荷载作用下桩的受力特点

在水平荷载和弯矩作用下，桩身产生横向位移或挠曲变形，并挤压桩侧土体，同时，土体则对桩侧产生水平抗力，产生侧向土抗力，桩土共同作用。而桩周土体水平抗力的大小则控制着竖直桩的水平承载力，其大小和分布与桩的变形、土质条件以及桩的入土深度等因素有关。在出现破坏以前，桩身的水平位移与土的变形是协调的，相应地，桩身产生内力。随着位移和内力的增大，对于低配筋率的灌注桩而言，通常桩身首先出现裂缝，然后断裂破坏；对于抗弯性能好的混凝土预制桩，桩身虽未断裂，但桩侧土体明显开裂和隆起，桩的水平位移将超出建筑物容许变形值，使桩处于破坏状态。为确定桩的水平承载力，根据桩的刚度与入土深度不同，根据桩的无量纲入土深度 αh [α 为桩的水平变形系数，见式（4-58）] 将桩分为刚性桩和柔性桩。

1. 刚性桩（$\alpha h \leqslant 2.5$）

刚性桩因入土较浅，而表层土的性质一般较差，桩的刚度远大于土层的刚度，桩身产生刚体转动或平移，桩周土体水平抗力较小，水平荷载作用下整个桩身易被推倒或发生倾斜 [图 4-24(a)]，故桩的水平承载力主要由桩的水平位移和倾斜控制。桩的入土深度越大，土的水平抗力也就越大。

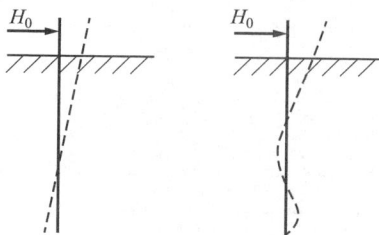

(a) 刚性桩　　　(b) 柔性桩

图 4-24　受水平荷载的单桩变形图

2. 柔性桩（$\alpha h > 2.5$）

柔性桩为细长的杆件，在水平荷载作用下，将形成一段嵌固的地基梁，桩的变形如图 [4-24(b)] 所示。桩的刚度小于土层的刚度，在水平荷载作用下，桩身产生挠曲变形，其侧向位移随着入土深度增大而逐渐减小，以致达到一定深度后，几乎不受荷载影响。随着水平位移的不断增大，会在桩身某点弯矩超过截面抵抗矩或土体屈服失去稳定。因此，桩的水平承载力将由桩身水平位移及最大弯矩值所控制。

确定单桩水平承载力的方法，以水平静载荷试验最能反映实际情况，所得到的承载力和地基土水平抗力系数最符合实际情况，若预先埋设测量元件，还能反映出加荷过程中桩身截面的内力和位移。此外，也可采用理论计算，根据桩顶水平位移容许值，或材料强度、抗裂度验算等确定，还可参照当地经验加以确定。

4.7.2 单桩水平静载荷试验

对于受横向荷载较大的甲级、乙级建筑物桩基，单桩水平承载力特征值应通过单桩水平静载荷试验确定。

1. 试验装置

一般采用千斤顶施加水平力，力的作用线应通过工程桩基承台标高处，千斤顶与试桩接触处宜设置一球形铰座，以保证作用力能水平通过桩身轴线。桩的水平位移宜用大量程百分表测量，若需测定地面以上桩身转角时，在水平力作用线以上500mm左右还应安装1只或2只百分表（图4-25）。固定百分表的基准桩与试桩的净距不少于1倍试桩直径。

2. 试验加载方法

加荷方法主要由两种：单向循环加荷法和连续加荷法。对于承受反复作用的水平荷载的桩基础，一般常用循环加荷法，该方法特点是反复多次加荷，

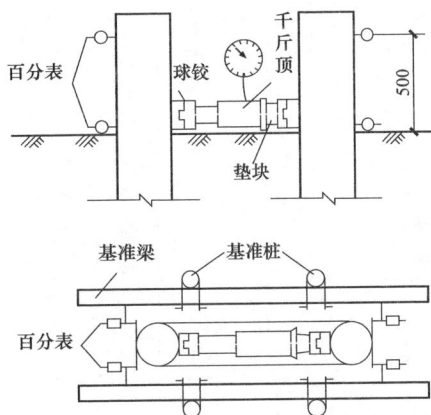

图 4-25 单桩水平静载荷试验

又称为单向多循环加卸载法；对于受长期水平荷载的桩基础，可采用连续加荷法，又称为慢速维持荷载法。

荷载要分级施加，每级荷载增量约为预估水平极限承载力的 $1/15 \sim 1/10$，根据桩径大小并适当考虑土层软硬，对于直径 $300 \sim 1000mm$ 的桩，每级荷载增量可取 $2.5 \sim 20kN$。单向循环加荷法加载方法为：每级荷载施加后，恒载4min测读水平位移，然后卸载至零，停2min测读残余水平位移，或者加载、卸载各10min，如此循环5次，再施加下一级荷载。

3. 终止加载条件

当出现下列情况之一时，可终止试验：

(1) 桩身折断；

(2) 桩侧地表出现明显裂缝或隆起；

(3) 桩顶水平位移超过 $30 \sim 40mm$（软土取 $40mm$）；

(4) 水平位移达到设计要求的水平位移允许值。

4. 试验成果整理

根据试验结果可绘制桩顶水平荷载-时间-桩顶水平位移（$H_0 - t - x_0$）曲线（图4-26）及水平荷载—位移梯度（$H_0 - \Delta x_0/\Delta H$）曲线 [图4-27(a)]。当具有桩身应力测量资料时，尚应绘制应力沿桩身分布图及水平荷载与最大弯矩截面的钢筋应力（$H_0 - \sigma_g$）曲线 [图4-27(b)]。

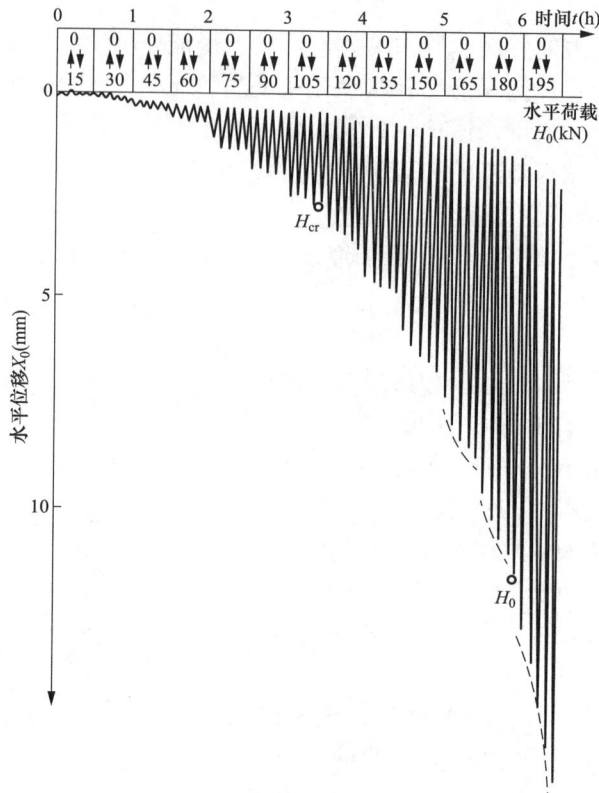

图 4 - 26　单桩水平静载荷试验 $H_0 - t - x_0$ 曲线

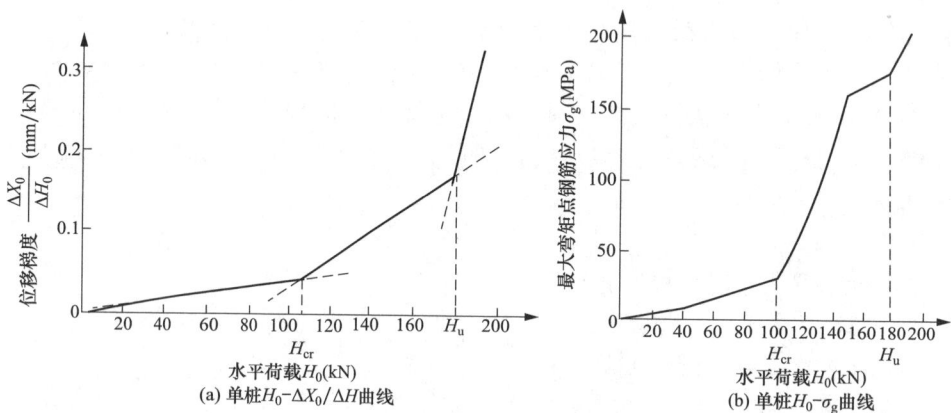

图 4 - 27　单桩水平静载荷试验

5. 单桩水平临界荷载 H_{cr} 与水平极限荷载 H_u 的确定

单桩水平临界荷载是指相当于桩身即将开裂、受拉区混凝土不参加工作时的桩顶最大水平荷载值，一般用 H_{cr} 表示。水平极限荷载是相当于桩身应力达到强度极限时的桩顶水平力，一般用 H_u 表示。二者可按下列方法综合确定：

（1）桩顶水平荷载 - 时间 - 桩顶水平位移（$H_0 - t - x_0$）曲线。取曲线出现突变点（相同荷载增量的条件下出现比前一级明显增大的位移增量）的前一级荷载为 H_{cr}；出现明显陡降的前一级荷载为极限荷载 H_u。

(2) 水平力—位移梯度 ($H_0 - \Delta x_0 / \Delta H$) 曲线。取曲线的第一直线段的终点对应的荷载为 H_{cr}；第二直线段终点所对应的荷载为 H_u。

(3) 水平力—钢筋应力曲线 ($H_0 - \sigma_g$)。取曲线第一突变点对应的荷载为 H_{cr}；桩身折断或钢筋达到流限的前一级荷载所对应的荷载为 H_u。

6. 单桩水平承载力特征值 R_{ha} 的确定

(1) 受水平荷载较大的甲、乙级桩基础，单桩水平承载力特征值 R_{ha} 应通过单桩水平静载荷实验确定。

(2) 对钢筋混凝土预制桩、钢桩、桩身截面配筋率不小于 0.65% 的灌注桩，可根据静载荷试验取地面处水平位移为 10mm（对水平位移敏感的建筑物取 $x_0 = 6mm$）所对应荷载的 75% 为单桩水平承载力特征值 R_{ha}。

(3) 对于桩身配筋率小于 0.65% 的灌注桩，可单桩水平临界荷载 H_{cr} 的 75% 为单桩水平承载力特征值 R_{ha}。

(4) 当缺少单桩水平静载荷试验资料时，可参照《建筑桩基技术规范》（JGJ 94—2008）相应近似公式估算桩身配筋率小于 0.65% 的灌注桩的单桩水平承载力特征值。

4.7.3 水平荷载下基桩的内力与位移计算

水平荷载下基桩除应进行水平承载力验算，还应满足桩身受弯承载力和受剪承载力的验算。因此，需要对水平受荷桩进行内力及变形计算。

1. 弹性地基梁法

国内外学者关于水平荷载下桩的内力分析方法提出了很多种。目前，我国最常用的是弹性地基梁法。该法将土体视为弹性体，用梁的弯曲理论来求解桩的内力。

在水平荷载作用下，桩身的水平位移及转动挤压桩身侧向土体，侧向土体必然对桩产生水平抗力，它起抵抗外力和稳定桩基础的作用，土的这种作用力称为土的弹性水平抗力 σ_x。按照弹性地基梁的基本假设，任一深度 z 处的土的水平抗力 σ_x 与桩的水平位移 x 成正比，即

$$\sigma_x = k_h x \qquad (4-54)$$

式中 k_h——地基水平抗力系数（简称"基床系数""地基系数"），它表示单位面积土在弹性限度内产生单位变形时所需施加的力，单位为 kN/m³，$k_h = kz^n$。

这种假定实际上不考虑桩土之间的摩阻力，也不考虑邻桩的影响，地基梁相当于互不相关的弹簧，桩土变形协调。这种梁又称为文克尔梁，这种方法又称为文克尔地基梁法。

2. 地基水平抗力系数的确定

地基水平抗力系数 k_h 的大小与地基土的类别及性质有关，而且随深度变化。根据 k_h 的变化规律，目前根据对 n 的假定不同，有四种确定地基土水平抗力系数 k_h 较为常用，如图 4-28 所示。

(1) 常数法。假定地基水平抗力系数 k_h 沿深度均匀分布，即 $n=1$，$k_h = k$。这是我国学者张有龄在 20 世纪 30 年代提出的方法，我国常用此法来分析基坑支护结构。

(2) "k"法。假定地基水平抗力系数在第一弹性零点 t 处以上按抛物线分布，以下保持为常数。该法较为烦琐，应用较少。

(3) "m"法。假定地基水平抗力系数随深度呈线性增加，即 $n=1$，$k=m$，$k_h = mz$。此方法在建筑工程和公路桥涵的桩基设计中逐渐推广。

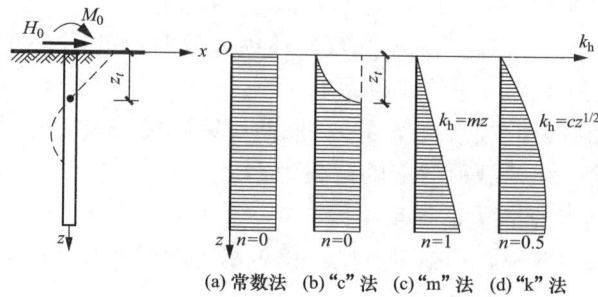

图 4 - 28　地基水平抗力系数的分布图

（4）"c"法。假定地基水平抗力系数随深度呈抛物线增加，即 $n=0.5$，$k=c$，$k_h=cz^{1/2}$，该方法多用于公路桥涵的桩基设计。

实测资料表明，桩的水平位移较大时，"m"法计算结果较接近实际；当桩的水平位移较小时，"c"法比较接近实际。目前，我国各规范均推荐使用"m"法，故下面仅简单介绍"m"法。

3．"m"法

（1）计算参数。

1）m 值。按"m"法计算时，如果无实测资料时，地基水平抗力系数中的比例系数 m 值可参考表 4 - 18 选取。表中同时列出了相应的桩顶水平位移值。当桩侧为多层土，应将土层主要影响深度 $h_m=2(d+1)$ 范围内的 m 值加权平均计算，具体方法见《建筑桩基技术规范》（JGJ 94—2008）。

2）桩截面计算宽度 b_1。单桩在水平荷载作用下所引起的桩周土的抗力不仅分布于荷载作用平面内，而且受桩截面形状的影响。计算时简化为平面受力，故取桩的截面计算宽度 b_1 为

$$b_1=\begin{cases} k_f(d+1) & , d>1\text{m} \\ k_f(1.5d+0.5) & , d\leqslant 1\text{m} \end{cases} \tag{4-55}$$

式中　k_f——桩的形状系数，方形截面桩 $k_f=1.0$，圆形截面桩 $k_f=0.9$；

　　　　d——桩的直径，方形截面时为桩的边长 b。

3）桩身抗弯刚度。计算桩身抗弯刚度 EI 时，对于钢筋混凝土桩，可取 $EI=0.85E_cI_0$，其中 E_c 为混凝土的弹性模量、I_0 为桩身换算截面惯性矩。

表 4 - 18　　　　　　　　　地基水平抗力系数的比例系数 m 值

序号	地基土类别	预制桩、钢桩		灌注桩	
		m 值 (MN/m⁴)	相应单桩在底面处水平位移（mm）	m 值 (MN/m⁴)	相应单桩在底面处水平位移（mm）
1	淤泥、淤泥质土、饱和湿陷性黄土	2～4.5	10	2.5～6	6～12
2	流塑（$I_L>1$）、软塑（$0.75<I_L\leqslant 1$）状黏性土，$e>0.9$ 粉土，松散粉细砂，松散、稍密填土	4.5～6.0	10	6～14	4～8

序号	地基土类别	预制桩、钢桩		灌注桩	
		m 值 (MN/m⁴)	相应单桩在底面处水平位移（mm）	m 值 (MN/m⁴)	相应单桩在底面处水平位移（mm）
3	可塑（$0.25 < I_L \leqslant 0.75$），湿陷性黄土，$e = 0.75 \sim 0.9$ 粉土，中密填土，稍密细砂	$6.0 \sim 10$	10	$14 \sim 35$	$3 \sim 6$
4	硬塑（$0 < I_L \leqslant 0.25$）、坚硬（$I_L \leqslant 0$）状黏性土，湿陷性黄土，$e < 0.75$ 粉土，中密的中粗砂，密实老填土	$10 \sim 22$	10	$35 \sim 100$	$2 \sim 5$
5	中密、密实的砾砂、碎石类土	—	—	$100 \sim 300$	$1.5 \sim 3$

注 1. 当桩顶水平位移大于表列数值或当灌注桩配筋率较高（$\geqslant 0.65\%$）时，m 值应适当降低；当预制桩的水平位移小于 10mm 时，m 值可适当提高。

2. 当水平荷载为长期或经常出现的荷载时，应将表列数值乘以 0.4 降低采用。

3. 当地基为可液化土层时，表列数值尚应乘以土层液化影响折减系数。

（2）单桩挠曲微分方程及解答。单桩在水平荷载 H_0，弯矩 M_0 和地基水平抗力 $p(z) = b_1\sigma_x$，作用下产生挠曲，其弹性挠曲微分方程为

$$EI \frac{\mathrm{d}^4 x}{\mathrm{d}z^4} + p(z) = 0 \tag{4-56}$$

将 $p(z) = b_1\sigma_x = b_1 mz$ 代入式（4-56），可得桩的挠曲微分方程式为

$$\frac{\mathrm{d}^4 x}{\mathrm{d}z^4} + \frac{mb_1}{EI} zx = 0 \tag{4-57}$$

令

$$\alpha = \sqrt[5]{\frac{mb_1}{EI}} \tag{4-58}$$

式中 α——桩的水平变形系数（m^{-1}），其单位 $1/\mathrm{m}$，将 α 代入式（4-57），可得

$$\frac{\mathrm{d}^4 x}{\mathrm{d}z^4} + \alpha^5 zx = 0 \tag{4-59}$$

根据桩端边界条件，梁的挠度 x 与转角 φ，弯矩 M 与剪力 V 的微分关系，可得解答，从而可求得沿桩身深度 z 处截面的内力及位移，其简化算法表达式为

位移 $\quad x_z = \dfrac{H_0}{\alpha^3 EI} A_x + \dfrac{M_0}{\alpha^2 EI} B_x$

转角 $\quad \varphi_z = \dfrac{H_0}{\alpha^2 EI} A_\varphi + \dfrac{M_0}{\alpha EI} B_\varphi$

弯矩 $\quad M_z = \dfrac{H_0}{\alpha} A_M + M_0 B_M$

剪力 $\quad V_z = H_0 A_Q + \alpha M_0 B_Q$

$$\tag{4-60}$$

式中，系数 A_x、B_x、A_φ、B_φ、A_M、B_M、A_Q、B_Q 均可查表 4-19 得到。按式（4-60）可绘出单桩的水平抗力，内力、变位随深度的变化曲线，如图 4-29 所示，由此即可进行桩的设计与验算。

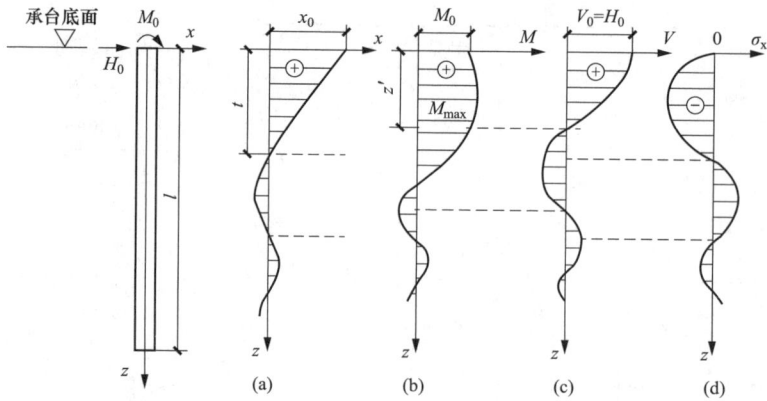

图 4 - 29　水平荷载作用下单桩的挠度 x、弯矩 M、剪力 V 和水平抗力 σ_x 的分布图

（3）桩顶水平位移。桩顶水平位移是控制基桩水平承载力的主要因素，且桩的无量纲深度不同，桩端约束条件不同，其水平荷载下的工作性状也不同。表 4 - 19 给出了基桩不同无量纲深度及桩端约束条件下的位移系数 A_x 和 B_x，将其代入式（4 - 60）即可求出桩顶的水平位移。

（4）桩身最大弯矩及其位置。要设计桩截面配筋，最关键的是求出桩身最大弯矩值 M_{max} 及其相应的截面位置。根据最大弯矩截面剪应力为零的条件，可导得其无量纲法计算过程如下：

先计算 $C_D = \alpha M_0 / H_0$，查表 4 - 20 得相应的换算深度 $\bar{z}(\alpha z)$，则最大弯矩截面的深度 z_0 为

$$z_0 = \frac{\bar{z}}{\alpha} \tag{4 - 61}$$

表 4 - 19　　　　　　　　　　　**长桩的内力和变形计算系数**

αz	A_x	B_x	A_φ	B_φ	A_M	B_M	A_Q	B_Q
0.0	2.4407	1.6210	−1.6210	−1.7506	0.0000	1.0000	1.0000	0.0000
0.1	2.2787	1.4509	−1.6160	−1.6507	0.0996	0.9997	0.9883	−0.0075
0.2	2.1178	1.2909	−1.6012	−1.5507	0.1970	0.9981	0.9555	−0.0280
0.3	1.9588	1.1408	−1.5768	−1.4511	0.2901	0.9938	0.9047	−0.0582
0.4	1.8027	1.0006	−1.5433	−1.3520	0.3774	0.9862	0.8390	−0.0955
0.5	1.6504	0.8704	−1.5015	−1.2539	0.4575	0.9746	0.7615	−0.1375
0.6	1.5027	0.7498	−1.4601	−1.1573	0.5294	0.9586	0.6749	−0.1819
0.7	1.3602	0.6389	−1.3959	−1.0624	0.5923	0.9382	0.5820	−0.2269
0.8	1.2237	0.5373	−1.3340	−0.9698	0.6456	0.9132	0.4852	−0.2709
0.9	1.0936	0.4448	−1.2671	−0.8799	0.6893	0.8841	0.3869	−0.3125
1.0	0.9704	0.3612	−1.1965	−0.7931	0.7231	0.8509	0.2890	−0.3506
1.1	0.8544	0.2861	−1.1228	−0.7098	0.7471	0.8141	0.1939	−0.3844
1.2	0.7459	0.2191	−1.0473	−0.6304	0.7618	0.7742	0.1015	−0.4134
1.3	0.6450	0.1599	−0.9708	−0.5551	0.7676	0.7316	0.0148	−0.4369

αz	A_x	B_x	A_φ	B_φ	A_M	B_M	A_Q	B_Q
1.4	0.5518	0.1079	−0.8941	−0.4841	0.7650	0.6869	−0.0659	−0.4549
1.5	0.4661	0.0629	−0.8180	−0.4177	0.7547	0.6408	−0.1395	−0.4672
1.6	0.3881	0.0242	−0.7434	−0.3560	0.7373	0.5937	−0.2056	−0.4738
1.8	0.2593	−0.0357	−0.6008	−0.2467	0.6849	0.4989	−0.3135	−0.4710
2.0	0.1470	−0.0757	−0.4706	−0.1562	0.6141	0.4066	−0.3884	−0.4491
2.2	0.0646	−0.0994	−0.3559	−0.0837	0.5316	0.3203	−0.4317	−0.4118
2.6	−0.0399	−0.1114	−0.1785	−0.0142	0.3546	0.1755	−0.4365	−0.3073
3.0	−0.0874	−0.0947	−0.0699	−0.0630	0.1931	0.0760	−0.3607	−0.1905
3.5	−0.1050	−0.0570	−0.0121	−0.0829	0.0508	0.0135	−0.1998	−0.0167
4.0	−0.1079	−0.0149	−0.0034	−0.0851	0.0001	0.0001	0.0000	−0.0005

表 4 - 20   确定桩身最大弯矩截面系数 C_D 及最大弯矩系数 C_M

$\bar{z}=\alpha z$	C_D	C_M	$\bar{z}=\alpha z$	C_D	C_M	$\bar{z}=\alpha z$	C_D	C_M
0.0	∞	1.000	1.0	0.824	1.728	2.0	−0.865	−0.304
0.1	131.252	1.001	1.1	0.503	2.299	2.2	−1.048	−0.187
0.2	34.186	1.004	1.2	0.246	3.876	2.4	−1.230	−0.118
0.3	15.544	1.012	1.3	0.034	23.438	2.6	−1.420	−0.074
0.4	8.781	1.029	1.4	−0.145	−4.596	2.8	−1.635	−0.045
0.5	5.539	1.057	1.5	−0.299	−1.876	3.0	−1.893	−0.026
0.6	3.710	1.101	1.6	−0.434	−1.128	3.5	−2.994	−0.003
0.7	2.566	1.169	1.7	−0.555	−0.740	4.0	−0.045	−0.011
0.8	1.791	1.274	1.8	−0.665	−0.530			
0.9	1.238	1.441	1.9	−0.768	−0.396			

注 此表仅适用于 $\alpha h \geqslant 4.0$ 的情况；当 $\alpha h < 4.0$ 时，可查相应规范表格。

由 $\bar{z}$ 查表 4 - 20 可得桩身最大弯矩系数 C_M，即桩身最大弯矩 M_{max} 为

$$M_{max} = C_M M_0 \tag{4-62}$$

一般当桩的入土深度达 $4.0/\alpha$ 时，桩身内力及位移可忽略。在此深度以下，桩身只需按构造配筋或不配钢筋。

【知识拓展】 单桩水平承载力算例见本书二维码中的数字资源。

4.8 桩 基 础 设 计

桩基础的设计应力求选型恰当、经济合理、安全适用，对桩和承台有足够的强度、刚度和耐久性；对地基（主要是桩端持力层）有足够的承载力和不产生过量的变形，其设计内容和步骤如下：

（1）收集设计资料。进行调查研究、场地勘察，收集有关资料。

（2）确定持力层。综合勘察报告、荷载情况、使用要求、上部结构条件等确定桩基持力层。

（3）选择桩材，确定桩的类型、桩的断面形式及外形尺寸和构造，初步确定承台埋深。

（4）确定单桩承载力特征值。

（5）根据上部结构荷载情况，初步拟定桩的数量和平面布置。

（6）根据桩的平面布置，初步拟定承台的轮廓尺寸及承台底标高。

（7）验算作用于单桩上的竖向和水平向荷载。

（8）验算群桩基础承载力，必要时验算桩基础的变形。

桩基础承载力包括：竖向、水平向承载力；桩基础变形包括竖向沉降及水平位移；当桩端下有软弱下卧层时，尚需验算软弱下卧层承载力。

（9）承台的抗弯、抗剪、抗冲切及抗裂等强度计算机结构设计。

（10）绘制桩和承台的结构及施工详图，编写施工设计说明。

4.8.1 收集设计资料

设计桩基之前必须充分掌握设计原始资料，包括建筑类型、荷载、工程地质勘察资料、材料来源及施工技术设备等情况，并尽量了解当地使用桩基的经验。

（1）建筑物相关的资料，包括建筑物类型、规模、使用要求、平面布置、结构类型、荷载分布情况、建筑安全等级及抗震要求等。

（2）建筑场地、建筑环境资料包括建筑场地和周围的平面布置、空中与地下设施管线分布、相邻建筑物基础类型、埋深与安全等级资料，水、电和有关建筑材料的供应条件，周围环境对振动、噪声、地基水平位移等的敏感性及污水、泥浆的排泄条件，废土的处理条件等。

（3）工程地质勘察资料。工程地质、水文地质勘察资料对桩基础设计是十分重要的，包括岩土埋藏条件及物理性质，持力层及软弱下卧层的埋藏深度、厚度等情况，地下水的埋藏深度、变化等情况，并要注意地下水对桩身材料有无腐蚀性等。具体要求可参考《建筑桩基技术规范》（JGJ 94—2008）及其他相应规范，并尽可能了解当地使用桩基础的经验。

（4）施工条件包括施工机械设备条件、沉桩条件、材料来源，动力条件及施工对周围环境的影响等，施工机械设备的进出场及现场运行条件等。

4.8.2 桩型、桩长和截面尺寸选择

1. 桩型选择

桩型的选择是桩基础设计的最基本环节之一。桩型选择的原则：因地制宜、经济合理。可考虑如下因素：

（1）工程地质和水文地质条件。工程地质和水文地质条件是选择桩型的首要条件，所选择的桩型要适应工程地质和水文地质条件。

（2）工程特点。包括建筑物的结构类型、荷载大小及分布、对沉降的敏感性等。荷载大小、施工及设备等是选择桩型时考虑的重要条件。当上部结构传来的荷载大，应选承载力较大的桩型，同时要考虑施工能力、打桩设备等因素，综合选择桩型。

（3）施工对周围环境的影响。桩基础在沉桩过程中容易对周围环境造成振动、噪声、污水、泥浆、地面隆起、土体位移等不良影响，甚至影响周围的建筑物、地下管线设施等安全。在居民生活、工作区周围应尽可能避免使用锤击、振动法沉桩的桩型，当周围环境存在市政管线或危旧房屋时，或对挤土效应较敏感时，就不能使用挤土桩。

（4）考虑工程造价及工期的要求。若选择桩型时，如果满足承载力的桩型有多种时，应选择能保证工期而且施工费用及造价均较小的桩型，从根本上降低工程造价。

（5）经济条件。综合分析上述条件，对所选择的桩型经过经济性、工期、施工的可行性、安全性等比较之后，最后选定桩型要由经济性决定。

2. 桩长的选择（持力层的选择）

桩长指的是自承台底至桩端的距离。在承台底面标高确定后，确定桩长即是选择持力层和确定桩底（端）进入持力层深度的问题。应根据桩基承载力、桩位位置和桩基沉降的要求并结合有关经济指标综合评价确定。

桩的长度主要取决于桩端持力层的选择。桩端最好进入坚硬土层或岩层，采用嵌岩桩或端承桩；当坚硬土层埋藏很深时，则宜采用摩擦型桩基，桩端应尽量到达低压缩性、中等强度的土层上。桩端进入持力层的深度，对于黏性土、粉土不宜小于 $2d$ ，砂类土不宜小于 $1.5d$ ，碎石类土不宜小于 d 。当存在软弱下卧层时，桩端以下硬持力层厚度不宜小于 $3d$ ，嵌岩灌注桩嵌入倾斜的完整和较完整岩的全断面深度不宜小于 $0.4d$ 且不小于 $0.5m$ ；倾斜度大于 30% 的中风化岩，宜根据倾斜度及岩石完整性适当加大嵌岩深度；嵌入平整、完整的坚硬和较坚硬岩的深度不宜小于 $0.2d$ 且不应小于 $0.2m$ 。此外，在桩底下 $3d$ 范围内应无软弱夹层、断裂带、洞穴和空隙分布，尤其是荷载很大的柱下单桩更为如此。一般岩层表面起伏不平，且常有隐伏的沟槽，尤其在碳酸盐类岩石地区，岩面石芽、溶槽密布，桩端可能落于岩面隆起或斜面处，有导致滑移的可能，因此，在桩端应力扩散范围内应无岩体临空面存在，并确保基底岩体的滑动稳定。

当硬持力层较厚且施工条件允许时，桩端进入持力层的深度应尽可能达到桩端阻力的临界深度，以提高桩端阻力。该临界深度值对于砂、砾为 $(3\sim 6)d$ ，对于粉土、黏性土为 $(5\sim 10)d$ 。此外，同一建筑物还应避免同时采用不同类型的桩（如摩擦型桩和端承型桩，但用沉降缝分开者除外）。同一基础相邻桩的桩底标高差，对于非嵌岩端承型桩不宜超过相邻桩的中心距，对于摩擦型桩，在相同土层中不宜超过桩长的 $1/10$ 。

3. 桩的截面尺寸及承台埋深的选择

桩型及桩长初步确定后，可根据混凝土预制桩截面边长不应小于 $200mm$ ；预应力混凝土预制实心桩截面边长不宜小于 $350mm$ ，定出桩的截面尺寸，并初步确定承台底面标高。一般情况下，承台埋深的选择主要从结构要求和冻胀要求考虑，并不得小于 $600mm$ 。若土为季节性冻土，承台埋深要考虑冻胀要求外，还要考虑是否采用相应的防冻害措施；若土为膨胀土，承台埋深要考虑土的膨胀性影响。

4.8.3 桩数及桩位布置

1. 桩的根数

初步估算桩数时，先不考虑群桩效应，根据单桩竖向承载力特征值 R ，当桩基为中心受压时，桩数 n 可按下式估算

$$n \geqslant \frac{F_k + G_k}{R} \tag{4-63}$$

式中 F_k——作用在桩基承台顶面上的竖向力标准值，kN；

G_k——承台及承台上的填土的重力标准值，kN，并对地下水位以下的部分应扣除水的浮力。

偏心竖向荷载作用下，按下式估算桩的数量为

$$n \geqslant \mu \frac{F_k + G_k}{R_a}$$

式中 μ ——偏心竖向荷载作用下，桩的经验系数，可取 $\mu=1.1\sim1.2$ 。

R 是单桩竖向承载力特征值，可暂时不考虑群桩效应和承台底面处地基土参与工作的情况。

计算桩数 n 时，要注意以下几点：

（1）偏心受压时，若桩的布置使得群桩横截面的重心与荷载合力作用点重合，这种情况下，仍可按中心受压基础来考虑，即按照式（4-63）计算桩数。

（2）承受水平荷载的桩基，在确定桩数时还应满足桩水平承载力的要求。

（3）对于高灵敏度的软黏土中，宜采用承载力高、桩距大、桩数少的桩基。

2. 桩的中心距

桩的中心距（桩距）过大，会增加承台的体积，使之造价提高；反之，桩距过小，桩的承载能力不能充分发挥，且给施工造成困难。因此，《建筑桩基技术规范》（JGJ 94—2008）规定：一般桩的最小中心距应符合表4-21规定。对于大面积桩群，尤其是挤土桩，桩的最小中心距还应按表列数值适当加大。

表 4-21　　　　　　　　　　　　　　桩 的 最 小 中 心 距

土类与成桩工艺		排数不少于3排且桩数不少于9根的摩擦型桩	其他
非挤土灌注桩		3.0d	3.0d
部分挤土桩	非饱和土、饱和非黏性土	3.5d	3.0d
	饱和黏性土	4.0d	3.5d
挤土桩	非饱和土、饱和非黏性土	4.0d	3.5d
	饱和黏性土	4.5d	4.0d
沉管夯扩、钻孔挤扩桩	非饱和土、饱和非黏性土	2.2D 且 4.0d	2.0D 且 3.5d
	饱和黏性土	2.5D 且 4.5d	2.2D 且 4.0d
钻孔、挖孔扩底桩		2D 或 D+2.0m（当 D>2m）	1.5D 或 D+1.5m（当 D>2m）

注　1. d 为圆桩直径或方桩边长，D 为扩大端设计直径。

　　2. 当纵横向桩距不相等时，其最小中心距应满足"其他情况"一栏的规定。

　　3. 当端承型桩时，非挤土灌注桩的"其他情况"一栏可减小至 2.5d 。

3. 桩位的布置

桩在平面内可布置成方形（或矩形）、三角形和梅花形［图4-30（a）］。条形基础下的桩，可采用单排或双排布置［图4-30（b）］，也可采用不等距布置。

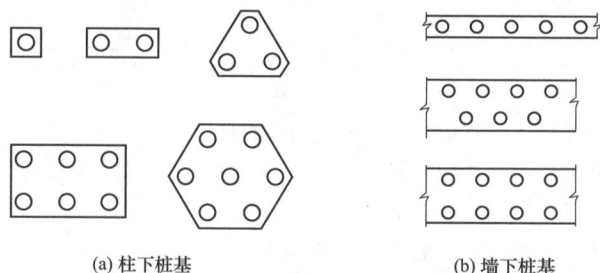

(a) 柱下桩基　　　　　　　　　　　　(b) 墙下桩基

图 4-30　桩的平面布置图

为了使桩基中各桩受力比较均匀，布桩时应尽可能使上部荷载的中心与桩群的横截面形心重合或接近。当作用在承台底面的弯矩较大时，应增加桩基横截面的惯性矩。

对柱下单独桩基和整片式桩基，宜采用外密内疏的布置方式；对横墙下桩基，可在外纵墙之外布设一至两根"探头"桩（图 4 - 31）。此外，在有门洞的墙下布桩应将桩设置在门洞的两侧，梁式或板式基础下的群桩，布置时应注意使梁板中的弯矩尽量减小，即多在柱、墙下布桩，以减少梁和板跨中的桩数。

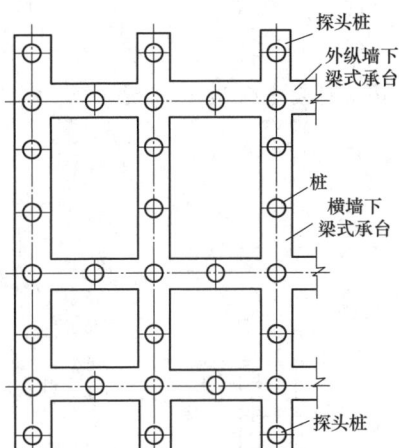

图 4 - 31 墙下"探头"桩布置

4.8.4 承台设计

1. 承台构造基本要求

桩基承台可分为柱下独立承台、柱下或墙下条形承台梁，以及筏板承台和箱形承台等。承台的作用是将桩联结成一个整体，并把建筑物的荷载传到桩上，因而承台应有足够的强度和刚度。

（1）承台平面尺寸。承台的平面尺寸一般由上部结构、桩数及布桩形式决定。通常墙下桩基做成条形承台梁；柱下桩基宜采用板式承台（矩形或三角形），其剖面形状可做成锥形、台阶形或平板形。

承台宽度不应小于 500mm，承台边缘至边桩中心距离不宜小于桩的直径或边长，且边缘挑出部分不应小于 150mm，对于条形承台梁边缘挑出部分不应小于 75mm。条形承台和柱下独立承台的厚度应不小于 300mm。

高层建筑平板式和梁板式筏形承台的最小厚度不应小于 400mm，多层建筑墙下布桩的剪力墙结构筏形承台的最小厚度不应小于 200mm。

高层建筑箱形承台的构造应符合《高层建筑筏形与箱形基础技术规范》（JGJ 6—2011）的规定。

（2）材料要求。承台混凝土强度等级不应低于 C20，采用 HRB400 钢筋时混凝土强度等级不应小于 C25。承台的纵向钢筋的混凝土保护层厚度不应小于 70mm，当有混凝土垫层时，不应小于 50mm。混凝土垫层厚度宜为 100mm，强度等级宜为 C10。

（3）承台的配筋要求。承台的配筋按计算确定，对于矩形承台板配筋宜双向均匀配置[图 4 - 32(a)]，钢筋直径宜不应小于 12mm，间距应满足 100～200mm；柱下独立桩基承台的最小配筋率不应小于 0.15%。对于三桩承台，应按三向板带均匀配置，最里面三根钢筋相交围成的三角形，应位于柱截面范围以内[图 4 - 32(b)]。条形承台梁的纵向主筋应不应小于 12mm，架立筋直径不应小于 10mm，箍筋直径不应小于 6mm；承台梁端部纵向受力钢筋的锚固长度及构造应与柱下多桩承台的规定相同[图 4 - 32(c)]。

在筏形承台板或箱形承台板在计算中当仅考虑局部弯矩作用时，考虑到整体弯曲的影响，在纵横两个方向的下层钢筋配筋率不宜小于 0.15%；上层钢筋应按计算配筋率全部贯通。当筏板的厚度大于 2000mm 时，宜在板厚中间部位设置直径不小于 12mm、间距不大于 300mm 的双向钢筋网。

（4）桩与承台连接。为保证群桩与承台之间连接的整体性，桩顶应嵌入承台一定长度，对大直径桩不宜小于 100mm；对中等直径桩宜不宜小于 50mm。混凝土桩的桩顶主筋应伸入承台内，其锚固长度不宜小于 35 倍主筋直径，对于抗拔桩基，桩顶纵向主筋的锚固长度应按《混凝土标准》确定。

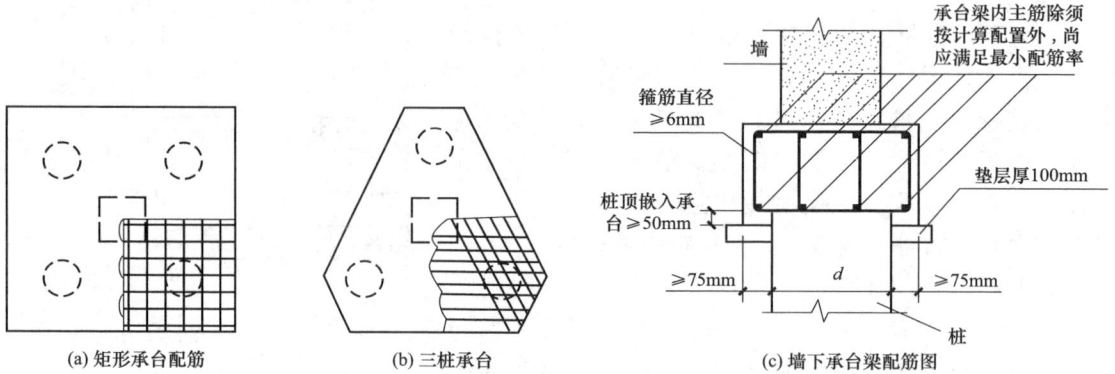

图 4 - 32　承台配筋示意图

2. 承台弯矩计算

模型试验研究表明，柱下独立桩基承台（四桩及三桩承台）在配筋不足的情况下将产生弯曲破坏，其破坏特征呈梁式破坏，最大弯矩与挠曲裂缝产生于柱边截面处，如图 4 - 33 所示。根据极限平衡原理，承台正截面弯矩计算如下：

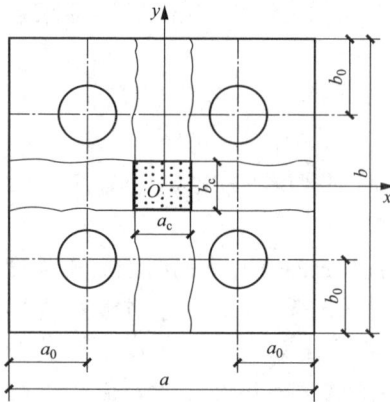

图 4 - 33　四桩承台弯矩破坏模式

（1）多桩矩形承台。多桩矩形承台的计算截面应取在柱边和承台高度变化处（图 4 - 34），垂直于 x 轴和垂直于 y 轴方向的计算截面的弯矩设计值分别为

$$\left.\begin{aligned}M_x &= \sum N_i y_i \\ M_y &= \sum N_i x_i\end{aligned}\right\} \tag{4-64}$$

式中　M_x、M_y——绕 x、y 轴方向计算截面处的弯矩设计值，kN·m；

　　　x_i、y_i——垂直 y 轴和 x 轴方向自桩轴线到相应计算截面的距离，m（图 4 - 34）；

　　　N_i——扣除承台和承台上土自重后，荷载效应基本组合下第 i 根桩竖向净反力设计值，kN。

（2）三桩承台。等边三角形承台，其正截面弯矩设计值［图 4 - 35(a)］为

$$M = \frac{N_{\max}}{3}\left(s_a - \frac{\sqrt{3}}{4}c\right) \tag{4-65}$$

式中　M——通过承台形心至各边边缘正交截面范围内板带的弯矩设计值，kN·m；

　　　$N_{\max}$——扣除承台和承台上土自重设计值后，荷载效应基本组合下三桩中最大竖向净反力设计值，kN；

　　　s_a——桩的中心距，m；

　　　c——方柱边长，圆柱时 $c = 0.8d$。

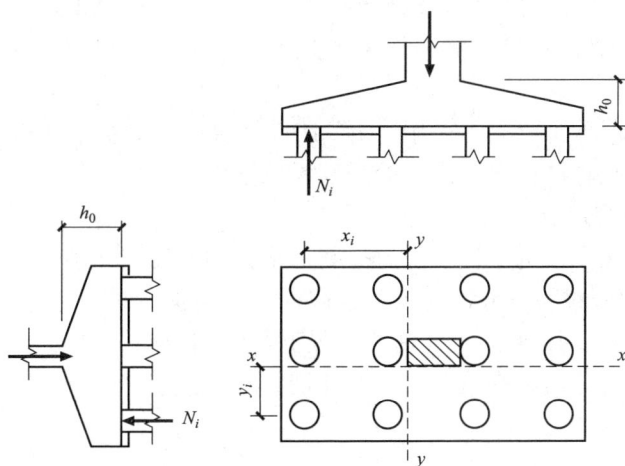

图 4-34 矩形承台弯矩计算示意图

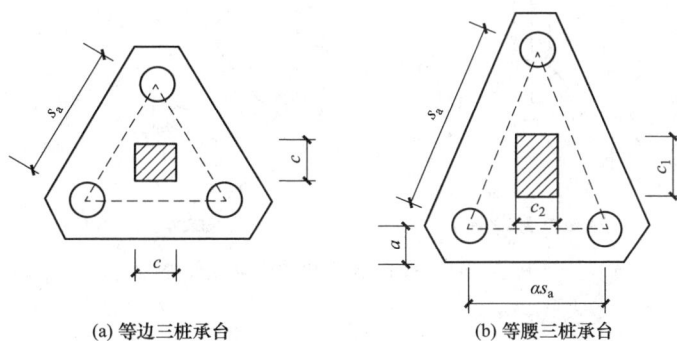

(a) 等边三桩承台   (b) 等腰三桩承台

图 4-35 三桩承台弯矩计算示意图

等腰三角形承台，其正截面弯矩设计值 [图 4-35(b)]：

$$M_1 = \frac{N_{\max}}{3}\left(s_a - \frac{0.75}{\sqrt{4-\alpha^2}}c_1\right) \tag{4-66}$$

$$M_2 = \frac{N_{\max}}{3}\left(\alpha s_a - \frac{0.75}{\sqrt{4-\alpha^2}}c_2\right) \tag{4-67}$$

式中　M_1、M_2——通过承台形心至承台两腰和底边的距离范围内板带的弯矩设计值，kN·m；

　　　　c_1、c_2——垂直于、平行于承台底边的柱截面边长，m；

　　　　α——短向桩中心距与长向桩中心距之比，当 $\alpha < 0.5$ 时，应按变截面的二桩承台设计。

（3）箱形承台。当桩端持力层为基岩、密实的碎石类土、砂土且深厚均匀时，或当上部结构为剪力墙时，当上部结构为框架-核心筒结构且按变刚度调平原则布时，箱形承台底板可仅按局部弯矩作用进行计算。

（4）筏形承台。当桩端持力层深厚坚硬、上部结构刚度较好，且柱荷载及柱间距的变化不超过 20% 时，或当上部结构为框架-核心筒结构且按变刚度调平原则布桩时，可仅按局部弯矩作用进行计算。

（5）柱下条形承台梁。可按弹性地基梁（地基计算模型应根据地基土层特性选取）计算承台梁内弯矩；当桩端持力层深厚坚硬且桩柱轴线不重合时，可视桩为不动铰支座，按连续梁计算。

（6）砌体墙下条形承台梁。可采用"m"法按倒置弹性地基梁计算弯矩和剪力。对于承台上的砌体墙，尚应验算桩顶部位砌体的局部承压强度。

3. 承台厚度抗冲切验算

板式承台的厚度往往由抗冲切承载力控制。承台的冲切破坏主要有两种形式：一是由承台或变阶处沿≥45°斜面拉裂形成冲切破坏锥体；二是角桩对承台边缘形成≥45°的向上的冲切半锥体，如图 4-36 所示。《建筑桩基技术规范》（JGJ 94—2008）要求，桩基承台厚度应满足柱（墙）对承台的冲切和基桩对承台的冲切承载力要求。

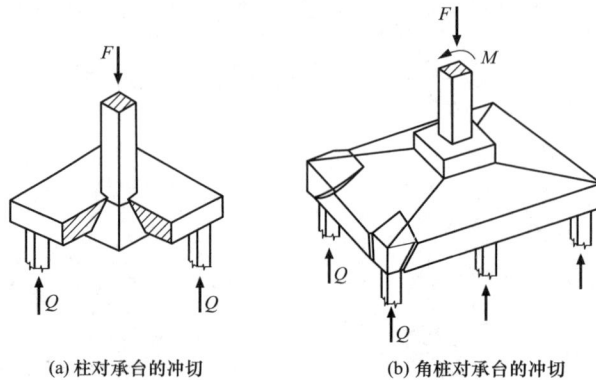

(a) 柱对承台的冲切　　　　(b) 角桩对承台的冲切

图 4-36　板式承台冲切破坏示意图

（1）轴心竖向力作用下桩基承台受柱（墙）的冲切。冲切破坏锥体应采用自柱（墙）边或承台变阶处至相应桩顶边缘连线所构成的锥体，锥体斜面与承台底面之夹角不应小于 45°（图 4-37）。受柱（墙）冲切承载力应满足

$$F_l \leqslant \beta_{hp}\beta_0 u_m f_t h_0 \tag{4-68}$$

$$F_l = F - \sum N_i \tag{4-69}$$

$$\beta_0 = \frac{0.84}{\lambda + 0.2} \tag{4-70}$$

式中　F_l——扣除承台和承台上土自重后，荷载效应基本组合下作用于冲切破坏锥体上的冲切力设计值，kN；

f_t——承台混凝土抗拉强度设计值，kPa；

u_m——冲切破坏锥体有效高度中线周长，m；

h_0——承台冲切破坏锥体的有效高度，m；

β_{hp}——受冲切剪力截面高度的影响系数，当 $h \leqslant 800$mm 时取 $\beta_{hp} = 1.0$，当 $h \geqslant 2000$mm 时取 $\beta_{hp} = 0.9$，其间按线性内插法取值；

β_0——柱（墙）冲切系数；

λ——冲跨比，$\lambda = a_0/h_0$（a_0 为冲跨，即柱边或承台变阶处到桩边的水平距离）；当 $\lambda < 0.25$ 时，取 $\lambda = 0.25$，当 $\lambda > 1.0$ 时，取 $\lambda = 1.0$；

F——扣除承台和承台上土自重后，荷载效应基本组合下作用于柱（墙）底的竖向荷载设计值，kN；

$\sum N_i$——扣除承台和承台上土自重后，荷载效应基本组合下冲切破坏锥体范围内各基桩的净反力设计值之和，kN。

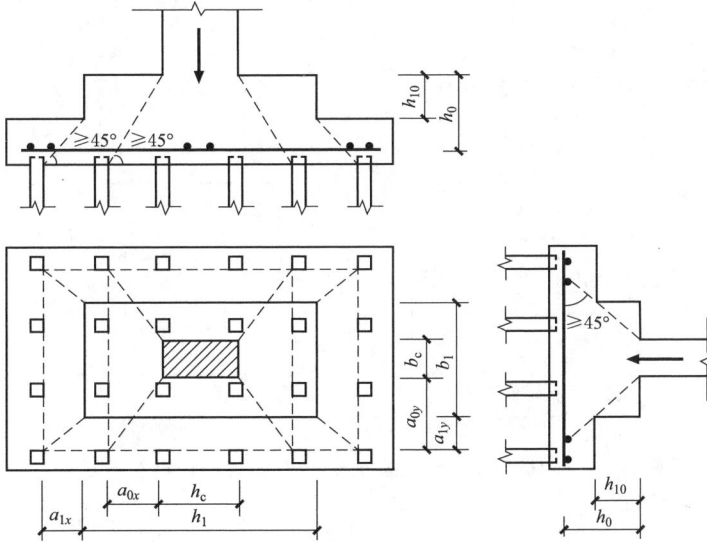

图 4-37　柱对承台的冲切计算示意图

（2）柱下矩形独立承台受柱冲切（图 4-37）。对于柱下矩形独立承台受柱冲切时，冲切力承载力应满足

$$F_l \leqslant 2[\beta_{0x}(b_c + a_{0y}) + \beta_{0y}(h_c + a_{0x})]\beta_{hp}f_t h_0 \qquad (4-71)$$

式中　β_{0x}、β_{0y}——由式（4-70）求得，$\lambda_{0x}=\dfrac{a_{0x}}{h_0}$，$\lambda_{0y}=\dfrac{a_{0y}}{h_0}$，$\lambda_{0x}$，$\lambda_{0y}$ 均应满足其值在 0.25～1.0 范围内的要求；

　　h_c、b_c——x、y 方向的柱截面的边长，m；

　　a_{0x}、a_{0y}——x、y 方向柱边离最近桩边的水平距离，m。

（3）柱下矩形独立阶形承台受上阶冲切（图 4-37）。对于柱下矩形独立阶形承台受上阶冲切承载力应满足

$$F_l \leqslant 2[\beta_{1x}(b_1 + a_{1y}) + \beta_{1y}(h_1 + a_{1x})]\beta_{hp}f_t h_{10} \qquad (4-72)$$

式中　β_{1x}、β_{1y}——由式（4-70）求得，$\lambda_{1x}=\dfrac{a_{1x}}{h_{10}}$，$\lambda_{1y}=\dfrac{a_{1y}}{h_{10}}$，$\lambda_{1x}$，$\lambda_{1y}$ 均应满足其值在 0.25～1.0 范围内的要求；

　　h_1、b_1——x、y 方向的承台上阶的边长，m；

　　a_{1x}、a_{1y}——x、y 方向承台上阶边离最近桩边的水平距离，m。

对于圆柱及圆桩，计算时应将其截面换算成方柱及方桩，即换算柱截面边长 $b_c=0.8d_c$（d_c 为圆柱直径），换算桩截面边长 $b_p=0.8d$（d 为圆桩直径）。

对于柱下两桩承台，宜按深受弯构件（$l_0/h<5.0$，$l_0=1.15l_n$，l_n 为两桩净距）计算

受弯、受剪承载力，不需进行冲切承载力计算。

（4）承台受基桩冲切。对位于柱（墙）冲切破坏椎体以外的基桩，需满足承台受基桩冲切承载力要求。

1）四桩以上（含四桩）承台受角桩冲切的承载力计算（图 4-38）：

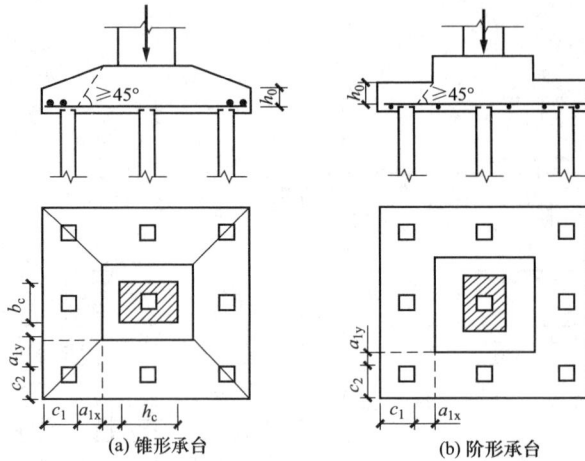

图 4-38　四桩以上（含四桩）承台受角桩冲切计算示意图

$$N_l \leqslant [\beta_{1x}(c_2 + a_{1y}/2) + \beta_{1y}(c_1 + a_{1x}/2)]\beta_{hp} f_t h_0 \qquad (4-73)$$

$$\beta_{1x} = \frac{0.56}{\lambda_{1x} + 0.2} \qquad (4-74)$$

$$\beta_{1y} = \frac{0.56}{\lambda_{1y} + 0.2} \qquad (4-75)$$

式中　N_l——扣除承台和承台上土自重后，荷载效应基本组合下角桩（含复合基桩）反力设计值，kN；

β_{1x}、β_{1y}——角桩冲切系数；

a_{1x}、a_{1y}——从承台底角桩顶内边缘引 45°冲切线与承台顶面相交点至角桩内边缘的水平距离；当柱（墙）边或承台变阶处位于该线以内时，则取有柱（墙）边或承台变阶处与桩内边缘连线为冲切椎体的锥线（图 4-38）；

h_0——承台外边缘的有效高度，m；

λ_{1x}、λ_{1y}——角桩冲跨比，$\lambda_{1x} = a_{1x}/h_0$、$\lambda_{1y} = a_{1y}/h_0$ 其值均应满足 0.25～0.1 的要求。

2）三桩三角形承台受角桩冲切的承载力计算

底部角桩　　　　$$N_l \leqslant \beta_{11}(2c_1 + a_{11})\beta_{hp} \tan\frac{\theta_1}{2} f_t h_0 \qquad (4-76)$$

$$\beta_{11} = \frac{0.56}{\lambda_{11} + 0.2} \qquad (4-77)$$

顶部角桩　　　　$$N_l \leqslant \beta_{12}(2c_2 + a_{12})\beta_{hp} \tan\frac{\theta_2}{2} f_t h_0 \qquad (4-78)$$

$$\beta_{12} = \frac{0.56}{\lambda_{12} + 0.2} \qquad (4-79)$$

式中 a_{11}、a_{12}——从承台底角桩顶内边缘引 $45°$ 冲切线
与承台顶面相交点至角桩内边缘的水
平距离；当柱（墙）边或承台变阶处
位于该线以内时，则取有柱（墙）边
或承台变阶处与桩内边缘连线为冲切
椎体的锥线（图 4 - 39）。

  3）箱形、筏形承台受内部基桩的冲切承载力计算
（图 4 - 40）：

  受基桩的冲切力承载力计算

$$N_l \leqslant 2.8(b_p + h_0)\beta_{hp}f_th_0 \qquad (4-80)$$

  受桩群的冲切承载力计算

$$\sum N_l \leqslant 2[\beta_{0x}(b_y + a_{0y}) + \beta_{0y}(b_x + a_{0x})]\beta_{hp}f_th_0$$
$$(4-81)$$

图 4 - 39 三桩三角形承台角桩
冲切计算示意图

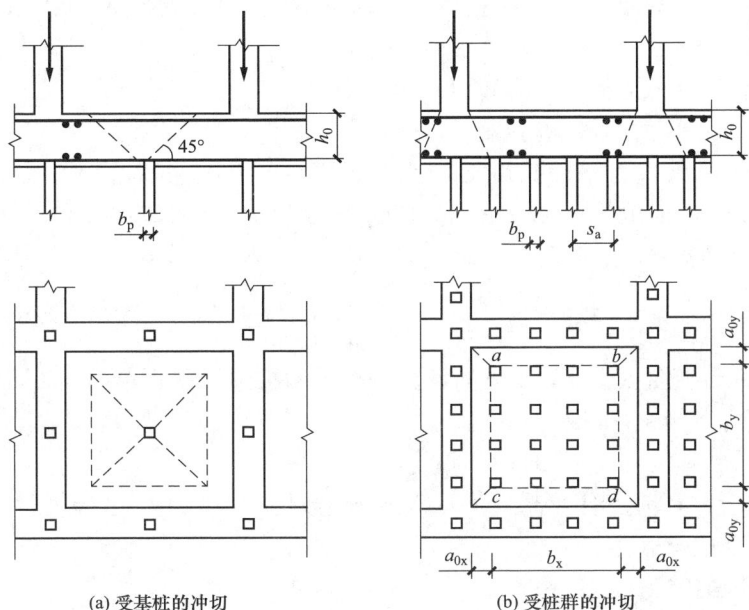

式中 β_{0x}、β_{0y}——由式（4 - 70）求得，其中 $\lambda_{0x} = a_{0x}/h_0$、$\lambda_{0y} = a_{0y}/h_0$，$\lambda_{0x}$、$\lambda_{0y}$ 均应满足
     $0.25 \sim 0.1$ 的要求；

  N_l、$\sum N_l$——扣除承台和承台上土自重后，荷载效应基本组合下，角桩或复合基桩的
     净反力设计值、冲切椎体内各基桩或复合基桩反力设计值之和，kN。

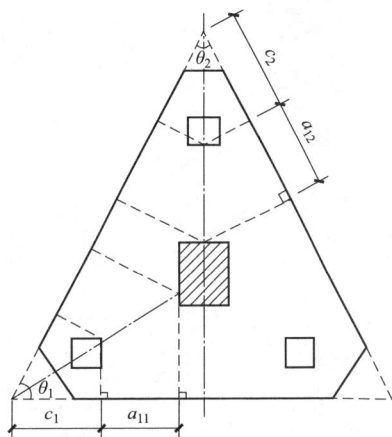

(a) 受基桩的冲切   (b) 受桩群的冲切

图 4 - 40 基桩对筏形承台的冲切和墙对筏形承台的冲切计算示意图

  4. 承台受剪切计算

  桩基承台的剪切破坏面为一通过柱（墙）边与桩边连线所形成的斜截面（图 4 - 41）。当
柱（墙）外有多排桩形成多个剪切斜截面时，对每一个斜截面都应进行受剪承载力计算。

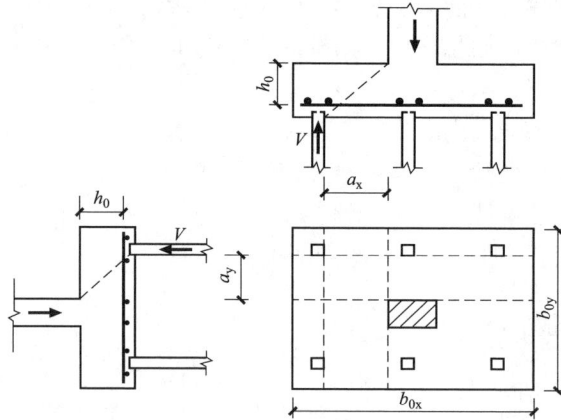

图 4 - 41　承台斜截面受剪计算示意图

承台斜截面受剪承载力可按下列公式计算

$$V \leqslant \beta_{hs} \alpha f_t b_0 h_0 \tag{4-82}$$

$$\alpha = \frac{1.75}{\lambda + 1.0} \tag{4-83}$$

$$\beta_{hs} = \left(\frac{800}{h_0}\right)^{1/4} \tag{4-84}$$

式中　V——扣除承台和承台上土自重后，在荷载效应基本组合下斜截面的最大剪力设计
　　　　　值，kN；

　　b_0——承台计算截面处的计算宽度，m；

　　h_0——承台计算截面处的有效高度，m；

　　β_{hs}——受剪切承载力截面高度影响系数，当 $h < 800$mm 时取 $h_0 = 800$mm，当 $h >$
　　　　2000mm 时取 $h_0 = 2000$mm，其间按线性内插法取值；

　　α——剪切系数；

　　λ——计算截面的剪跨比，$\lambda_x = \dfrac{a_x}{h_0}$，$\lambda_y = \dfrac{a_y}{h_0}$，其中 a_x、a_y（图 4 - 40）为柱（墙）边

　　　　或承台变阶处至 y，x 方向计算一排桩的桩边水平距离，当 $\lambda < 0.25$ 时，取 $\lambda =$
　　　　0.25，当 $\lambda > 3$ 取 $\lambda = 3$。

5. 局部受压计算

对于柱下桩基，当承台混凝土强度等级低于柱或桩的混凝土强度等级时，应验算柱下或
桩上承台的局部受压承载力。

4.8.5　桩身结构设计

1. 混凝土预制桩

预制桩的混凝土强度等级不宜低于 C30，预应力混凝土实心桩的混凝土强度等级不应低
于 C40。预制桩纵向钢筋的混凝土保护层厚度不宜小于 30mm。

预制桩的桩身配筋应按吊运、打桩及桩在使用中的受力等条件计算确定。采用锤击法沉
桩时，预制桩的最小配筋率不宜小于 0.8%。静压法沉桩时，最小配筋率不宜小于 0.6%，
主筋直径不宜小于 14mm，打入桩顶以下 4～5 倍桩身直径长度范围内箍筋应加密，并设置

钢筋网片。典型方形截面混凝土预制桩如图 4-42 所示。

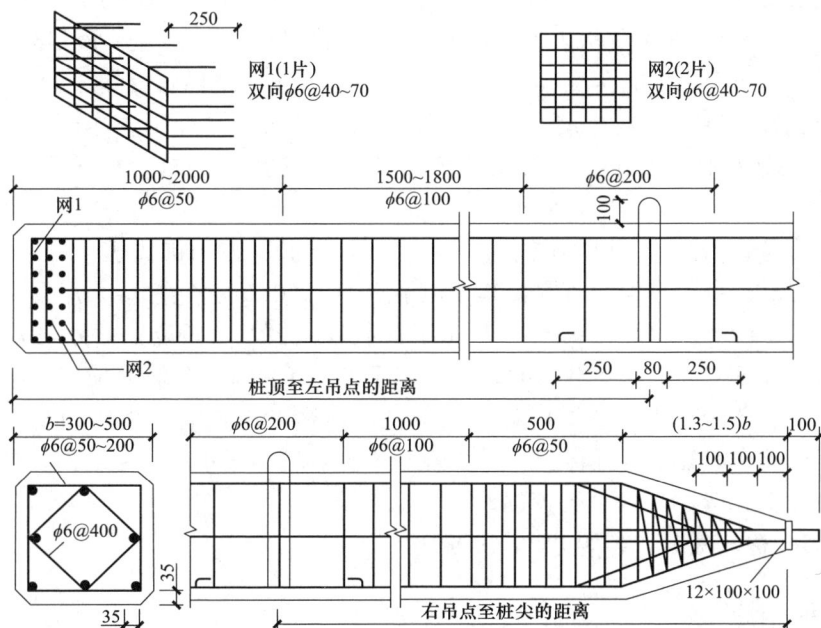

图 4-42 混凝土预制桩桩身配筋图

预制桩吊运时单吊点和双吊点的设置，应按吊点（或支点）跨间正弯矩与吊点处的负弯矩相等的原则进行布置，如图 4-43 所示。考虑预制桩吊运时可能受到冲击和振动的影响，计算吊运弯矩和吊运拉力时，可将桩身重力乘以 1.5 的动力系数。

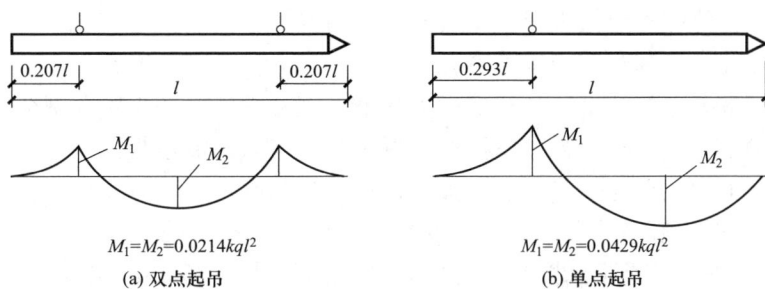

$M_1=M_2=0.0214kql^2$

(a) 双点起吊

$M_1=M_2=0.0429kql^2$

(b) 单点起吊

图 4-43 预制桩的吊点位置和弯矩图

用锤击法沉桩的混凝土预制桩，要求锤击过程中产生的压应力小于桩身材料的抗压强度设计值，拉应力小于桩身材料的抗拉强度设计值。

2. 灌注桩

（1）混凝土要求。灌注桩桩身混凝土强度等级不得低于 C25。灌注桩主筋的混凝土保护层厚度不应小于 35mm，水下灌注桩的主筋混凝土保护层厚度不得小于 50mm。

（2）配筋构造要求。当桩身直径为 300～2000mm 时，正截面配筋率可取 0.65%～0.2%（小直径桩取高值）；对受荷载特别大的桩、抗拔桩和嵌岩端承桩，应根据计算确定配筋率，并不应小于上述规定值。

端承型桩和位于坡地岸边的基桩应沿桩身等截面或变截面通长配筋。桩径大于 600mm 的摩擦型桩配筋长度不应小于 2/3 桩长。当受水平荷载时，配筋长度尚不宜小于 $4.0/a$（a 为桩的水平变形系数）。对于受地震作用的基桩，桩身配筋长度应穿过可液化土层和软弱土层，计算确定进入稳定土层的深度。受负摩阻力的桩、因先成桩后开挖基坑而随地基土回弹的桩，其配筋长度应穿过软弱土层并进入稳定土层，进入的深度不应小于 2～3 倍桩身直径。专用抗拔桩及因地震作用、冻胀或膨胀力作用而受拔力的桩，应等截面或变截面通长配筋。

对于受水平荷载的桩，主筋不应小于 8Φ12。对于抗压桩和抗拔桩，主筋不应少于 6Φ10。纵向主筋应沿桩身周边均匀布置，其净距不应小于 60mm。箍筋应采用螺旋式，直径不应小于 6mm，间距宜为 200～300mm；受水平荷载较大桩基、承受水平地震作用的桩基以及考虑主筋作用计算桩身受压承载力时，桩顶以下 $5d$ 范围内的箍筋应加密，间距不应大于 100mm；当桩身位于液化土层范围内时箍筋应加密；当考虑箍筋受力作用时，箍筋配置应符合现行国家标准《混凝土设计标准》有关规定；当钢筋笼长度超过 4m 时，应每隔 2m 设一道直径不小于 12mm 的焊接加劲箍筋。

【知识拓展】桩基础设计算例见数字资源 9。

思考与习题

4.1 试简述什么情况可考虑采用桩基础。

4.2 按桩的承载性状，桩可分成哪几类？各类特点是什么？

4.3 简述什么是负摩阻力。哪些工况下会产生负摩阻力？

4.4 什么是单桩竖向极限承载力？简述其确定方法。

4.5 何谓群桩效应？如何进行基桩竖向承载力验算？

4.6 什么是复合桩基？其与桩基有哪些区别？

4.7 复合桩基产生条件是什么？哪些工况下不宜考虑承台底土对荷载分担作用？

4.8 如何确定基桩竖向承载力特征值？群桩竖向承载力需进行哪些验算？

4.9 单桩水平承载力与哪些因素有关？设计时如何确定？

4.10 承台应进行哪些计算？如何计算？

4.11 某工程桩基采用预制混凝土方桩，桩截面尺寸为 350mm×350mm，桩长 10m，各土层分布：第一层土为粉质黏土，厚度为 3m，含水量 $w=30.6\%$，液限 $w_L=35\%$，塑限 $w_L=18\%$；第二层土为粉土，厚度 6m，孔隙比 $e=0.9$；第三层土为中密中砂，厚度很厚，试确定该基桩的竖向承载力标准值 Q_{uk} 和基桩的竖向承载力特征值 R（不考虑承台效应）。

4.12 某钢筋混凝土实心方桩桩长 10m，桩截面为 400mm×400mm，桩穿越淤泥质土层，桩端支撑在微风化的硬质岩石上。已知桩顶处竖向压力为 900kN，桩身的弹性模量为 $3×10^4 N/mm^2$，试估算该桩桩顶的沉降量。

4.13 某建筑物采用单桩基础，桩径 $d=600mm$，各土层分布图 4-44 所示。试求该桩受到的下拉荷载值及最大轴力值。

4.14 单层工业厂房柱基下采用桩基础，承台底面尺寸为 3800mm×2600mm，埋置深度为 1.5m，桩径 $d=450mm$，桩平面布置图 4-45 所示。作用在地面标高处的荷载标准值

$F_k=3000kN$，$M_{ky}=480kN \cdot m$，试求 A、B 两根桩桩顶荷载值。

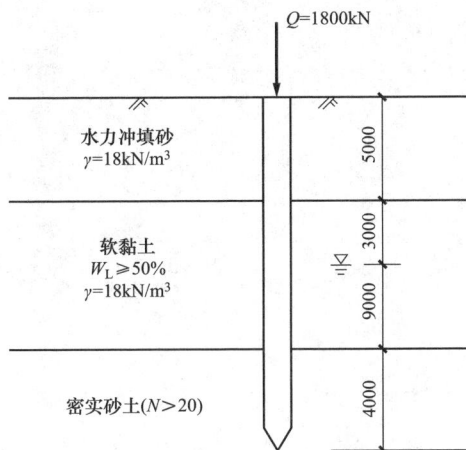

图 4-44　土层分布图（单位：mm）

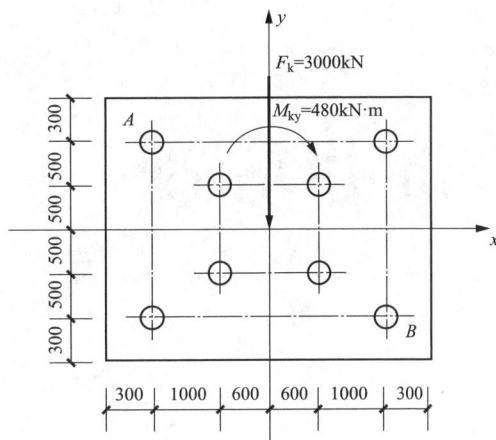

图 4-45　桩平面布置图（单位：mm）

4.15　某柱下群桩基础（图 4-46），柱传至顶面的荷载标准值为 $F_k=2500kN$，$M_{ky}=400kN \cdot m$，钢筋混凝土预制桩，桩径 $d=500mm$，承台埋深 2.5m，桩端进入粉土层 1.5m。各土层分布自上而下分别为：黏土厚 4.0m，极限侧力标准值 $q_{sk}=60kPa$，地基土承载力 $f_{ak}=120kPa$；饱和软黏土厚 14.0m，极限侧阻力标准值 $q_{sk}=40kPa$，桩端入粉土 1.5m，极限侧阻力标准值 $q_{sk}=60kPa$，极限端阻力标准值 $q_{pk}=2500kPa$，试验算桩基承载力是否满足要求。

4.16　某建筑柱子传至地面的荷载效应标准值及基本组合值见表 4-22，选用预制钢筋混凝土方桩，桩截面为 $300mm \times 300mm$，有效桩长 12m，桩端打入粉质黏土层 3m，承台埋深 1.2m，承台底土地基承载力特征值 $f_{ak}=100kPa$。已知单桩承载力极限值 $Q_{uk}=1500kN$，承台底混凝土 C25（$f_c=1.27N/mm^2$），钢筋采用 HRB335（$f_t=300N/mm^2$），试求：

（1）确定桩数；

（2）确定桩的布置及承台平面尺寸；

（3）承台高度和配筋计算。

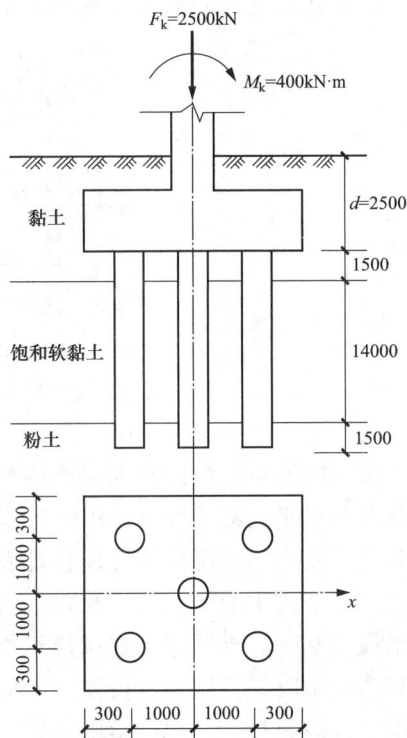

图 4-46　桩平面布置图（单位：mm）

表 4-22　　　　　　　　　　　　　　桩 基 作 用 荷 载 值

荷载效应类型	F(kN)	M(kN·m)	H(kN)
标准组合	2500	560	50
基本组合	3600	780	100

5

沉 井 基 础

5.1 沉 井 概 述

沉井是用钢筋混凝土材料制成的带有刃脚的井筒状构造物［图 5-1(a)］。它是利用人工或机械方法清除井内土石，并借助自重或添加压重等措施克服井壁摩阻力逐节下沉至设计标高，再浇筑混凝土封底并填塞井孔而成为建筑物基础的井筒状构造物［图 5-1(b)］。

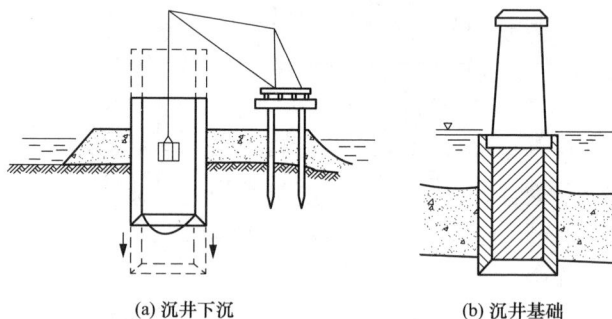

(a) 沉井下沉　　　　　　　　　(b) 沉井基础

图 5-1　沉井基础示意图

沉井的特点是埋深较大，整体性强，稳定性好，具有较大的承载面积，能承受较大的垂直荷载和水平荷载。此外，沉井既是基础，又是施工时的挡土和挡水围堰结构物，其施工工艺简便，技术稳妥可靠，无须特殊专业设备，并可做成补偿性基础，避免过大沉降，在深基础或地下结构中应用较为广泛，如桥梁墩台基础、地下泵房、水池、油库、矿用竖井，以及大型设备基础、高层和超高层建筑物基础等。但沉井基础施工工期较长，对粉砂、细砂类土在井内抽水时易发生流砂现象，造成沉井倾斜；沉井下沉过程中遇到的大孤石、树干或井底岩层表面倾斜过大，也会给施工带来一定的困难。

沉井最适宜于不太透水的土层，易于控制下沉方向。下列情况时可考虑采用沉井基础：

（1）上部结构荷载较大，表层地基土承载力不足，而在一定深度下有较好的持力层，且与其他基础方案相比较为经济合理。

（2）虽然土质较好，但冲刷大的山区河流或河中有较大卵石不便于桩基础施工。

（3）岩层表面较平坦且覆盖层较薄，但河水较深，采用扩大基础施工围堰有困难。

近年来，沉井的施工技术和施工机械都有了很大的改进。为了降低沉井施工中井壁侧面摩阻力，出现了触变泥浆润滑套法、壁厚压气法等方法。在密集的建筑群施工时，为了确保地下管线和建筑物的安全，创造了"钻吸排土沉井施工技术"和"中心岛式下沉施工工艺"，这些新型施工技术的出现促进了沉井基础的发展。

5.2 沉井的类型与构造

5.2.1 沉井的类型

沉井的类型很多，一般按以下四个方面分类。

1. 按施工方法分类

根据不同的施工方法可将沉井分为一般沉井和浮运沉井。一般沉井指直接在基础设计的位置上制造，然后挖土，依靠井壁自重下沉。若基础位于水中，则先人工筑岛，再在岛上筑井下沉。浮运沉井指先在岸边预制，再浮运就位下沉的沉井。通常在深水地区（如水深大于10m），或水流流速大，有通航要求，人工筑岛困难或不经济时采用。

2. 按井壁材料分类

根据不同的井壁材料可将沉井分为混凝土沉井、钢筋混凝土沉井、竹筋混凝土沉井和钢沉井。混凝土沉井因抗压强度高，抗拉强度低，多做成圆形，且仅适用于下沉深度不大（4～7m）的松软土层。钢筋混凝土沉井抗压、抗拉强度高，下沉深度大，可做成重型或薄壁就地制造下沉的沉井，也可做成薄壁浮运沉井及钢丝网水泥沉井等，在工程中应用最广。沉井主要在下沉阶段过程中承受拉力，因此，在盛产竹材的南方，也可采用耐久性差而抗拉力好的竹筋代替部分钢筋，做成竹筋混凝土沉井。钢沉井由钢材制作，强度高、质量轻、易于拼装、适于制造空心浮运沉井，但用钢量大，国内应用较少。此外，根据工程条件也可选用木沉井和砌石圬工沉井等。

3. 按平面形状分类

根据沉井的平面形状可分为圆形、矩形和圆端形三种基本类型，按井孔的布置方式，又可分为单孔、双孔及多孔沉井（图5-2）。

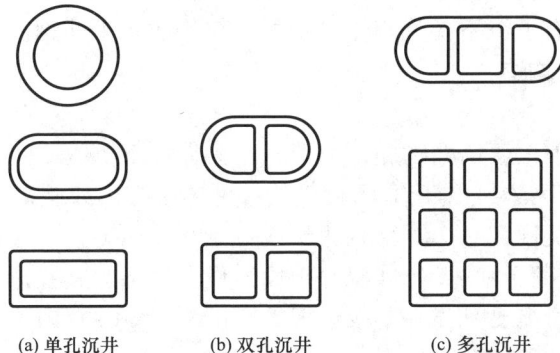

|(a) 单孔沉井|(b) 双孔沉井|(c) 多孔沉井|

图5-2 沉井的平面形状

圆形沉井在下沉过程中易于控制方向，若采用抓泥斗挖土，可比其他沉井更能保证其刃脚均匀地支承在土层上；在侧压力作用下，井壁仅受轴向应力作用，即使侧压力分布不均匀，弯曲应力也不大，能充分利用混凝土抗压强度大的特点，多用于斜交桥或水流方向不定的桥墩基础。

矩形沉井制造方便，受力有利，能充分利用地基承载力。沉井四角一般为圆角，以减少井壁摩阻力和除土清孔的困难。但在侧压力作用下，井壁受较大的挠曲力矩，且流水中阻水系数较大，冲刷较严重。

圆端形沉井控制下沉、受力条件、阻水冲刷均较矩形者有利，但施工较为复杂。

对平面尺寸较大的沉井，可在沉井中设隔墙，构成双孔或多孔沉井，以改善井壁受力条件及均匀取土下沉。

4. 按竖向剖面形状分类

根据沉井的竖向剖面形状分为柱形、阶梯形和锥形沉井（图5-3）。

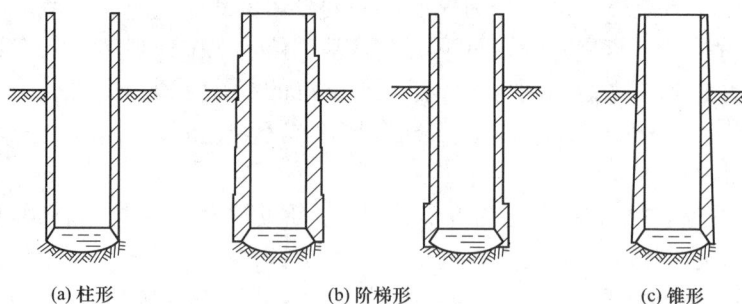

图 5-3 沉井的剖面形状

柱形沉井井壁受力较均衡，下沉过程中不易发生倾斜，接长简单，模板可重复利用，但井壁侧阻力较大，若土体密实、下沉深度较大时，容易下部悬空，造成井壁拉裂，一般多用于入土不深或土质较松软的情况。

阶梯形沉井井壁平面尺寸随深度呈台阶形加大，井壁的台阶宽为100～200mm。该结构使井壁侧阻力较小，抵抗侧压力性能较合理，但施工较复杂，模板消耗多，沉井下沉过程中易发生倾斜，多用于土质较密实、沉井下沉深度大、自重较小的情况。

锥形沉井的外壁带有斜坡，坡度一般为1/50～1/20。锥形沉井可减少沉井下沉时土的侧摩阻力，但这种沉井有下沉不稳且制作较难的缺点，故较少使用。

5.2.2 沉井基础的构造

1. 沉井的轮廓尺寸

沉井的平面形状常取决于结构物底部的形状。为保证下沉的稳定性，沉井的截面长短边之比宜小于或等于3。若结构物的长宽比较接近，可采用方形或圆形沉井。沉井顶面尺寸为结构物底部尺寸加襟边宽度。襟边宽度宜大于或等于0.2m，且大于或等于$H/50$（H为沉井全高），浮运沉井大于或等于0.4m，如沉井顶面需设置围堰，其襟边宽度根据围堰构造还需加大。结构物边缘应尽可能支承于井壁或顶板支承面上，对井孔内不填充混凝土的空心沉井不允许结构物边缘全部置于井孔位置上。

沉井的入土深度应根据上部结构、水文地质条件及各土层的承载力等确定。若沉井入土深度较大，应分节制造和下沉，每节高度宜小于或等于5m；底节沉井在松软土层中下沉时，还应小于或等于0.8B（B为沉井宽度）；若底节沉井过高，沉井过重，将给制模、筑岛时岛面处理、抽除垫木下沉等带来困难。

2. 沉井的一般构造

沉井一般由井壁、刃脚、隔墙、井孔、凹槽、封底和顶板等组成（图5-4）。有时井壁中还预埋射水管等其他部分。各组成部分的作用如下：

（1）井壁：沉井的外壁，是沉井的主体部分，其作用是在沉井下沉过程中挡土、挡水及利用本身自重克服由土与井壁间摩阻力导致的下沉，沉井施工完毕后，作为传递上部荷载的基础或基础的一部分。因此，井壁必须具有足够的强度和一定的厚度，并根据施工过程中的受力情况配置竖向及水平向钢筋。一般壁厚为 0.80～1.50m。最薄不宜小于 0.4m，混凝土强度等级大于或等于 C15。

（2）刃脚：井壁最下端形如楔状部分称为刃脚，其作用是利于沉井切土下沉。刃脚底的水平踏面称为踏面，踏面宽度一般小于或等于 150mm，软土可适当放宽。若下沉深度大，土质较硬，刃脚底面应以型钢（角钢或槽钢）加强（图 5-5），以防刃脚损坏。刃脚内侧斜面与水平面夹角宜大于或等于 45°，其高度视井壁厚度、便于抽除垫木而定，一般大于1.0m，混凝土强度等级宜大于 C20。

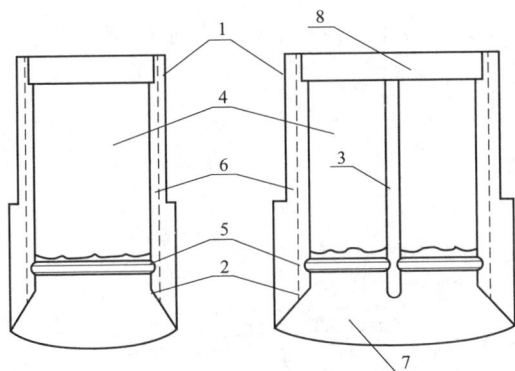

图 5-4　沉井的一般构造

1—井壁；2—刃脚；3—隔墙；4—井孔；5—凹槽；

6—射水管组；7—封底混凝土；8—顶板

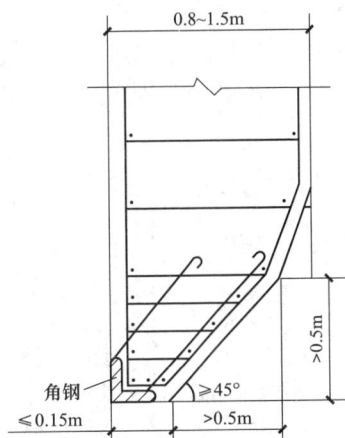

图 5-5　刃脚构造示意图

（3）隔墙：沉井的内壁，其作用是将沉井空腔分隔成多个井孔，便于控制挖土下沉，防止或纠正倾斜和偏移，并加强沉井的刚度，减小井壁挠曲应力。隔墙因不承受水土压力，所以厚度较井壁外壁要薄一些，厚度一般为 0.5m 左右。隔墙底面一般应高出刃脚踏面 0.5～1.00m，以免土体顶住内墙妨碍沉井下沉。当人工挖土时，在隔墙下应设置过人孔，以便工作人员井孔间往来。

（4）井孔：挖土、排土的工作场所和通道。其尺寸应满足施工要求，最小边长宜大于或等于 3m。井孔应对称布置，以便对称挖土，保证沉井下沉均匀。

（5）凹槽：位于刃脚内侧上方，沉井封底时利于井壁与封底混凝土的良好结合，使封底混凝土底面反力更好地传给井壁。凹槽高约 1.0m，深度一般为 150～300mm。

（6）射水管：若沉井下沉较深，土阻力较大而下沉困难，可在井壁中预埋射水管组。射水管应均匀布置，以便控制水压和水量，调整下沉方向。一般水压大于或等于 600kPa，若使用泥浆润滑套施工，应有预埋的压射泥浆管路。

（7）封底：沉井达设计标高进行清基后，应在刃脚踏面以上至凹槽处浇筑混凝土形成封底，以承受地基土和水的反力，防止地下水涌入井内。封底混凝土顶面应高出凹槽 0.5m，其厚度可由应力验算决定，根据经验也可取不小于井孔最小边长的 1.5 倍。一般混凝土强度等级大于或等于 C15，井孔内的填充混凝土强度等级大于或等于 C10。

（8）顶板：沉井封底后，若条件允许，为节省坞工量，减轻基础自重，可做成空心沉井基础，或仅填以砂石。此时，井顶须设置钢筋混凝土顶板，以承托上部结构的全部荷载。顶板厚度一般为 1.5～2.0m，钢筋配置由计算确定。

3. 浮运沉井的构造

浮运沉井可分为不带气筒和带气筒两种。不带气筒的浮运沉井多用钢、木、钢丝网水泥等材料制作，薄壁空心。其构造简单、施工方便、节省钢材，适用于水不太深、流速不大、河床较平、冲刷较小的自然条件。为增加水中自浮能力，还可做成带临时性井底的浮运沉井，当浮运就位后，灌水下沉，同时接筑井壁，抵达河床后，再打开临时性井底，按一般沉井施工。若水深流急、沉井较大时，可采用带气筒的浮运沉井（图 5-6）。它主要由双壁的沉井底节、单壁钢壳、钢气筒等组成。双壁钢沉井底节为一可自浮于水中的壳体结构，底节以上井壁为单壁钢壳，用于防水及兼作接高时灌注沉井外圈混凝土的模板，钢气筒为沉井提供浮力，并可通过充放气调节沉井的上浮、下沉或校正偏斜，沉井抵达河床后，切除气筒即为取土井孔。

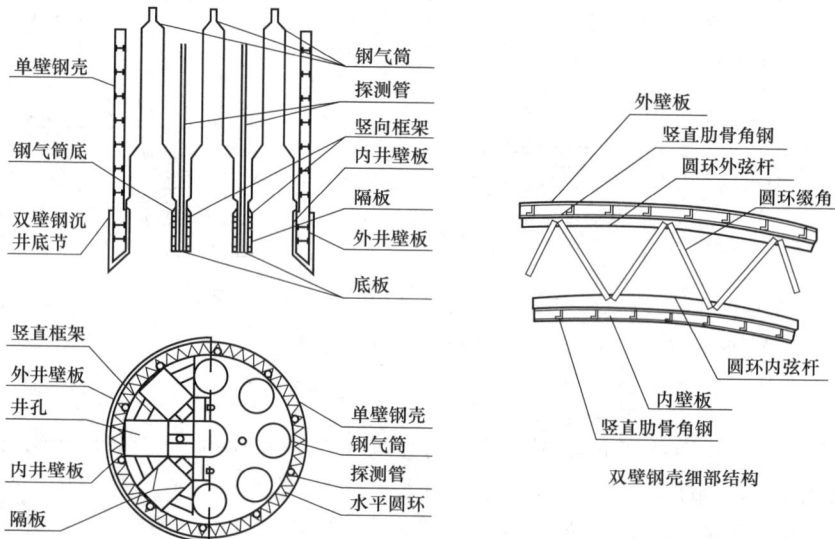

图 5-6 带钢气筒的浮运沉井

4. 组合式沉井

当采用低承台桩基施工困难，而采用沉井基础则岩层倾斜较大或地基土软硬不均且水深较大时，可采用沉井-桩基的组合式沉井基础，即先将沉井下沉至预定标高，浇筑封底混凝土和承台，再在井内预留孔位钻孔灌注成桩。该沉井结构既可围水挡土，又可作为钻孔桩的护筒和桩基的承台。

5.3 沉井基础的设计与计算

沉井的设计计算需包括沉井作为整体深基础的计算和施工过程中的结构计算两大部分。

设计计算前必须掌握如下资料：上部或下部结构尺寸要求，基础设计荷载；水文和地质资料（如设计水位、施工水位、冲刷线或地下水位标高，土的物理力学性质，施工过程中是否会遇障碍物等）；拟采用的施工方法（排水或不排水下沉，筑岛或防水围堰的标高等）。

5.3.1　沉井尺寸的确定

1. 沉井高度

沉井高度为沉井顶面和底面两个标高之差。当沉井作为基础时，其顶面要求埋在地面下 0.2m 或在地下水位以上 0.5m。沉井底面标高，主要根据上部荷载，水文地质条件及各土层的承载力确定。

2. 沉井平面形状和尺寸

沉井平面形状应当根据上部建筑物的平面形状确定。为了挖土方便，取土井宽度一般不小于 3m，取土井应沿中心线对称布置。

沉井顶面尺寸为结构物底部尺寸加襟边宽度，襟边宽度不得小于 0.2m，且不得小于沉井下沉总深度 1/50。沉井顶面尺寸可按式（5-1）确定

$$A = A_0 + 2(0.2 \sim 0.04)h_0 \quad \text{或} \quad A = A_0 + 20\text{mm}$$
$$B = B_0 + 2(0.2 \sim 0.04)h_0 \quad \text{或} \quad B = B_0 + 20\text{mm} \tag{5-1}$$

式中　A_0、B_0——分别为上部结构底面长、宽；

$\quad\quad h_0$——沉井下沉高度。

3. 井壁厚度

井壁厚度一般为 0.7～1.5m，泵房等小型沉井，井壁也可用 0.3～0.4m，内隔墙厚度为 0.5m 左右。根据沉井施工要求，其井壁及内墙要有足够的厚度，当沉井平面尺寸 A、B 确定后，井壁及内墙尺寸要根据沉井使用和施工要求，经过几次验算，才能最后确定下来。

5.3.2　沉井基础的计算

1. 沉井作为整体深基础的计算

沉井作为整体深基础设计，主要是根据上部结构特点、荷载大小及水文和地质情况，结合沉井的构造要求及施工方法，拟定出沉井埋深、高度和分节及平面形状和尺寸，井孔大小及布置，井壁厚度和尺寸，封底混凝土和顶板厚度等，然后进行沉井基础的计算。

当沉井埋深较浅时可不考虑井侧土体横向抗力的影响，按浅基础计算；当埋深较大时，井侧土体的约束作用不可忽视，此时在验算地基应力、变形及沉井的稳定性时，应考虑井侧土体弹性抗力的影响，按刚性桩（$\alpha h < 2.5$）计算内力和土抗力。但对泥浆套施工的沉井，只有采取了恢复侧面土约束能力措施后方可考虑。

一般要求沉井基础下沉到坚实的土层或岩层上，其作为地下结构物，荷载较小，地基的强度和变形通常不会存在问题。作为整体深基础，一般要求地基强度应满足

$$F + G \leqslant R_j + R_f \tag{5-2}$$

式中　F——沉井顶面处作用的荷载，kN；

$\quad\quad G$——沉井的自重，kN；

$\quad\quad R_j$——沉井底部地基土的总反力，kN；

$\quad\quad R_f$——沉井侧面的总侧阻力，kN。

沉井底部地基土的总反力 R_j 等于该处土的承载力特征值 f_a 与支承面积 A 的乘积，即

$$R_{\mathrm{j}}=f_{\mathrm{a}}A \tag{5-3}$$

式中 f_{a} ——刃脚标高处土的承载力特征值，kPa。

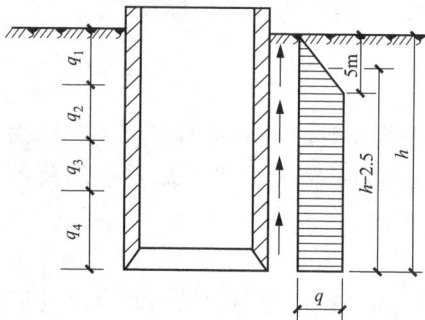

图 5-7 井壁摩阻力分布假定

沉井侧面的总侧阻力 R_{f} 根据井壁与土之间的摩阻力分布假定计算。假定摩阻力随土深呈梯形分布，距地面 5m 范围内按三角形分布，5m 以下为常数（图 5-7），故总侧阻力为

$$R_{\mathrm{f}}=u(h-2.5)q \tag{5-4}$$

式中 u ——沉井的周长，m；

h ——沉井的入土深度，m；

q ——单位面积摩阻力加权平均值，$q=\sum q_i h_i / \sum h_i$，kPa；

h_i ——各土层厚度，m；

q_i ——各土层井壁单位面积摩阻力，kPa，根据实际资料或查表 5-1 选用。

表 5-1 沉井井壁与土体间的摩阻力标准值

土 的 名 称	土与井壁的摩阻力 q(kPa)
砂卵石	18~30
砂砾石	15~20
流塑黏性土、粉土	10~12
软塑及可塑黏性土、粉土	12~25
硬塑黏性土、粉土	25~50
泥浆套	3~5

注 1. 本表适用于深度不超过 30m 的沉井。

2. 泥浆套即灌注在井壁外侧的触变泥浆，是一种辅助材料。

2. 横向力作用下，考虑沉井侧壁土体弹性抗力时的计算

（1）基础侧面水平压应力和基底边缘处应力计算。考虑井侧土体弹性抗力时，通常可作如下基本假定：

1）地基土为弹性变形介质，水平向地基系数随深度呈正比例增加（即"m"法）。

2）不考虑基础与土之间的黏着力和摩阻力。

3）沉井刚度与土的刚度之比视为无限大，横向力作用下只能发生转动而无挠曲变形。

（2）根据基础底面的地质情况，可分为两种情况计算。

1）非岩石地基（包括沉井立于风化岩层内和岩面上）。当沉井基础受到水平力 F_{H} 和偏心竖向力 $F_{\mathrm{V}}(F_{\mathrm{V}}=F+G)$ 共同作用 [图 5-8(a)] 时，可将其等效为距基底作用高度为 λ 的水平力 F_{H} [图 5-8(b)]，即

$$\lambda=\frac{F_{\mathrm{V}}e+F_{\mathrm{H}}l}{F_{\mathrm{H}}}=\frac{\sum M}{F_{\mathrm{H}}} \tag{5-5}$$

式中 $\sum M$ ——对井底各力矩之和。

在水平力作用下，沉井将围绕位于地面下深度 z_0 处点 A 转动，转动角为 ω [图 5-8(b)]，地面下深度 z 处沉井基础产生的水平位移 Δx 和土的横向抗力 σ_{zx} 分别为

$$\Delta x = (z_0 - z) \cdot \tan\omega \tag{5-6}$$

$$\sigma_{zx} = \Delta x C_z = C_z(z_0 - z) \cdot \tan\omega \tag{5-7}$$

式中　z_0——转动中心 A 离地面的距离，m；

　　　C_z——深度 z 处水平向的地基系数，kN/m^3，$C_z = mz$，m 为地基土的比例系数，kN/m^4。

将 C_z 值代入式（5-7）得

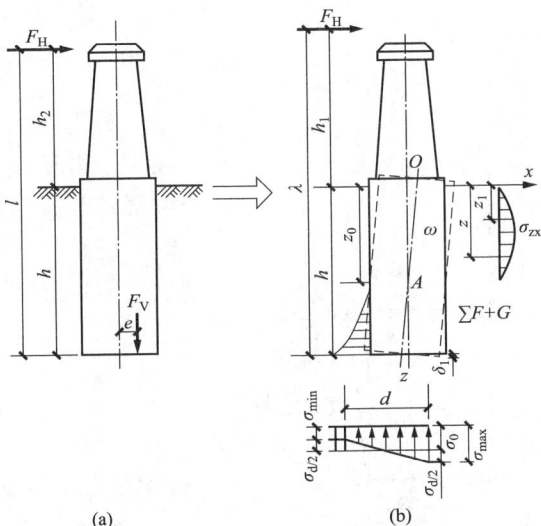

$$\sigma_{zx} = mz(z_0 - z) \cdot \tan\omega \tag{5-8}$$

$$\sigma_{d/2} = C_0 \delta_1 = C_0 \frac{d}{2} \cdot \tan\omega \tag{5-9}$$

式中　C_0——地基系数，$C_0 = m_0 h$，且大于或等于 $10m_0$，对岩石地基，其地基系数 C_0 不随岩层深度增大而增大，可按岩石饱和单轴抗压强度 f_{rc} 取值；

　　　d ——基底宽度或直径，m；

　　　m_0——基底处竖向地基比例系数，近似取 $m_0 = m$，kN/m^4。

图 5-8　非岩石地基计算示意图

上述各式中 z_0 和 ω 为两个未知数，根据图 5-8 可建立两个平衡方程式，即

$$\sum X = 0, \quad F_H - \int_0^h \sigma_{zx} \cdot b_1 dz = F_H - b_1 m \cdot \tan\omega \int_0^h z(z_0 - z) \cdot \mathrm{d}z \tag{5-10}$$

$$\sum M = 0, \quad F_H h_1 + \int_0^h \sigma_{zx} \cdot b_1 \cdot z \cdot dz - \sigma_{d/2} W_0 = 0 \tag{5-11}$$

式中　b_1——沉井的计算宽度；

　　　W_0——基底的截面模量。

联立求解可得：

$$z_0 = \frac{\beta \cdot b_1 h^2(4\lambda - h) + 6dW_0}{2\beta \cdot b_1 h(3\lambda - h)} \tag{5-12}$$

$$\tan\omega = \frac{6F_H}{Amh} \tag{5-13}$$

其中，$A = \dfrac{\beta \cdot b_1 h^3 + 18W_0 d}{2\beta \cdot (3\lambda - h)}$，$\beta = \dfrac{C_h}{C_0} = \dfrac{mh}{m_0 h}$，$\beta$ 为深度 h 处井侧水平地基系数与井底竖向地基系数的比值。

将其代入上述各式可得：

基础侧面水平压应力（横向抗力）为

$$\sigma_{zx} = \frac{6F_H}{Ah} z(z_0 - z) \tag{5-14}$$

基底边缘处压应力为

$$\sigma_{\min}^{\max} = \frac{F_V}{A_0} \pm \frac{3F_H d}{A\beta} \tag{5-15}$$

式中　A_0——基底面积，m^2。

离地面或最大冲刷线以下深度 z 处基础截面上的弯矩（图 5 - 8）为

$$M_z = F_H(\lambda - h + z) - \int_0^z \sigma_{zx} b_1(z - z_1)\mathrm{d}z_1$$

$$= F_H(\lambda - h + z) - \frac{F_H b_1 z^3}{2hA}(2z_0 - z) \qquad (5\text{-}16)$$

2）岩石地基（基底嵌入基岩内）。若基底嵌入基岩内，在水平力和竖直偏心荷载作用下，可假定基底不产生水平位移，其旋转中心 A 与基底中心重合，即 $z_0 = h$（图 5 - 9），但在基底嵌入处将存在一水平阻力 P，若该阻力对 A 点的力矩忽略不计，取弯矩平衡可导得转角 $\tan\omega$ 为

$$\tan\omega = \frac{F_H}{mhD} \qquad (5\text{-}17)$$

$$D = \frac{b_1\beta h^3 + 6W_0 d}{12\lambda\beta}$$

式中 D——换算系数。

基础侧面水平压应力（横向抗力）为

$$\sigma_{zx} = (h - z)z\frac{F_H}{Dh} \qquad (5\text{-}18)$$

基底边缘处压应力为

$$\sigma_{\min}^{\max} = \frac{F_V}{A_0} \pm \frac{F_H d}{2\beta D} \qquad (5\text{-}19)$$

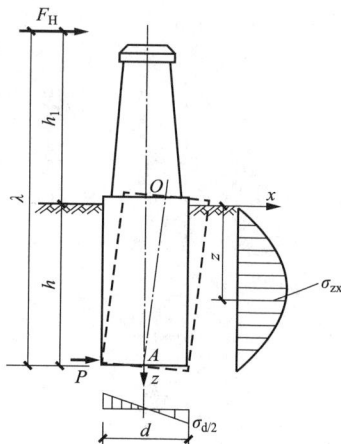

图 5 - 9   基底嵌入基岩内
计算示意图

由 $\sum x = 0$ 可得嵌入处未知水平阻力 F_R 为

$$F_R = \int_0^h b_1\sigma_{zx}\mathrm{d}z - F_H = F_H\left(\frac{b_1 h^2}{6D} - 1\right) \qquad (5\text{-}20)$$

地面以下深度 z 处基础截面上的弯矩为

$$M_z = F_H(\lambda - h + z) - \frac{b_1 F_H z^3}{12Dh}(2h - z) \qquad (5\text{-}21)$$

尚需注意，当基础仅受偏心竖向力 F_V 作用时，$\lambda \to \infty$，上述公式均不能应用。此时，应以 $F_V \cdot e$ 代替式（5-11）等式中的 $F_H h_1$，同理可导得上述两种情况下相应的计算公式，此处不赘述，可详见《公路桥涵地基与基础设计规范》（JTG 3363—2019）。

（3）验算。

1）基底应力。要求基底边缘处最大压应力不应超过沉井底面处土的承载力特征值 f_{ah}，即

$$\sigma_{\max} \leqslant f_{ah} \qquad (5\text{-}22)$$

2）基础侧面水平压应力验算。要求井侧水平压应力 σ_{zx} 应小于沉井周围土的极限抗力 $[\sigma_{zx}]$。计算时可认为沉井在外力作用下产生位移时，深度 z 处沉井一侧产生主动土压力 E_a，而另一侧受到被动土压力 E_p 作用，故井侧水平压应力应满足

$$\sigma_{zx} \leqslant [\sigma_{zx}] = E_p - E_a \qquad (5\text{-}23)$$

由朗肯土压力理论推导得

$$\sigma_{zx} \leqslant \frac{4}{\cos\varphi}(\gamma \cdot z\tan\varphi + c) \qquad (5\text{-}24)$$

式中　γ——土的重度，kN/m^3；

　　φ、c——土的内摩擦角，（°）和黏聚力，kPa。

考虑到桥梁结构性质和荷载情况，且经验表明最大的横向抗力大致在 $z=h/3$ 和 $z=h$ 处，以此代入式（5-24）可得

$$\sigma_{\frac{h}{3}x} \leqslant \eta_1\eta_2 \frac{4}{\cos\varphi}\left(\frac{\gamma h}{3}\tan\varphi + c\right) \qquad (5-25)$$

$$\sigma_{hx} \leqslant \eta_1\eta_2 \frac{4}{\cos\varphi}(\gamma h \tan\varphi + c) \qquad (5-26)$$

式中　$\sigma_{\frac{h}{3}x}$、σ_{hx}——相应于 $z=h/3$ 和 $z=h$ 深度处土的水平压应力，kPa；

　　η_1——取决于上部结构形式的系数，一般取 1，对于超静定推力拱桥可取 0.7；

　　η_2——考虑恒荷载产生的弯矩 M_g 对总弯矩 M 的影响系数，$\eta_2 = 1 - 0.8\dfrac{M_g}{M}$。

此外，根据需要还须验算结构顶部的水平位移及施工容许偏差的影响。

5.3.3　沉井施工过程中的结构计算

沉井受力随整个施工及营运过程的不同而不同。因此，必须掌握沉井在各个施工阶段中各自的最不利受力状态，进行相应的设计计算及必要的配筋，以保证井体结构在施工各阶段中的强度和稳定。

沉井结构在施工过程中主要须进行下列验算：

1. 沉井自重下沉验算

为保证沉井施工时能顺利下沉达设计标高，一般要求沉井下沉系数 K 满足

$$K = \frac{G}{R_f} \geqslant 1.15 \sim 1.25 \qquad (5-27)$$

式中　G——沉井自重，kN，不排水下沉时应扣除浮力；

　　R_f——沉井侧面的总侧阻力，kN。

若不满足上述要求，可加大井壁厚度或调整取土井尺寸；当不排水下沉达一定深度后改用排水下沉；增加附加荷载或射水助沉；或采取泥浆套或空气幕等措施。

2. 第一节沉井竖向挠曲验算

第一节沉井制作达到强度后，拆除刃脚垫架，抽除承垫木，沉井最后仅支撑在少量垫木上，在下沉前应验算井壁的竖向强度能否满足要求，以防出现裂缝或断裂。

由于施工方法不同，沉井在抽垫及除土下沉过程中刃脚下支承亦不同，沉井自重将导致井壁产生较大的竖向挠曲应力，因此，下沉前应根据不同的支承情况进行沉井井壁的强度验算，以防止出现裂缝或断裂。沉井支承情况根据施工方法不同可按如下考虑：

（1）排水除土下沉：将沉井视为支承于四个固定支点上的梁，支点控制在最有利位置处，即支点和跨中所产生的弯矩大致相等。对矩形和圆端形沉井，若沉井长宽比大于 1.5，支点可设在长边［图 5-10(a)］；圆形沉井的四个支点可布置在两相互垂直线上的端点处。

（2）不排水除土下沉：机械挖土时刃脚下支点很难控制，沉井下沉过程中可能出现最不利支承，即矩形和圆端形沉井可能支承于四角［图 5-10(b)］，成为一简支梁，跨中弯矩最大，沉井下部竖向开裂；也可能因孤石等障碍物而支承于壁中［图 5-10(c)］形成悬臂梁，支点处沉井顶部产生竖向开裂；圆形沉井则可能出现支承于直径上的两个支点。

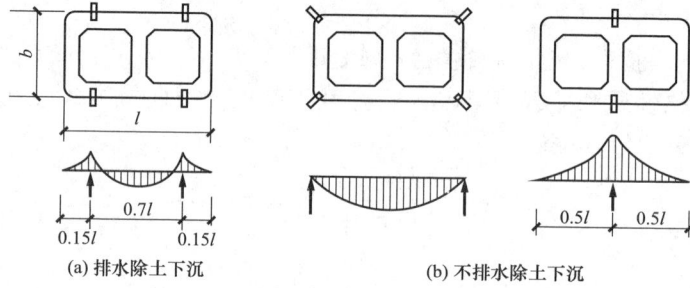

(a) 排水除土下沉　　　　　　　　(b) 不排水除土下沉

图 5 - 10　底节沉井支点布置示意图

若底节沉井隔墙跨度较大,还须验算隔墙的抗拉强度。其最不利受力情况是下部土已挖空,上节沉井刚浇筑而未凝固,此时,隔墙成为两端支承于井壁上的梁,承受两节沉井隔墙和模板等重力。若底节隔墙强度不够,可布置水平向钢筋,或在隔墙下夯填粗砂以承受荷载。

3. 刃脚受力计算

沉井在下沉过程中刃脚受力较为复杂,为简化起见,一般可按竖向和水平向分别计算。竖向分析时,近似地将刃脚视为固定于刃脚根部井壁处的悬臂梁(图 5 - 11),根据刃脚内外侧作用力的不同可能向外或向内挠曲;在水平面上则视为一封闭的框架(图 5 - 13),在水、土压力作用下在水平面内发生弯曲变形。根据悬臂及水平框架两者的变位关系及其相应的假定分别可导得刃脚悬臂分配系数 α 和水平框架分配系数 β 为

$$\alpha = \frac{0.1L_1^4}{h_k^4 + 0.05L_1^4} \leqslant 1.0 \qquad (5-28)$$

$$\beta = \frac{h_k^4}{h_k^4 + 0.05L_2^4} \qquad (5-29)$$

式中　L_1、L_2——支承于隔墙间的井壁最大和最小计算跨度,m;

　　　h_k——刃脚斜面部分的高度,m。

上述分配系数仅适用于内隔墙底面高出刃脚底不超过 0.5mm,或有垂直埂肋的情况。否则 $\alpha = 1.0$,刃脚不起水平框架作用,但需按构造配置水平钢筋,以承受一定的正、负弯矩。

外力经上述分配后,即可将刃脚受力情况分别按竖、横两个方向计算。

(1) 刃脚竖向受力分析:一般可取单位宽度井壁,将刃脚视为固定在井壁上的悬臂梁,分别按刃脚向内和向外挠曲两种最不利情况分析。

当沉井下沉过程中刃脚内侧切入土中深约 1.0m,并刚接筑完上节沉井,井顶露出地面或水面约一节沉井高度时处于最不利位置。此时,沉井因自重将导致刃脚斜面土体抵抗刃脚而向外挠曲(图 5 - 11),作用在刃脚高度范围内的外力有:

外侧的土、水压力合力 P_{e+w} 为

$$P_{e+w} = \frac{P_{e_2+w_2} + P_{e_3+w_3}}{2} h_k \qquad (5-30)$$

式中　$P_{e_2+w_2}$——作用于刃脚根部处的土、水压力强度之和,$P_{e_2+w_2} = e_2 + w_2$,kPa;

　　　$P_{e_3+w_3}$——刃脚底面处土、水压力强度之和,$P_{e_3+w_3} = e_3 + w_3$,kPa。

P_{e+w} 的作用点位置(离刃脚根部距离为 y)为

$$y = \frac{h_k}{3} \cdot \frac{2P_{e_3+w_3} + P_{e_2+w_2}}{P_{e_3+w_3} + P_{e_2+w_2}}$$

地面下深度 h_y 处刃脚承受的土压力 e_y 可按朗肯土压力公式计算，水压力应根据施工情况和土质条件计算，为安全起见，一般规定式（5-30）计算所得刃脚外侧土、水压力合力不得大于静水压力的 70%，否则按静水压力的 70% 计算。

刃脚外侧阻力 T 为

$$T = q h_k \tag{5-31}$$

$$T = 0.5E \tag{5-32}$$

$$E = (e_2 + e_3) h_k / 2$$

式中　E——刃脚外侧主动土压力合力，kN/m。

为保证安全，使刃脚下土反力最大，井壁侧阻应力取上两式中较小值。

土的竖向反力 R_V 为

$$R_V = G - T \tag{5-33}$$

式中　G——沿井壁周长单位宽度上沉井的自重，kN，水下部分应考虑水的浮力。

若将 R_V 分解为作用在踏面下土的竖向反力 R_{V1} 和刃脚斜面下土的竖向反力 R_{V2}，且假定 R_{V1} 为均布强度 σ 的合力，R_{V2} 为三角形分布部分的合力（图 5-11），水平反力 R_H 亦呈三角形分布，则根据力的平衡条件可得

$$R_{V1} = \frac{2a}{2a + b} R_V \tag{5-34}$$

$$R_{V2} = \frac{b}{2a + b} R_V \tag{5-35}$$

$$R_H = R_{V2} \tan(\theta - \delta) \tag{5-36}$$

式中　a——刃脚踏面宽度，m；

　　　b——切入土中部分刃脚斜面的水平投影长度，m；

　　　θ——刃脚斜面的倾角，(°)；

　　　δ——土与刃脚斜面间的外摩擦角，(°)，一般可取 $\delta = \varphi$。

刃脚单位宽度自重 g 为

$$g = \frac{t + a}{2} h_k \gamma_k \tag{5-37}$$

式中　t——井壁厚度，m；

　　　γ_k——钢筋混凝土刃脚的重度，kN/m³；不排水施工时应扣除浮力。

求出上述各力的数值、方向及作用点后，根据图 5-11 几何关系可求得各力对刃脚根部中心轴的力臂，从而求得总弯矩 M_0、竖向力 N_0 及剪力 Q，即

$$M_0 = M_{e+w} + M_T + M_{R_V} + M_{R_H} + M_g \tag{5-38}$$

$$N_0 = R_V + T + g \tag{5-39}$$

$$Q = P_{e+w} + R_H \tag{5-40}$$

其中，M_{e+w}、M_T、M_{R_V}、M_{R_H} 及 M_g 分别为土水压力合力 P_{e+w}、刃脚底部外侧阻力 T、反力

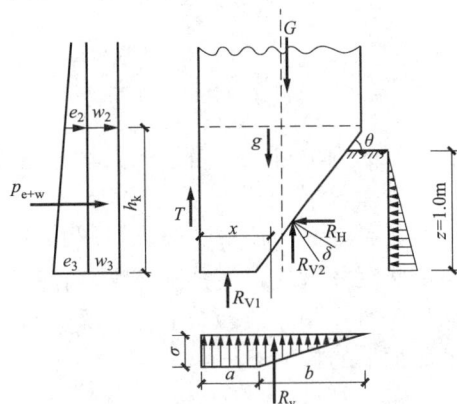

图 5-11　刃脚向外挠曲受力示意图

R_V、横向反力 R_H 及刃脚自重 g 等对刃脚根部中心轴的弯矩,且刃脚部分各水平力均应考虑分配系数 α。

求得 M_0、N_0 及 Q 后就可验算刃脚根部应力,并计算出刃脚内侧所需竖向钢筋用量。一般刃脚钢筋截面面积不宜少于刃脚根部截面面积的 0.1%,且竖向钢筋应伸入根部以上 $0.5L_1$。

刃脚向内挠曲时最不利位置是沉井已下沉至设计标高,刃脚下土体挖空而尚未浇筑封底混凝土(图 5-12),此时刃脚可按根部固定在井壁上的悬臂梁计算。

此时作用在刃脚上的力有刃脚外侧土压力、水压力、侧阻力以及刃脚本身的重力,其计算方法同前。但为保证安全,当不排水下沉时,井壁外侧水压力以 100% 计算,井内取 50%,也可按施工中可能出现的水头差计算;若排水下沉,不透水土取静水压力的 70%,透水土按 100% 计算。同样各水平外力应考虑分配系数 α。再由外力计算出对刃脚根部中心轴的弯矩、竖向力及剪力,并求出刃脚外壁钢筋用量,其配筋构造要求与计算刃脚向外挠曲时相同。

(2)刃脚水平受力计算。当沉井达到设计标高,刃脚下土已挖空但未浇筑封底混凝土时,刃脚所受水平压力最大,处于最不利状态。此时可将刃脚视为水平框架(图 5-13),作用于刃脚上的外力与计算刃脚向内挠曲时一样,但所有水平力应乘以分配系数 β,以此求得水平框架的控制内力,再配置框架所需水平钢筋。

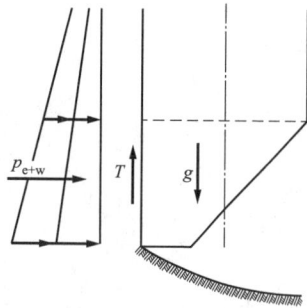

图 5-12 刃脚向内挠曲受力分析

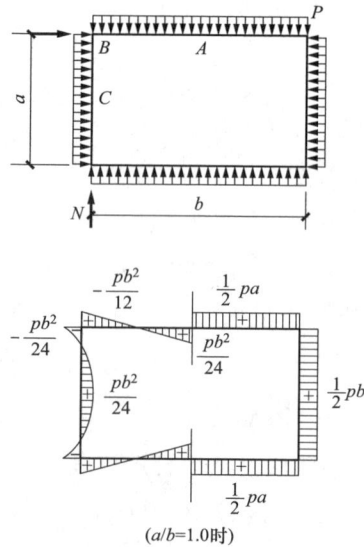

图 5-13 单孔矩形框架受力

框架的内力可按一般结构力学方法计算,具体可根据不同沉井平面形式查阅有关文献。

4. 井壁受力计算

(1)井壁竖向拉应力验算:沉井下沉过程中,若上部井壁侧阻力较大,当刃脚下土挖空时可能将沉井箍住,使井壁产生因自重引起的竖向拉应力。若假定作用于井壁的侧阻力呈倒三角形分布(图 5-14),沉井自重为 G,入土深度为 h,井壁为等截面,则距刃脚底面 x 深度处断面上的拉力 S_x 为

$$S_x = \frac{Gx}{h} - \frac{Gx^2}{h^2} \tag{5-41}$$

并可导得井壁内最大拉力 S_{max} 为

$$S_{max} = \frac{G}{4} \tag{5-42}$$

其位置在 $x = h/2$ 的断面上。

若沉井很高，各节沉井接缝处混凝土的拉应力可由接缝钢筋承受，并按接缝钢筋所在位置产生的拉应力设置。钢筋的应力应小于钢筋强度标准值的 75%，并须验算钢筋的锚固长度。而采用泥浆套下沉的沉井则不会因自重而产生拉应力。

（2）井壁横向受力计算：当沉井达到设计标高，刃脚下土已挖空而未封底时，井壁承受的水、土压力最大，此时应按水平框架分析内力，验算井壁材料强度，其计算方法与刃脚框架计算相同。

刃脚根部以上约井壁厚度高的一段井壁（图 5-15），除承受作用于该段的土、水压力外，还受由刃脚悬臂作用传来的水平剪力（即刃脚内挠时受到的水平外力乘以分配系数 α）。此外，还应验算每节沉井最下端处单位高度井壁作为水平框架的强度，并以此控制该节沉井的设计，但作用于井壁框架上的水平外力仅有土压力和水压力，且不需乘以分配系数 β。

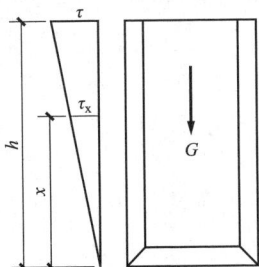

图 5-14　井壁侧阻力分布

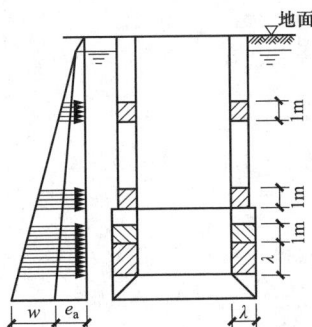

图 5-15　井壁框架受力示意图

采用泥浆套下沉的沉井，若台阶以上泥浆压力大于上述土、水压力之和，则井壁压力应按泥浆压力计算。

5. 混凝土封底及顶板计算

（1）封底混凝土计算：封底混凝土厚度取决于基底承受的反力，该竖向反力由封底后封底混凝土需承受的基底水和地基土的向上反力组成。封底混凝土厚度一般比较大，可按受弯和受剪计算确定。

按受弯计算时将封底混凝土视为支承在凹槽或隔墙底面和刃脚上的底板，按周边支承的双向板（矩形或圆端形沉井）或圆板（圆形沉井）计算，底板与井壁的连接一般按简支考虑，当连接可靠（由井壁内预留钢筋连接等）时，也可按弹性固定考虑。要求计算所得的弯曲拉应力应小于混凝土的弯曲抗拉设计强度，具体计算可参考有关设计手册。

按受剪计算时须考虑封底混凝土承受基底反力后是否存在沿井孔周边剪断的可能性，若剪应力超过其抗剪强度则应加大封底混凝土的抗剪面积。

（2）钢筋混凝土顶板计算：空心或井孔内填以砾砂石的沉井，井顶必须浇筑钢筋混凝土顶板，用以支承上部结构荷载。顶板厚度一般预先拟定再进行配筋计算，计算时按承受最不利均布荷载的双向板考虑。

当上部结构平面全部位于井孔内时，还应验算顶板的剪应力和井壁支承压力；若部分支承于井壁上则不需进行顶板的剪力验算，但须进行井壁的压应力验算。

5.3.4　浮运沉井计算要点

沉井在浮运过程中需有一定的吃水深度，使重心低而不易倾覆，保证浮运时稳定；同时还必须具有足够高的出水高度，使沉井不因风浪等因素而沉没。因此，除前述计算外，还应考虑沉井浮运过程中的受力情况，进行浮体稳定性和井壁露出水面高度等的验算。

1. 浮运沉井稳定性验算

将沉井视为一悬浮于水中的浮体，控制计算其重心、浮心及定倾半径，现以带临时性底板的浮运沉井为例进行稳定性验算如下：

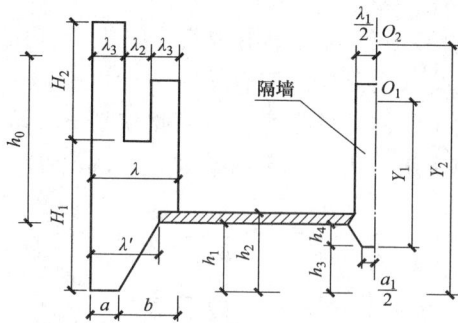

图 5-16　浮心位置计算示意图

（1）浮心位置计算：根据沉井质量等于沉井排开水的质量，则沉井吃水深 h_0（从底板算起见图 5-16）为

$$h_0 = \frac{V_0}{A_0} \tag{5-43}$$

式中　A_0——沉井吃水截面面积，m^2；
　　　V_0——沉井底板以上部分的排水体积，m^3。

故浮心位置 O_1（以刃脚底面起算）为 $h_3 + Y_1$，且

$$Y_1 = \frac{M_I}{V} - h_3 \tag{5-44}$$

其中，M_I 为各排水体积（底板以上部分 V_0、刃脚 V_1、底板下隔墙 V_2）对刃脚底板的力矩（M_0、M_1、M_2）之和，即

$$M_I = M_0 + M_1 + M_2 \tag{5-45}$$

其中

$$M_0 = V_0(h_1 + h_2/2), \quad M_1 = V_1 \frac{h_1}{3} \cdot \frac{2t' + a}{t' + a}, \quad M_2 = V_2\left(\frac{h_4}{3} \cdot \frac{2t_1 + a_1}{t_1 + a_1} + h_3\right)$$

式中　h_1、h_2——底板底面和顶面至刃脚踏面的距离，m；
　　　h_3——隔墙底距刃脚踏面的距离，m；
　　　h_4——底板下的隔墙高度，m；
　　　t_1、t'——隔墙和底板下井壁的厚度，m；
　　　a_1、a——隔墙底面和刃脚踏面的宽度，m。

（2）重心位置计算：设重心位置 O_2 离刃脚底面的距离为 Y_2，则

$$Y_2 = \frac{M_{II}}{V} \tag{5-46}$$

式中　M_{II}——沉井各部分体积中心对刃脚底面距离的乘积，并假定沉井圬工单位重相同。

设重心与浮心的高差为 Y，则

$$Y = Y_2 - (h_3 + Y_1) \tag{5-47}$$

（3）定倾半径验算：定倾半径 ρ 为定倾中心至浮心的距离，可由下式计算

$$\rho = \frac{I_{x-x}}{V_0} \tag{5-48}$$

式中　I_{x-x}——吃水截面积的惯性矩。

浮运沉井的稳定性应满足重心至浮心的距离小于定倾中心至浮心的距离，即

$$\rho > Y \tag{5-49}$$

2. 浮运沉井最小出水高度

沉井在浮运过程中因牵引力、风力等作用，不免产生一定的倾斜，故一般要求沉井顶高出水面不小于 1.0m 为宜，以保证沉井在拖运过程中的安全。

由牵引力及风力等对浮心产生弯矩 M 而引起的沉井旋转角度 θ 为

$$\theta = \arctan \frac{M}{\gamma_w V(\rho - Y)} \leqslant 6° \tag{5-50}$$

式中　γ_w——水的重度，kN/m^3，可取 $10kN/m^3$。

若假定由于弯矩作用使沉井没入水中的深度为计算值的两倍（考虑沉井倾斜边水面存在波浪，波峰高于无波水面），可得沉井浮运时最小出水高度 h 为

$$h = H - h_0 - h_1 - d\tan\theta \geqslant f \tag{5-51}$$

式中　H——浮运时沉井的高度，m；

　　　f——浮运沉井发生最大倾斜时顶面露出水面的安全距离，m，其值为 1.0m。

【知识拓展】沉井基础设计算例见数字资源 11。

5.4　沉　井　施　工

沉井基础施工通常有旱地施工、水中筑岛及浮运沉井三种。施工前应详细了解场地的地质、水文和气象资料，做好河流汛期、河床冲刷、通航及漂流物等的调查研究，应充分利用枯水季节，制订出详细的施工计划及必要的措施，确保施工安全。

5.4.1　旱地沉井施工

旱地沉井施工顺序如图 5-17 所示，其一般工序如下。

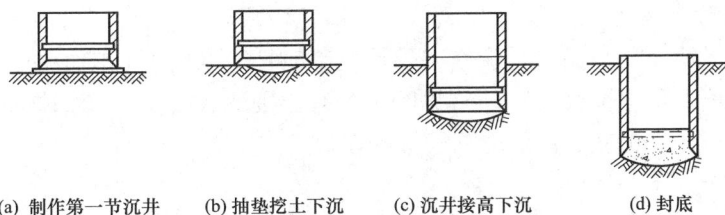

(a) 制作第一节沉井　(b) 抽垫挖土下沉　(c) 沉井接高下沉　(d) 封底

图 5-17　旱地沉井施工顺序示意图

1. 清整场地

要求施工场地平整干净。一般只需将地表杂物清除干净并整平，但若天然地面土质较差，尚应换土或在基坑处铺填大于或等于 0.5m 厚夯实的砂或砂砾垫层，以防沉井在混凝土浇筑之初因地面沉降不均产生裂缝。为减小下沉深度，也可挖一浅坑，在坑底制作沉井，但坑底应高出地下水面 0.5~1.0m。

2. 制作第一节沉井

在刃脚处应先对称铺满垫木（图 5-18），以支承第一节沉井的重量，垫木一般为枕木或方木（200mm×200mm），其数量可按垫木底面压力小于或等于 100kPa 确定，考虑抽垫方

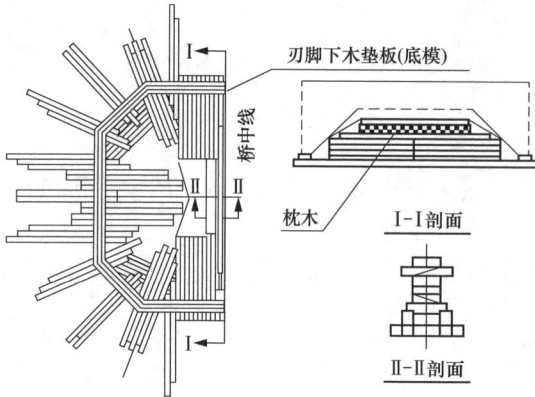

图 5-18　垫木布置实例

便设置，并垫一层厚约 0.3m 的砂，垫木间隙用砂填实（填到半高即可）。然后在刃脚位置处设置刃脚角钢，竖立内模，绑扎钢筋，再立外模浇筑第一节沉井。模板应有较大刚度，以免挠曲变形。当场地土质较好时也可采用土模。

3. 拆模及抽垫

当沉井混凝土强度达设计强度的 70% 时可拆除模板，达设计强度后方可抽撤垫木。抽垫应分区、依次、对称、同步地向沉井外抽出。其顺序为：先内壁下，再短边，最后长边。长边下垫木隔一根抽一根，以固定垫木为中心，由远而近对称地抽，最后抽除固定垫木，并随抽随用砂土回填捣实，以免沉井开裂、移动或偏斜。

4. 除土下沉

沉井宜采用不排水除土下沉，在稳定的土层中，也可采用排水除土下沉。排水下沉常用人工除土，可使沉井均匀下沉和易于清除井内障碍物，但需有安全措施；不排水下沉多用空气吸泥机、抓土斗、水力吸石筒、水力吸泥机等除土。若遇黏土、胶结层，可采用高压射水辅助下沉。此外，正常情况下应自沉井中间向刃脚处均匀对称除土，排水下沉时应严格控制设计支承点处土的排除，并随时注意沉井正位，保持竖直下沉，无特殊情况不宜采用爆破施工。

5. 接高沉井

当第一节沉井下沉至一定深度（井顶露出地面 0.5m 以上或露出水面 1.5m 以上）时，停止挖土，接筑下节沉井。接筑前刃脚不得掏空，并应尽量纠正上节沉井的倾斜，凿毛顶面，立模，然后对称均匀地浇筑混凝土，待强度达设计要求后再拆模继续下沉。

6. 设置井顶防水围堰

沉井顶面低于地面或水面时，应在井顶接筑临时性防水围堰，围堰的平面尺寸略小于沉井，其下端与井顶上预埋锚杆相连。常见的围堰有土围堰、砖围堰和钢板桩围堰。若水深流急，围堰高度大于 5.0m 时，宜采用钢板桩围堰。

7. 基底检验和处理

沉井达到设计标高后，应对基底土质进行检验。若采用不排水下沉应进行水下检验，必要时可用钻机取样检验。当基底达到设计要求后，还应对地基进行必要的处理。砂性土或黏性土地基，一般可在井底铺砾石或碎石至刃脚底面以上 200mm；未风化岩石地基，应凿除风化岩层，若岩层倾斜，还应凿成阶梯形。要确保井底浮土、软土清除干净，封底混凝土、沉井与地基结合紧密。

8. 沉井封底

基底检验合格后应及时封底。若采用排水下沉，渗水量上升速度小于或等于 6mm/min，可采用普通混凝土封底；否则宜用水下混凝土封底。若沉井面积大，可采用多导管先外后内、先低后高依次浇筑。一般用素混凝土封底，但其必须与地基紧密结合，不得存在有害的夹层、夹缝。

9. 井孔填充和顶板浇筑

封底混凝土达到设计强度后，排干井孔中水，填充井内坲工。如果井孔中不填料或仅填砾石，则井顶应浇筑钢筋混凝土顶板，以支承上部结构，且应保持无水施工。然后砌筑井上构筑物，并随后拆除临时性的井顶围堰。井孔是否填充，应根据受力或稳定要求确定，在严寒地区，低于冻结线 0.25m 以上部分，必须用混凝土或坲工填实。

5.4.2 水中沉井施工

1. 水中筑岛

若水深小于 3m，流速小于或等于 1.5m/s，可采用砂或砾石在水中筑岛 [图 5-19(a)]；若水深或流速加大，可围堤防护 [图 5-19(b)]；当水深再加大（通常小于 15m）或流速更大时，宜采用钢板桩围堰筑岛 [图 5-19(c)]。岛面应高出最高施工水位 0.5m 以上，围堰距井壁外缘距离 $b \geqslant H\tan(45° - \varphi/2)$，且大于等于 2m（$H$ 为筑岛高度，φ 为水中砂的内摩擦角）。其余施工方法与旱地沉井施工相同。

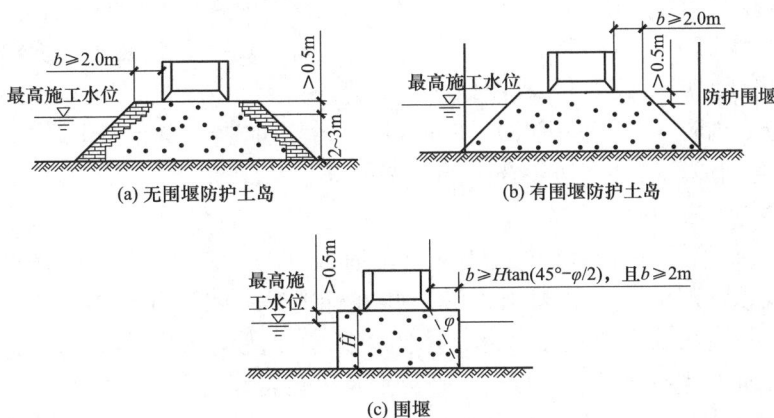

图 5-19 水中筑岛下沉沉井

2. 浮运沉井

若因水深（如大于 10m）导致人工筑岛困难或不经济，可采用浮运法施工。即先在岸边将沉井做成空体结构，或采用其他措施（如使用带钢气筒等）使其浮于水上，再利用在岸边铺成的滑道滑入水中（图 5-20），然后用绳索牵引至设计位置。在悬浮状态下，逐步将水或混凝土注入空体中，使沉井徐徐下沉至河底。若沉井较高，则分段制造，在悬浮状态下逐节接长下沉至河底，但整个过程应保证沉井本身稳定。当刃脚切入河床一定深度后，即可按一般沉井下沉方法施工。

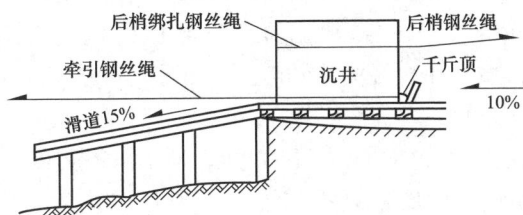

图 5-20 浮运沉井下水示意图

5.4.3 泥浆套和空气幕下沉沉井施工简介

当沉井深度很大，井侧土质较好时，井壁侧阻力很大，采用增加井壁厚度或压重等办法受限时，通常可设置泥浆润滑套和空气幕来减小井壁的侧阻力。

1. 泥浆套辅助下沉法

该法借助泥浆泵和输送管道将特制的泥浆压入沉井外壁与土层之间，在沉井外围形成一定厚度的泥浆层，将土与井壁隔开，并起润滑作用，从而大大降低沉井下沉中的侧阻力（可降至 3~5kPa，一般黏性土为 25~50kPa），减少井壁圬工数量，加速沉井下沉，并具有良好的稳定性，但不宜用于卵石、砾石土层。

泥浆通常由膨润土、水和碳酸钠分散剂配置而成，具有良好的固壁性、触变性和胶体稳定性。泥浆润滑套的构造主要包括射口挡板、地表围圈及压浆管。

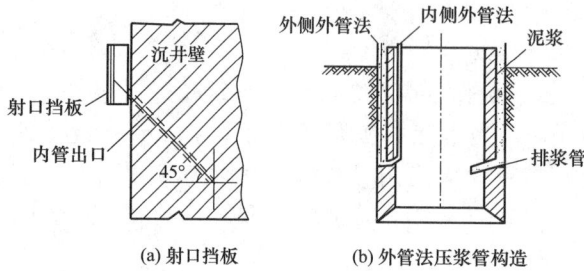

图 5-21　射口挡板与压浆管构造

射口挡板可用角钢或钢板弯制，固定于泥浆射出口处的井壁台阶上［图 5-21(a)］，其作用是防止压浆管射出的泥浆直冲土壁，防止局部坍落堵塞射浆口。地表围圈用木板或钢板制成，埋设于沉井周围，用于防止沉井下沉时土壁坍落，为沉井下沉过程中新造成的空隙补充泥浆，及调整各压浆管出浆的不均衡。其宽度与沉井台阶相同，高 1.5~2.0m，顶面高出地面或岛面 0.5m，圈顶面宜加盖。

压浆管可分为内管法（厚壁沉井）和外管法（薄壁沉井）两种［图 5-21(b)］，通常用 $\phi 38 \sim \phi 50$ 的钢管制成，沿井周边每 3~4m 布置一根。

2. 空气幕辅助下沉法

用空气幕辅助下沉是一种减少井壁侧阻力的有效方法。它通过向沿井壁四周预埋的气管中压入高压气流，气流沿喷气孔射出再沿沉井外壁上升，在沉井周围形成一空气"帷幕"（即空气幕），使井壁周围土松动或液化，摩阻力减小，促使沉井下沉。该方法适应于砂类土、粉质土及黏质土地层，对于卵石土、砾类土及风化岩等地层不宜使用。

如图 5-22 所示，空气幕沉井在构造上增加了一套压气系统，该系统由气斗、井壁中的气管、压缩空气机、储气筒以及输气管等组成。

气斗是沉井外壁上凹槽及槽中的喷气孔，凹槽的作用是保护喷气孔，使喷出的高压气流有一扩散空间，然后较均匀地沿井壁上升，形成气幕。气斗应布设简单、不易堵塞、便于喷气，目前多用棱锥形（150mm×150mm），其数量根据每个气斗所作用的有效面积确定。喷气孔直径为 1mm，可按等距离分布，上下交错排列布置。

气管有水平喷气管和竖管两种，可采用内径 25mm 的硬质聚氯乙烯管。水平管连接各层气斗，每 1/4 或 1/2 周设一根，以便纠偏；每根竖管连接两根水平管，并伸出井顶。

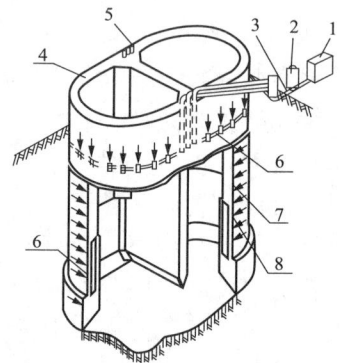

图 5-22　空气幕沉井压气系统构造
1—压缩空气机；2—储气筒；3—输气管路；
4—沉井；5—竖管；6—水平喷气管

压缩空气机输出的压缩空气应先输入储气筒，再由地面输气管送至沉井，以防止压气时压力骤然降低而影响压气效果。

沉井下沉时，应先在井内除土，消除刃脚下土的抗力后再压气（但不得过分除土而不压气），一般除土面低于刃脚 0.5~1.0m 时就应压气下沉，压气时间一般不超过 5min/次。压气顺序应先上后下，以形成沿沉井外壁上喷的气流。气压不应小于喷气孔最深处理论水压的1.4～1.6倍，并尽可能使用风压机的最大值。停气时应先停下部气斗，依次向上，并缓慢减压。不得将高压空气突然停止，造成瞬时负压，使喷气孔内吸入泥砂而被堵塞。

5.4.4 施工中常见问题与处理

沉井下沉施工中常见问题、原因分析及处理措施，见表 5 - 2。

表 5 - 2　　　　　　　　　　　　　　　沉井下沉常见问题及处理措施

常见问题	原因分析	处理措施
沉井偏斜	(1) 沉井刃脚下土软硬不均； (2) 刃脚制作质量差，井壁与刃脚中线不重合； (3) 抽垫方法欠妥，回填不及时； (4) 除土不均匀对称，下沉时有突沉和停沉现象； (5) 刃脚遇障碍物顶住而未及时发现，排土堆放不合理，导致沉井受力不对称	(1) 加强沉井下沉过程中的观测和资料分析，发现倾斜及时纠正； (2) 隔开、平均、对称抽除垫木，及时用砂或砂砾回填夯实； (3) 在刃脚高的一侧加强取土，低的一侧少挖或不挖土，待正位后再均分分层取土； (4) 在刃脚较低的一侧适当回填砂石或石块，延缓下沉速度； (5) 当刃脚遇障碍物时，须先清除障碍物再下沉；在不排水下沉时，在靠近刃脚低的一侧适当回填砂石，在井内射水或开挖、增加偏心压载以及施加水平外力等方法纠偏
沉井难沉	(1) 井壁与土层之间摩阻力过大； (2) 遇障碍物、坚硬岩层和土层； (3) 沉井自重不够，下沉系数过小	(1) 提前接筑下节沉井，增加沉井自重； (2) 在井顶加压沙袋、钢轨等重物迫使沉井下沉； (3) 不排水下沉时，可在井内抽水，减少浮力，迫使下沉； (4) 采取减小井壁侧阻力方法如：射水辅助下沉、泥浆套或空气幕辅助下沉
沉井突沉	(1) 主要发生在软土区，遇到软弱土层，土的强度低，使沉井下沉速度超过挖土速度； (2) 井壁侧阻力较小； (3) 井壁外部土发生液化	(1) 提高刃脚阻力。如增大刃脚踏面宽度或增设底梁； (2) 控制均匀挖土； (3) 在沉井外壁与土层间填充粗糙材料或将井壁外土夯实，以增加摩阻力
发生流砂	(1) 在粉、细砂层中下沉沉井，易出现流砂现象； (2) 主要原因土中动水压力的水头梯度大于临界值	(1) 减少水头梯度。排水下沉发生流砂时可向井内灌水，或改为不排水除土； (2) 降低井外水位。采用井点降水、深井降水和深井泵降水，降低井外水位，改变水头梯度方向使土层稳定，防止流砂发生

思考与习题

5.1　什么是沉井基础？其特点是什么？适用于哪些场合？

5.2　沉井基础由哪几部分组成？各部分的作用是什么？

5.3　沉井作为整体深基础，其设计计算应考虑哪些内容？

5.4　沉井在施工过程中应进行哪些验算？

5.5　浮运沉井的计算有何特殊性？

5.6　沉井在施工中会遇到哪些问题？应采取哪些措施？

5.7　某水下圆形沉井基础直径为 7m，作用于基础上的竖向荷载为 18503kN（已扣除浮力 3848kN），水平力为 503kN，弯矩为 7360kN·m（均未考虑附加组合荷载），$\eta_1 = \eta_2 = 1.0$，沉井埋深为 10m，土质为中等密实的砂砾层，重度为 21.0kN/m³，内摩擦角为 35°，内聚力 $c = 0$。试验算该沉井基础的地基承载力及横向土抗力。

6

地基处理

6.1　地　基　处　理　概　述

6.1.1　地基处理的目的和意义

在土木工程建设中，当采用天然地基不能满足工程建设要求时，就必须对上部土层进行地基处理，形成人工地基，以满足结构物基础对地基的要求，保证结构物的安全与正常使用。

各种结构物的地基问题，主要有以下方面。

1. 地基稳定性问题

地基稳定性问题是指在荷载作用下，地基土能否保持稳定。地基稳定性问题有时也称为地基承载力问题。若地基稳定性不能满足要求时，在荷载作用下，地基土将会产生局部或整体剪切破坏，影响结构物的安全与正常使用。

2. 地基变形问题

地基变形问题是指在上部结构的荷载作用下，地基土产生的变形（如沉降量、沉降差、倾斜、局部倾斜、水平位移等）是否超过相应的允许值。当超过允许值时，可能会导致结构物的倾斜、开裂、局部破坏，甚至可能整体破坏，影响结构物的安全与正常使用。湿陷性黄土的遇水湿陷及膨胀土的遇水膨胀、失水收缩等也属于此类问题。

3. 动荷载下的地基液化和震陷问题

在动力荷载（地震、机器及车辆振动、爆炸冲击、波浪等）作用下，会引起饱和粉、细砂及粉土产生液化，使地基土失去强度。

4. 地基渗透问题

渗透问题是由于水在土中运动时出现的问题，如蓄水构筑物的渗漏量超过允许值或地基土中水力坡降超过允许值时，将会产生水量损失或产生潜蚀、管涌及流砂现象等使地基土产生破坏。

存在上述问题的地基称为不良地基或软弱地基，地基处理的目的就是选择合理的地基处理方法，对不能满足直接使用的各类软弱地基或不良地基进行有针对性的处理，如改善地基土的剪切特性、压缩特性、透水特性、动力特性及特殊土的不良特性等，从而满足工程建设的要求。需要指出的是，判别天然地基是否属于软弱地基或不良地基并没有明确的界限，一般常将不能满足要求的天然地基称为软弱地基或不良地基，因此，天然地基是否属于软弱地基或不良地基是相对的。

在土木工程领域，与上部结构比较，地基土的不确定因素多、问题复杂、难度大。地基问题的处理恰当与否，直接关系到整个工程的质量、投资和进度，因此，地基问题的重要性已越来越被人们所认识。

随着我国现代化建设事业的蓬勃发展，基础建设的规模越来越大，对地基的要求越来越高，需要对天然地基进行地基处理的工程也日益增多。

6.1.2　常见的软弱地基和不良地基

工程建设中，常见的软弱土和不良地基土主要包括软土、填土、湿陷性黄土、部分砂土和粉土、膨胀土、红黏土、盐渍土、泥炭土、多年冻土、溶洞、土洞等，以下分别作简略介绍。

1. 软土

软土是软弱黏性土的简称，是在第四纪后期形成的海相、潟湖相、三角相、溺谷相和湖泊相的黏性土沉积物或河流冲积物。软土的天然孔隙比大于或等于 1.0，且天然含水量大于液限，包括淤泥、淤泥质土、泥炭、泥灰质土。软土具有如下工程特性：

（1）含水量较高，孔隙比较大。根据统计，软土的天然含水量一般在 35%～80% 之间，接近或大于液限，天然孔隙比为 1.0～2.0。

（2）渗透性较差。软土的渗透系数一般为 $i \times 10^{-4} \sim i \times 10^{-8}$ mm/s（$i = 1, 2, \cdots, 9$）。因此，软土层在自重或荷载作用下达到完全固结所需的时间很长。

（3）压缩性较高。软土的压缩系数 a_{1-2} 为 0.5～1.5MPa^{-1}，有些高达 4.5MPa^{-1}，且其压缩性往往随着液限的增大而增加。

（4）抗剪强度很低。软土的天然不排水抗剪强度一般小于 20kPa。其变化范围为 5～25kPa。

（5）具有显著的结构性。特别是滨海相的软土，一旦受到扰动（振动、搅拌或搓揉等），其絮状结构受到破坏，土的强度显著降低，甚至呈流动状态。软土受到扰动后强度降低的特性可用灵敏度表示。软土的灵敏度一般为 3～16。

（6）具有明显的流变性。软土在不变的剪应力的作用下，将连续产生缓慢的剪切变形，并可能导致抗剪强度的衰减。在固结沉降完成之后，软土还可能继续产生可观的次固结沉降。

由于软土具有强度较低、压缩性较高和透水性较差等特性，因此，在软土地基上修建建筑物，必须重视地基的变形和稳定问题。软土地基的承载力常为 50～80kPa，如果不做任何处理，一般不能承受较大的建筑荷载。此外，软土地基上建筑基础的沉降和不均匀沉降也是比较大的。据统计，对于砌体承重结构，四层以上房屋最终沉降可达 200～500mm。而大型构筑物（如水池、油罐、粮仓和储气柜等）的沉降量一般超过 500mm，甚至达到 1.5m 以上。如果上部结构各部分荷载的差异较大，建筑物的体型又比较复杂，而且土层又很不均匀，那么将会引起很大的不均匀沉降。沉降稳定的历时也是比较长的，在比较深厚的软土层上，建筑基础的沉降往往持续数年乃至数十年以上。沉降量过大和持续的时间过长，都会给建筑物设计标高的确定和建筑物内设备的安装带来麻烦，而不均匀沉降则可能会造成建筑物开裂或严重影响建筑物的使用。因此，在软土地基上建造建筑物时，必须对软土地基进行处理。

2. 填土

填土按照物质组成和堆填方式分为素填土、杂填土和冲填土三类。

素填土是由碎石、砂或粉土、黏性土等一种或几种组成的填土，其中不含杂质或杂质较少。素填土地基的性质取决于填土性质、压实程度以及形成时间等因素。

　　冲填土是在整治和疏通江河时，用挖泥船或泥浆泵把江河或港湾底部的泥砂用水力冲填（吹填）形成的沉积土。冲填土的物质成分比较复杂，如以粉土、黏土为主，则属于欠固结的软弱土，而主要由中砂粒以上的粗颗粒组成的，则不属于软弱土。冲填土是否需要进行处理或采用何种方法处理，取决于冲填土的工程性质中颗粒组成、土层厚度、均匀性和排水固结条件等。

　　杂填土一般是因人类活动形成的覆盖在城市地表的人工杂物，包括瓦片砖块等建筑垃圾、工业废料和生活垃圾等。其主要特性是强度低、压缩性高和均匀性差。此外，对有机质含量较多的生活垃圾和对基础有侵蚀性的工业废料，未经处理不应作为持力层。

　　3. 部分砂土和粉土

　　这里主要指的是饱和的粉砂、细砂和粉土，这类土在静力荷载作用下虽然具有较高的强度，但在机器及车辆振动、爆炸冲击、波浪、地震力等动力荷载作用下，可能产生液化或产生大量震陷变形，地基会因此而丧失承载能力。

　　4. 湿陷性黄土

　　黄土在一定压力（自重压力或自重压力与附加压力之和）下受水浸湿后，土的结构迅速破坏而发生显著的附加下沉，这种现象称为湿陷。它与一般土受水浸湿时所表现出的压缩性稍有增加的现象不同。浸水后产生湿陷的黄土称为湿陷性黄土。湿陷变形往往是局部和突然发生的，而且很不均匀，对建筑物的危害较大。

　　5. 膨胀土

　　土中黏粒成分主要由亲水性矿物蒙脱石和伊利石组成，同时具有显著的吸水膨胀、软化和失水收缩、开裂两种变形特性的黏性土称为膨胀土。膨胀土反复的吸水膨胀和失水收缩会造成围墙、室内地面以及轻型建（构）筑物的破坏。

　　6. 盐渍土

　　地表下 1.0m 深度范围内易溶盐含量大于 0.5% 的土称为盐渍土。盐渍土的液限、塑限随土中含盐量的增大而降低，当土的含水量等于其液限时，土的抗剪强度接近于零，因此含盐量高的盐渍土在含水量增大时极易丧失其强度，引发工程事故。

　　7. 冻土

　　在负温作用下，地壳表层处于冻结状态的土层或岩层称为冻土。冻土根据持续时间可分为季节性冻土和多年冻土两大类。土的冻胀和融陷会使得房屋、桥梁和涵管等发生大量沉降和不均匀沉降，道路出现翻浆冒泥等危害。

　　8. 岩溶和土洞

　　岩溶是由于地表水或地下水对石灰岩、白云岩、泥灰岩、大理岩、岩盐、石膏盐等可溶性岩石的溶蚀而形成的一系列地质现象，如溶洞、溶沟、溶槽、裂隙以及由于溶洞的顶板落使地表产生的陷穴、洼地等。土洞是由于岩溶地区上覆土层被地表水和地下水溶蚀和冲刷而产生的空洞。岩溶和土洞可能造成地面变形、地表塌陷、地下水循环改变等，对建筑物影响很大。

6.1.3　地基处理方法分类及适用范围

　　地基处理方法的分类很多，按其加固机理进行分类，主要有：置换，排水固结，振密或挤密，灌入固化物，加筋以及冷热处理等，现将几种常见的地基处理方法按其具体分类、加固原理及适用范围列于表 6-1 中。

表 6 - 1　　　　　　　　　　　　　常 用 地 基 处 理 方 法

序号	分类	处理方法	原理及作用	适用范围
1	换填垫层	砂石垫层 素土垫层 灰土垫层 矿渣垫层	以砂石、素土、灰土和矿渣等强度较高的材料，置换地基表层软弱土，提高持力层的承载力，减少沉降量	适用于处理浅层软弱土地基、湿陷性黄土地基、膨胀土地基、季节性冻土地基
2	碾压及夯实	重锤夯实法 机械碾压法 振动压实法 强夯法（动力固结）	利用压实原理，通过机械碾压夯击，把表层地基土压实，强夯则利用强大的夯击能，在地基中产生强烈的冲击波和动应力，迫使土体动力固结密实	适用于处理碎石土、砂土、低饱和度的粉土与黏性土，湿陷性黄土、素填土和杂填土
3	排水固结	堆载预压法 砂井堆载预压法 砂井真空预压法 井点降水预压法	通过改善地基排水条件和施加预压荷载，加速地基的固结和强度增长，提高地基的稳定性，并使基础沉降提前完成	适用于处理厚度较大的饱和软弱土层；对于渗透性极低的泥炭土，则应慎重
4	振密挤密	砂石桩挤密法 灰土桩挤密法 石灰桩挤密法	采用一定的技术措施，通过振动或挤密，使土体的孔隙减少，强度提高；必要时，在振动挤密的过程中，回填砂、砾石、灰土、素土等，与地基土组成复合地基，从而提高地基的承载力，减少沉降量	适用于处理砂土、粉土、填土及湿陷性黄土地基
5	置换胶结	振冲置换 深层搅拌法 高压喷射注浆，硅化法 碱液加固法	采用专门的技术措施，以砂、碎石等置换软弱土地基中部分软弱土，或在部分软弱土地基中掺入水泥、石灰或砂浆等形成加固体，与未处理部分土组成复合地基，从而提高地基的承载力，减少沉降量	适用于处理砂土、黏性土、粉土、湿陷性黄土等地基
6	加筋	土工合成材料 加筋土 树根桩	通过在土层中埋设强度较大的土工合成材料、拉筋、受力杆件等，提高地基承载力和稳定性，改善变形特性	土工合成材料适用于处理软弱地基，或用作反滤、排水和隔离材料；加筋土适用于人工填土的路堤和挡墙结构；树根桩适用于各类软弱地基
7	其他	冻结，托换技术，纠偏技术	通过独特的技术措施处理软弱土地基	根据建筑物和地基基础情况确定

6.1.4　地基处理方法的选择

1. 选择地基处理方案前的准备工作

在选择地基处理方案前，应完成下列工作：

（1）搜集详细的岩土工程资料，上部结构及基础设计资料。

（2）根据工程的要求和采用天然地基存在的主要问题，确定地基处理的目的，处理范围和处理后要求达到的各项技术经济指标等。

（3）结合工程情况，了解当地地基处理经验和施工条件，对于有特殊要求的工程，尚应了解其他地区相似场地上同类工程的地基处理经验和使用情况等。

（4）调查邻近建筑、地下工程和有关管线等情况。

（5）了解建筑场地的环境情况。

2．确定地基处理方法的步骤

（1）根据结构类型、荷载大小及使用要求，结合地形地貌、地层结构、土质条件、地下水特征、环境情况和对邻近建筑的影响等因素进行综合分析，初步选出几种可供考虑的地基处理方案，包括选择两种或多种地基处理措施组成的综合处理方案。

（2）对初步选出的各种地基处理方案，分别从加固原理、使用范围、预期处理效果、耗用材料、施工机械、工期要求和对环境的影响等方面进行技术、经济分析和对比，选择最佳的地基处理方法。

（3）对已选定的地基处理方法，宜按建筑物地基基础设计等级和场地复杂程度，在有代表性的场地上进行相应的现场试验或试验性施工，并进行必要的测试，以检验设计参数或处理效果，如达不到设计要求时，应查明原因，修改设计参数或调整地基处理方法。

（4）在选择地基处理方案时，应同时考虑上部结构、基础和地基的共同作用，尽量选用加强上部结构和处理地基相结合的方案，这样既可降低地基的处理费用，又可收到满意的效果。

6.2 换 填 法

6.2.1 换填法目的及适用范围

当地基表层存在不厚的软弱土层且不能满足使用需要时，一个最简单的方法就是将其挖除，另外填筑易于压实的材料，或者如果软弱土层较厚而全部挖除不合理时，可将其部分挖除，铺设密实的垫层材料，但必须进行换填层以下土层的承载力及变形验算，以上这种挖除回填统称为换填法。

1．换填的目的

（1）提高地基承载力。用于置换软弱土层的材料，其抗剪强度较高，因此，垫层（持力层）的承载力要比置换前软弱土层的承载力提高很多。此外，作用在垫层顶面的荷载通过垫层的应力扩散，使下卧层顶面处受到的荷载相应减小。

（2）减少基础的沉降量。基础持力层被低压缩性的垫层材料替换，能大大减少基础的沉降量，垫层材料本身的压缩性较低，尤其是粗粒换填材料的垫层在施工期间垫层自身的压缩变形已基本完成，且压缩变形量较小。此外，由于垫层的应力扩散作用，传递到垫层下卧层上的压力减小，也会使下卧层的压缩变形量减小。

（3）加速地基排水固结。粗粒换填材料垫层的透水性大，用透水材料做垫层相当于增设了一层水平排水通道，使软土上部的孔隙水压力较易消散，从而加速饱和软土的排水固结。

2．换填法适用范围

换填法适用于淤泥、淤泥质土、湿陷性黄土、素填土、杂填土地基及暗沟、暗塘等软弱地基及不均匀地基的浅层处理。

6.2.2 换填法设计

换填法设计核心是对垫层的设计，要求垫层应满足建筑物对地基承载力和变形的要求，设计的主要内容是确定垫层厚度和垫层宽度以及垫层密实度。

1．垫层厚度的确定

垫层厚度 z 应根据软弱下卧层的承载力确定，即作用在垫层底面处的自重应力与附加应

力之和不大于软弱土层的承载力特征值，并符合下列要求

$$P_z + P_{cz} \leqslant f_{az} \qquad (6 \text{-} 1)$$

式中　f_{az}——垫层底面处经深度修正后的地基承载力特征值，kPa；

　　　　P_{cz}——垫层底面处土的自重应力，kPa；

　　　　P_z——相应于荷载效应标准组合时，下卧层顶面的附加应力，kPa。

垫层底面处的附加应力值 P_z 可按下式简化计算

条形基础：
$$P_z = \frac{b(p_k - p_c)}{b + 2z\tan\theta} \qquad (6 \text{-} 2)$$

矩形基础：
$$P_z = \frac{bl(p_k - p_c)}{(b + 2z\tan\theta)(l + 2z\tan\theta)} \qquad (6 \text{-} 3)$$

式中　b——矩形基础或条形基础底面的宽度，m；

　　　　l——矩形基础底面的长度，m；

　　　　p_k——相应于荷载效应标准组合时基础底面处平均压力值，kPa；

　　　　p_c——基础底面处土的自重应力值，kPa；

　　　　z——基础底面下垫层的厚度，m，z 不宜小于 0.5m，也不宜大于 3m；

　　　　θ——垫层的应力扩散角，(°)，宜通过试验确定，当无试验资料时，可按表 6-2 采用。

表 6-2　　　　　　　　　　　　　　　应力扩散角 θ　　　　　　　　　　　　　　(°)

z/b ＼ 换填材料	中砂、粗砂、砾砂、圆砾、角砾、卵石、碎石、碎渣	粉质黏土、粉煤灰	灰土
0.25	20	6	28
≥0.5	30	23	

注　1. 当 $z/b < 0.25$，除灰土取 $\theta = 28°$ 外，其余材料均取 $\theta = 0°$，必要时，宜由试验确定。

　　2. 当 $0.25 < z/b < 0.5$ 时，θ 值可内插求得。

　　3. 土工合成材料加筋垫层的压力扩散角宜由现场静载荷试验确定。

在进行上述验算之前，可根据场地工程地质条件并参考当地经验，先假设一个垫层的厚度，然后根据式（6-1）进行验算，若不符合要求，重新设一个厚度再验算，直到满足要求为止。在工程实践中，一般取垫层厚度 $z = 1 \sim 3m$，当厚度太小时，垫层的作用不大；但厚度若太大，则施工不便或不经济（此时可以考虑采用其他的地基处理方法），故垫层厚度也不宜大于 3m。

2. 垫层宽度的确定

垫层的宽度应满足基础底面应力扩散的要求，并适当加宽，可按下式确定。

$$b' \geqslant b + 2z\tan\theta \qquad (6 \text{-} 4)$$

式中　b'——垫层底面宽度，m。

当 $z/b > 0.5$ 时，垫层的宽度也可根据当地经验及基础下应力等值线的分布，按倒梯形剖面确定。整片垫层的宽度可根据施工的要求适当加宽。垫层顶面每边宜超出基础底边不小于 300mm，或从垫层底面两侧向上按当地开挖基坑的要求放坡，如图 6-1 所示。

3. 垫层承载力的确定

垫层的承载力取决于换填材料的种类和性质、施工机具能量的大小及施工质量，宜通过现场原位试验确定，并应验算下卧层的承载力。此外，对于一般工程，在无试验资料或经验

时，当施工达到一定压实标准后，可参考表 6-3 所列的承载力特征值取用。

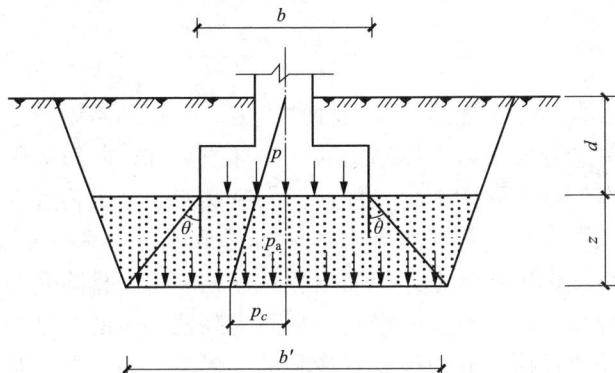

图 6-1　换填垫层示意图

表 6-3　　　　　　　　　　　　　　　垫　层　的　承　载　力

施工方法	换填材料	压实系数 λ_c	承载力特征值
碾压、振密或夯实	碎石、卵石	0.94~0.97	200~300
	砂夹石（其中碎石、卵石占全重的 30%~50%）		200~250
	土夹石（其中碎石、卵石占全重的 30%~50%）		150~200
	中砂、粗砂、砾砂、圆砾、石屑		150~200
	粉质黏土		130~180
	石屑		120~150
	灰土	0.95	200~250
	粉煤灰	0.90~0.95	120~150

注　1. 压实系数 λ_c 为土的控制干密度 ρ_d 与最大干密度 ρ_{dmax} 的比值；土的最大干密度宜采用击实试验确定；碎石或卵石的最大干密度可取 2.1~2.2t/m³。

　　2. 压实系数小的垫层，承载力特征值取低值，反之取高值。

4. 沉降量计算

对重要建筑或存在较弱下卧层的建筑应进行地基变形计算。换填地基的变形由换填垫层自身变形和下卧层的变形组成。垫层下卧层的变形量可按《建筑地基基础设计规范》（GB 50007—2011）有关规定计算。

【拓展应用】换填垫层法设计计算例见数字资源 13。

【拓展应用】换填垫层施工与质量检验见数字资源 14。

6.3　强夯法和强夯置换法

6.3.1　强夯法

强夯是法国 Menard 技术公司于 1963 年首创的一种地基加固方法，通过重为 10~40t 的重锤和 10~40m 的落距，对地基土施加很大的冲击能，地基土中所出现的冲击波和动应力，可提高地基土的强度，降低土的压缩性，改善土的抗液化条件，消除湿陷性黄土的湿陷性等。同时，夯击能提高土层的均匀程度，减少将来可能出现的差异沉降。

强夯法适用于处理碎石土、砂土、低饱和度的粉土和黏性土、湿陷性黄土、素填土和杂填土等地基。

1. 加固机理

强夯法是利用强度大的夯击能给地基一种冲击力，并在地基中产生冲击波，在冲击力作用下，夯锤对上部土体进行冲击，土体结构破坏，形成夯坑，并对周围土进行动力挤压。目前，强夯法加固地基有三种不同的加固机理：动力密实、动力置换和动力固结。

（1）动力密实。强夯对于多孔隙、粗颗粒、非饱和土的加固主要是基于动力密实的机理，即在冲击型动力荷载作用下，土体中的土颗粒互相靠挤，排除孔隙中的气体，颗粒重新排列，使土体中的孔隙减小，颗粒挤压密实，从而提高地基土的强度。

（2）动力置换。动力置换可分为整式置换和桩式置换。整式置换是采用强夯将碎石整体挤入淤泥中，其作用机理类似于换土垫层。桩式置换是通过夯锤冲击孔，回填碎石料并夯实形成碎石墩。其作用机理类似于振冲法形成的碎石法。它主要是靠碎石内摩擦角和墩间土的侧限来维持桩体的平衡，并与墩间土一起形成复合地基。

（3）动力固结。用强夯法处理细颗粒饱和土时，其加固原理则是借助动力固结理论。动力固结理论不同传统的静力固结理论，动力固结理论可概述为：

1）饱和土的压缩。由于有机物分解，土中含 1%～4%微小气泡，强夯时气体体积压缩。孔隙水压力增大，随后气体有所膨胀，孔隙水排出，液相、气相体积减小即饱和土具有可压缩性。

2）局部液化。强夯时，土体被压缩随着夯击能量的不断加大，孔隙水压不断增加，当其值达到上覆荷重时，产生局部液化，吸附水变为自由水，土的强度下降到最小值。

3）可变渗透系数。由于强夯的冲击能量大，在土体中形成裂缝并形成树枝状排水网络，孔隙水得以顺利逸出。在有规则网格布置夯点的现场，通过积聚的夯击能量，在夯坑四周会形成有规则的垂直裂缝，夯坑附近出现涌水现象。当孔隙水压消散到小于颗粒间的侧向压力时，裂缝即自行闭合，土中水的运动重新又恢复常态。

4）触变恢复。土体经强夯后结构破坏，抗剪强度几乎为零，随着时间推移，强度逐渐恢复。

2. 强夯法的设计

（1）有效加固深度。

$$H = k\sqrt{\frac{Wh}{10}} \qquad\qquad (6-5)$$

式中　H——有效加固深度，m；

　　　W——夯锤重量，kN；

　　　h——落距，m；

　　　k——经验系数，根据所处理地基土的性质而定，对黏性土、砂土取 0.45～0.6，对湿陷性黄土取 0.34～0.5，填土取 0.6～0.8。

强夯法的有效加固深度应根据现场或当地经验确定。在缺乏试验资料或经验时可按表 6-4 估算。

表 6 - 4　　　　　　　　　　　　　强夯法的有效加固深度　　　　　　　　　　　　　　m

单位夯击能（kN·m）	碎石土、砂土等粗粒土	粉土、粉质黏土、湿陷性黄土等细颗粒土
1000	4.0~5.0	3.0~4.0
2000	5.0~6.0	4.0~5.0
3000	6.0~7.0	5.0~6.0
4000	7.0~8.0	6.0~7.0
5000	8.0~8.5	7.0~7.5
6000	8.5~9.0	7.5~8.0
8000	9.0~9.5	8.0~8.5
10000	9.5~10.0	8.5~9.0

注　强夯法的有效加固深度应从最初起夯面算起。

（2）夯锤和落距。单击夯击能为夯锤质量 M 与落距 h 的乘积，整个加固场地的总夯击能量等于单击夯击能乘以总夯击数。若以整个加固场地的总夯击能量除以加固面积，即可计算出单位夯击能。强夯的单位夯击能应根据地基土类别、结构类型、荷载大小和要求处理的深度等级综合考虑，并通过试验确定。在一般情况下，对粗颗粒土可取 1000~3000(kN·m)/m² ，对细颗粒土可取 1500~4000(kN·m)/m² 。

在设计中，根据需要加固的深度初步确定采用的单击夯击能，然后再根据机具条件因地制宜地确定锤重和落距。

根据工程实践经验，一般情况下夯锤可取 10~60t，落距取 8~25m。锤底面积宜按土的性质确定，锤底静接地压力可取 25~80kPa，对砂性土和碎石填土，一般锤底面积为 2~4m² ，对一般第四纪黏性土建议用 3~4m² ；对于淤泥质土建议采用 4~6m² ；对于黄土建议采用 4.5~5.5m² 。

（3）夯击点范围与间距。强夯法处理范围应大于建（构）筑物基础范围，每边超出基础外缘的宽度一般应为加固厚度的 1/2~1/3 并不小于 3m。夯击点布置一般为三角形或正方形。第一遍夯击点间距可取 5~9m，或夯击锤直径的 2.5~3.5 倍，第二遍夯击点位于第一遍夯击点之间，以后各遍夯击点间距可适当减小，以保证使夯击能量传递到深处和保护夯坑周围所产生的辐射向裂缝为基本原则。

（4）单点夯击数和夯击遍数。夯点的夯击次数应按现场试夯得到的夯击次数和夯沉量关系曲线确定，应同时满足下列条件：

1）后两击的平均夯沉量不宜大于下列数值：当单击夯击能小 4000kN·m 时为 50mm；当单击夯击能为 4000~6000kN·m 时为 100mm；当单击夯击能为 6000~8000kN·m 时为 150mm；当单击夯击能 8000~12000kN·m 时为 200mm。

2）夯坑周围地面不应发生过大隆起。

3）不因夯坑过于深而发生起锤困难。

夯击遍数应根据地基土的性质确定，可采用点夯 2~3 遍，对于渗透性较差的细颗粒土，必要时夯击遍数可适当增加；最后再以低能量满夯两遍，满夯可采用轻锤或低落距锤多次夯击，锤印搭接。

（5）间隔时间。两遍夯击之间应有一定的时间间隔，间隔时间取决于土中超静孔隙水压力的消散时间。当缺少实测资料时，可根据地基土的渗透性确定，对渗透性好的地基，超静孔隙水压力消散很快，夯完一遍，第二遍可连续夯击；对于渗透性较差的黏性土地基，间隔时间不应少于 2～3 周。

6.3.2 强夯置换法

强夯置换法是采用在夯坑内回填块石、碎石等粗粒材料，用夯锤夯击形成连续的强夯置换墩。强夯置换法适用于高饱和度的粉土与软塑、流塑的黏性土等，地基上对变形控制要求不严格的工程，同时应在设计前通过现场试验确定其适用性和处理效果。

1. 加固机理

强夯置换法除在土中形成墩体外，当加固土层为深厚饱和粉土、粉砂时，还对墩间土和墩底端以下有挤密作用，提高地基承载力。此外，墩身与墩间土构成复合地基，共同作用。

2. 强夯置换法的设计

(1) 强夯置换墩的深度。强夯置换墩的深度由土质条件决定，除厚层饱和粉土外，应穿透软土层，到达较硬土层上，深度不宜超过 7m。

(2) 墩体材料选择。墩体材料可采用级配良好的块石、碎石、矿渣、建筑垃圾等坚硬颗粒材料，粒径大于 300mm 的颗粒含量不宜超过全重的 30%。

(3) 单击夯击能及夯击次数。强夯置换法的单击能应根据现场试验确定。在进行初步设计时，也可通过如下经验公式计算单击夯击能平均值 E 和单击夯击能量最低值 E_w，初步单击夯击能可在 E 和 E_w 之间选取

$$E = 940(H_1 - 2.1) \tag{6-6}$$

$$E_w = 940(H_1 - 3.3) \tag{6-7}$$

式中 H_1——置换墩深度。

夯点的夯击次数应通过现场试夯确定，且应同时满足下列条件：

1) 墩底穿透软弱土层，且达到设计墩长。

2) 累计夯沉量为设计墩长的 1.5～2.0 倍。

3) 最后两击的平均夯沉量不大于 50mm；当单击夯击能量较大时，不大于 100mm。

(4) 墩的布置。墩的布置宜采用等边三角形或正方形。对于独立基础或条形基础可根据基础形状与宽度相应布置。墩间距的大小应根据荷载大小、加固前土的承载力经计算确定。当满堂布置时可取夯锤直径的 2～3 倍，对于柱基或条形基础可取夯锤直径的 1.5～2.0 倍。当墩间净距较大时，应适当提高上部结构和基础的刚度。墩顶应铺设一层不小于 500mm 的压实垫层，垫层材料与墩体相同，粒径不宜大于 100mm。

6.4 排 水 固 结 法

6.4.1 排水固结法

排水固结法是先在地基中设置砂井等竖向排水体，然后利用建筑物本身重力分级逐渐加荷；或在建筑物建造前在场地上先行加载预压，使土体中的孔隙水排出，逐渐固结，地基发生沉降，同时强度逐步提高的方法。

排水固结法适用于处理淤泥质土、淤泥和冲填土等饱和黏性土地基，用于解决地基的沉降和稳定问题。排水固结法通常由排水系统和加压系统两部分组成，如图 6-2 所示。排水系统一般包括水平向排水垫层和竖向排水通道两部分。水平向排水垫层一般为砂垫层，竖向

排水通道通常采用在地基中设置普通砂井、袋装砂井或塑料排水带等形成。若软土层较薄或渗透性较好，也可不增设人工竖向排水通道，只在地基表面铺设一定厚度的砂垫层。加压系统的作用主要是对地基施加预压并使地基土产生固结，通常采用的方法主要有堆载法和真空预压法，另外还有真空预压联合堆载法、降水预压法和电渗排水预压法等。堆载预压分塑料排水带或砂井地基堆载预压和天然地基堆载预压。一般当软土层厚度小于 4m 时，可采用天然地基堆载预压法处理，当软土层厚度大于 4m 时，为加速土层的排水固结，应采用塑料排水带、砂井等竖井排水预压法处理地基，对于真空预压工程，必须在地基内设置排水竖井。

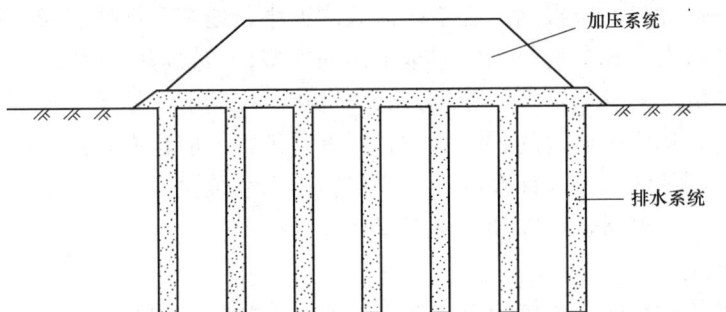

图 6 - 2　排水固结法示意图

堆载预压法加固饱和软土地基是通过在地面上堆载，对地基土进行预压，使其在预压过程中排水固结，达到减少工后沉降及提高地基承载力的目的。堆载一般用填土、砂石等散粒材料。这种加固方法对于储（水、油）罐地基和路堤的处理更为实用，可省去堆卸载和运输等费用。在储罐试水期间，通过分级充水，便可对地基土地进行预压和排水固结，并减小其在使用阶段的地基沉降增量和提高地基的承载力。堤坝常以其自身重量有控制地分级加载，直至设计标高。有时为了加速地基土的排水固结过程，可使预压荷载大于使用荷载，称为超载预压法。

真空预压法与堆载预压法在排水系统上是基本相同的，不同的是加压系统。堆载预压法由于堆载物数量较大、装卸和运输麻烦等缺点而影响其广泛使用。而真空预压法可通过抽气形成负压区，利用大气压力作为预压荷载以达到排水固结的目的。在单纯采用真空预压法不能达到地基处理设计要求时，也可同时结合堆载或振冲碎石桩加固处理地基。

真空预压法加固的一般布置，由袋装砂井或塑料排水板、排水管线、汇水垫层、覆盖不透气的薄膜以及真空装置整套设备组成。预压效果的关键在于保持密封薄膜覆盖层下方的真空度，真空度越高，预压效果越好。

6.4.2　加固原理

饱和软黏土地基在荷载作用下，孔隙中的水被慢慢排出，孔隙体积慢慢地减小，地基发生固结变形，同时，随着超静孔隙水压力逐渐消散，有效应力逐渐提高，地基土的强度逐渐增长。所以，土体在受压固结时，一方面孔隙比减小产生压缩，另一方面抗剪强度也得到提高。这说明如果在建筑场地先加一个和上部建筑物相同的压力进行预压，使土层固结，然后卸除荷载，再建造建筑物，建筑物所引起的沉降即可大大减小。如果预压荷载大于建筑物荷载，即所谓超载预压，则效果更好。因为经过超载预压，当土层的固结压力大于使用荷载下的固结压力时，原来的正常固结黏土层将处于超固结态，而使土层在使用荷载下的变形大为减小。在荷载作用下，土层的固结过程就是孔隙水压力消散和有效应力增加的过程。如地基

内某点的总应力为 σ，有效应力为 σ'，孔隙水压力为 u，则三者有以下关系 $\sigma'=\sigma-u$。用填土等外加荷载对地基进行预压，是通过增加总应力 σ 并使孔隙水压力消散来增加有效应力 σ' 的方法。降低地下水位和电渗排水则是在总应力不变的情况下，通过减小孔隙水压力来增加有效应力的方法。真空预压是通过覆盖于地面的密封膜下抽空，使膜内外形成气压差，使黏土层产生固结压力。降低地下水位、真空预压和电渗法由于不增加剪应力，地基不会产生剪切破坏，所以它适用于很软弱的黏土地基。

6.4.3　排水固结法设计计算

排水固结法在设计时，应根据上部结构荷载的大小、地基土性质以及工期要求，合理确定加压荷载的类型与大小；合理选用竖向排水体的类型、布置与打入深度；分析地基土的固结、强度的增长和沉降的发展，拟订分级加载的进程，控制加荷速率，保证地基处理始终在稳定的条件下施工，达到预期目的。必要时，对重要工程，应预先选择具有代表性的地段进行预压试验。排水固结法的设计计算内容主要包括排水系统设计、加压系统的设计、地基土固结度计算、地基土强度增长计算和地基沉降计算。

1. 排水系统设计

排水系统设计包括竖向排水体的材料选用、排水体深度、间距、直径、平面布置和表面砂垫层材料及厚度等。

（1）竖向排水体材料选用。竖向排水体可采用普通砂井、袋装砂井和塑料排水板。若需要设置竖向排水体长度超过 20m，建议采用普通砂井。

（2）竖向排水体深度。竖向排水体深度主要根据土层的分布、地基中附加应力大小、施工工期和施工条件以及地基稳定性等因素确定：

1）当软土层不厚、底部有透水层时，排水体应尽可能穿透软土层。

2）当深厚的高压缩性土层间有砂层或砂透镜体时，排水体应尽可能达至砂层或砂透镜体。采用真空预压时尽量避免排水体与砂层相连接，以免影响真空效果。

3）对于无砂层的深厚地基则可根据其稳定性及建筑物在地基中造成的附加应力与自重应力之比值确定（一般为 0.1～0.2）。

4）按稳定性控制的工程，如路堤、土坝、岸坡、堆料等，排水体深度应通过稳定分析确定，排水体长度应大于最危险滑动面的深度。一般超过最危险滑动面不小于 2m。

5）按沉降控制的工程，排水体长度可从压载后的沉降量满足上部建筑物允许的沉降量来确定。竖向排水体长度一般为 10～25m。

（3）竖向排水体直径、间距与井径比。普通砂井直径一般为 300～500mm，井径比为 6～8；袋装砂井直径一般为 70～120mm，井径比为 15～30。塑料排水带可以折算为砂井直径，算式如下

$$d_{\mathrm{p}}=\frac{2(b+\delta)}{\pi} \qquad (6-8)$$

式中　d_{p}——塑料排水带当量换算直径，mm；

　　　b——塑料排水板宽度，mm；

　　　δ——塑料排水板厚度，mm。

由固结度可见，井径比越小，固结越快。因而砂井直径一定时，可以采用小的砂井间距，但是若间距太小则砂井数目就会增加，涂抹作用和扰动影响也就会增加。设计时，竖井

的间距可按井径比 n 选用（$n=d_e/d_w$，d_w 为竖井直径，对排水带可取 $d_w=d_p$，d_e 为砂井等效直径）。排水带和袋装砂井可按 $n=15\sim22$ 选用，普通砂井可按 $n=6\sim8$ 选用。

（4）平面排列。砂井的平面布置常用有三角形和正方形。当布置成正方形排列时，每个砂井的有效排水范围（影响范围）为一个正方形，而正三角形排列时则为一个正六边形，如图 6-3 所示。工程上常将有效排水范围换算成与多边形面积相等的一个圆，则砂井的有效排水直径 d_e 与间距 l 的关系为

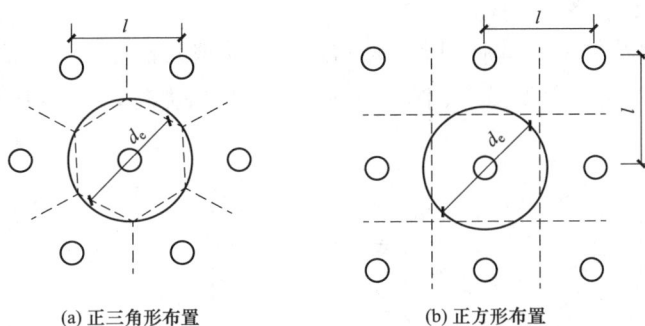

(a) 正三角形布置　　　　　　　(b) 正方形布置

图 6-3　砂井布置图

三角形布置时：
$$d_e=\sqrt{\frac{2\sqrt{3}}{\pi}}\cdot l=1.05l \tag{6-9}$$

正方形布置时：
$$d_e=\sqrt{\frac{4}{\pi}}\cdot l=1.13l \tag{6-10}$$

（5）排水砂垫层材料和厚度。排水固结法处理地基时应在地表铺设用于排水的砂垫层，以连通排水竖井，引出从土层中排入竖井的渗流水。《建筑地基处理技术规范》（JGJ 79—2012）规定，砂垫层厚度不应小于 500mm，砂料宜用中粗砂，黏粒含量不宜大于 3%，砂料中可混有少量粒径小于 50mm 的砾石。砂垫层的干密度应大于 15g/cm³，其渗透系数宜大于 1×10^{-2}cm/s。在预压区边缘应设置排水沟，在预压区内宜设置与砂垫层相连的排水盲沟。

2. 加压系统设计

根据地基土的情况，预压荷载分为单级加荷和多级加荷。采用真空预压法时，地基土中有效应力不断增加，地基不存在失稳问题，由抽真空形成的预压荷载可一次全部施加。采用堆载预压时，当天然地基的强度满足总预压荷载下地基的稳定性时，荷载可一次性施加，否则应分级逐渐加载，待前期预压荷载下地基土的强度增长到满足下一级荷载下地基的稳定性要求时方可加载。在设计时，一般先确定一个初步的加荷计划，然后校核这一加荷计划下地基的稳定性和沉降，具体步骤如下：

（1）利用天然地基土的抗剪强度计算第一级允许施加的荷载 P_1。

对堤坝地基或条形基础，可按下式计算
$$P_1=\frac{5.14c_u}{k} \tag{6-11}$$

对于矩形或圆形基础可按下式计算
$$P_1=\frac{1}{k}N_cc_u\left(1+0.2\frac{l}{b}\right)\left(1+0.2\frac{d}{b}\right)+\gamma d \tag{6-12}$$

式中 c_u——天然地基不排水抗剪强度，kPa；

    N_c——承载力因数，矩形基础取 5.52，圆形基础取 6；

    k——安全系数，可取 1.1～1.5；

    b——矩形基础的宽度或圆形基础的直径，m；

    l——矩形基础的长度，m；

    d——基础埋置深度，m；

    γ——地基土的天然重度，kN/m³。

（2）计算荷载 P_1 的加荷速率及所需时间。施加荷载时，加荷速率 $\dot{q}$ 不宜过快，以防止产生剪切破坏，一般取 4～8kPa/d，则图 6-4 中荷载 P_1 所需时间 $T_1 = P_1/\dot{q}_1$

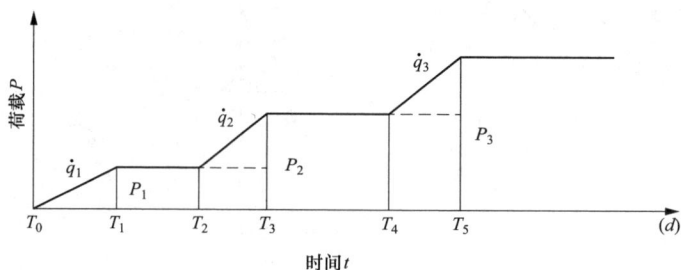

图 6-4　多级荷载加荷过程

（3）计算荷载作用下达到确定的固结度所需要的时间。为了防止地基土产生剪切，在施加荷载 P_1 后需恒载一段时间，待地基土固结（达到某一固结度）后再施加下一级荷载。达到某一固结度所需的时间可根据固结度与时间的关系求得。

（4）计算第一级荷载下地基强度增长值和估算第二级荷载的容许值。地基土强度的增长值可按式（6-13）计算 τ_{ft} 值，然后将 τ_{ft} 值代替式（6-11）或式（6-12）中的 c_u 值，计算第二级荷载到达的 P_2 值。

对正常固结饱和黏性土地基，某一时间 t 某点的抗剪强度可按下式计算

$$\tau_{ft} = \eta(c_u + \sigma_z U_t \tan\varphi_{cu}) \tag{6-13}$$

式中 τ_{ft}——t 时刻，该点土的抗剪强度，kPa；

    c_u——地基土的天然不排水抗剪强度，kPa；

    σ_z——预压荷载引起的该点的竖向附加压力，kPa；

    U_t——该点土的固结度；

    φ_{cu}——三轴固结不排水试验求得的土的内摩擦角，（°）；

    η——强度衰减系数，工程实测结果 $\eta=0.7\sim0.9$。

类似地，求出在 P_2 作用下地基固结度达 70% 时的强度和所需要的时间，然后计算第三级所能施加的荷载，依次可计算出以后各级荷载和停歇时间，一直计算至所设计的总荷载。这样就可确定出初步的加荷计划。

（5）地基稳定性验算。在每级荷载下，若地基的稳定性不满足要求，则需调整加荷计划。

（6）计算预压荷载下地基的最终沉降量和预压期间的沉降量，其目的在于确定预压荷载卸除的时间。

从以上可以看出，无论是排水系统设计还是预压计划设计，影响因素都很多，而且二者

是相互影响、相互制约的。排水固结法的设计过程是一个反复调整、不断优化的过程。在实际工程中，除了按上述方法进行设计外，还要求设置现场原位监测系统，埋设沉降、水平位移和孔隙水压力等指标测量仪器设备，监视地基预压动态的发展，防止地基剪切破坏。对于以抗滑稳定性控制的重要工程，还应在预压区内预留孔位，在堆载不同阶段进行原位十字板剪切试验和取土进行室内土工试验，根据试验结果，验算下一级荷载下地基的抗滑稳定性，同时也检验地基处理效果。

3. 地基土固结度的计算

固结度的计算是堆载预压处理地基中的重要内容，可根据各级荷载下不同时间的固结度，推算出地基强度的增长，分析地基的稳定性，确定相应的加荷计划，估算在预压荷载下不同时间的地基沉降量，确定预压荷载的期限。

现有砂井地基的固结理论通常假设荷载是一次瞬时施加的，所以对逐级加荷条件下地基固结度的计算需经过修正。逐渐加载条件下竖井地基平均固结度的计算，《建筑地基处理技术规范》(JGJ 79—2012) 采用的是改进的高木俊介法，该公式在理论上是精确解，无须先计算瞬时加载条件下的固结度，再根据逐渐加载条件进行修正，而是两者合并计算出修正后的平均固结度，而且公式适用于多种排水条件，可应用于考虑井阻及涂抹作用的径向平均固结度计算，其具体计算方法如下：

对于一级或多级等速加载条件下，当固结时间为 t 时，对应总荷载的地基平均固结度可按下式计算

$$\overline{U}_t = \sum_{i=1}^{n} \frac{\dot{q}_i}{\sum \Delta p} \left[(T_i - T_{i-1}) - \frac{\alpha}{\beta} e^{-\beta t} (e^{\beta T_i} - e^{\beta T_{i-1}}) \right] \tag{6-14}$$

式中 $\overline{U}_t$ ——t 时间地基的平均固结度；

$\dot{q}_i$ ——第 i 级荷载的加载速率，kPa/d；

Δp ——各级荷载的累加值，kPa；

T_{i-1}、T_i ——分别为第 i 级荷载加载的起始和终止时间（从零点起算），d；当计算第 i 级荷载加载过程中某时间 t 的固结度时，T_i 改为 t；

α、β ——参数，根据地基土排水固结条件按表 6-5 采用。对竖井地基，表中所列 β 为不考虑涂抹和井阻影响的参数值。

表 6-5 参数 α 和 β 的取值

参数 \ 排水固结条件	竖向排水固结 $\overline{U}_z > 30\%$	向内径向排水固结	竖向和向内径向排水固结（竖井穿透受压土层）	说明
α	$\dfrac{8}{\pi^2}$	1	$\dfrac{8}{\pi^2}$	$F_n = \dfrac{n^2}{n^2-1} \ln(n) - \dfrac{3n^2-1}{4n^2}$ c_h ——土的径向排水固结系数，$\mathrm{cm^2/s}$； c_v ——土的竖向排水固结系数，$\mathrm{cm^2/s}$； $\overline{U}_z$ ——双面排水土层或固结应力均匀分布的单面排水土层平均固结度
β	$\dfrac{\pi^2 c_v}{4H^2}$	$\dfrac{8c_h}{F_n d_e^2}$	$\dfrac{8c_h}{F_n d_e^2} + \dfrac{\pi^2 c_v}{4H^2}$	

当排水竖井采用挤土方式施工时，井管的打入会扰动周围的地基土，井管的上下还会对

井壁发生涂抹作用，这都会降低土的径向渗透性，因此应考虑涂抹对土体固结的影响。砂井中的砂料对渗流也有阻力，会产生水头损失。当竖井的纵向通水 q_w 与天然土层水平向渗透系数 k_h 的比值较小，且长度又较长时，尚应考虑井阻影响。

瞬时加载条件下，当考虑涂抹和井阻影响时，竖井地基径向排水平均固结度可按下式

$$U_r = 1 - e^{\frac{8C_h}{Fd_e^2}t} \tag{6-15}$$

$$F = F_n + F_s + F_r \tag{6-16}$$

$$F_n = \ln(n) - \frac{3}{4} (n \geqslant 15) \tag{6-17}$$

$$F_s = \left(\frac{k_h}{k_s} - 1\right) \ln s \tag{6-18}$$

$$F_r = \frac{\pi^2 l^2}{4} \frac{k_h}{q_w} \tag{6-19}$$

式中　U_r——固结时间 t 时竖井地基径向排水平均固结度；

k_h——天然土层水平向渗透系数，cm/s；

k_s——涂抹区土的水平向渗透系数，cm/s，可取 $k_s = (1/5 \sim 1/3) k_h$；

l——竖井深度，cm；

q_w——竖井纵向通水量，为单位水力梯度下单位时间的排水量，cm/s。

一级或多级等速加荷条件下，考虑涂抹和并阻影响时，竖井穿透受压土层地基的平均固结度可按式（6-15）计算，但参数 α、β 的取值为

$$\alpha = \frac{8}{\pi^2}, \ \beta = \frac{8C_h}{Fd_e^2} + \frac{\pi^2 C_v}{4H^2}$$

4. 地基土强度增长的计算

软土地基在预压荷载作用下排水固结，土体中超静孔隙水压力逐渐消散，土体抗剪强度逐渐增大，但随着荷载的增大，地基土中的剪应力也在增大，在一定条件下，土体会产生蠕变，又会导致地基土的抗剪强度降低。这一点也说明了应适当控制加荷速率，使地基土由于排水固结而增长的强度与剪应力的增长相适应。某一时间 t 某点的抗剪强度可按照公式（6-13）计算。

5. 地基沉降计算

预压荷载下地基的最终沉降量包括瞬时变形、主固结变形和次固结变形三部分。次固结变形大小和土的性质有关。泥炭土、有机质土或高塑性黏性土层，次固结变形较显著，而其他土所占比例不大，如忽略次固结变形，受压土层的总变形由瞬时变形和主固结变形两部分组成。

在实际的工程应用中，为了方便计算，常采用经验算法，考虑地基剪切变形及其他因素的综合影响，以主固结变形为基准，再用经验系数加以修正，得到地基的最终沉降量。对于正常固结或弱超固结土地基，预压荷载下地基的最终竖向变形量可按下式计算

$$s_f = \xi \sum_{i=1}^n \frac{e_{0i} - e_{1i}}{1 + e_{0i}} h_i \tag{6-20}$$

式中　s_f——最终竖向变形量，m；

e_{0i}——第 i 层中点土自重应力所对应的孔隙比，由 e-p 曲线查得；

e_{1i}——第 i 层中点土自重应力与附加应力之和所对应的孔隙比，由 e-p 曲线查得；

h_i——第 i 层土层厚度，m；

ξ——考虑瞬时变形和其他影响因素的经验系数，对正常固结饱和黏性土地基可取 $\xi=1.1\sim1.4$，荷载较大，地基土较软弱时取大值，否则取较小值。

变形计算时，可取附加应力与土自重应力的比值为 0.1 的深度作为受压层的计算深度。

6.5 复 合 地 基

6.5.1 复合地基的概念与分类

复合地基是指天然地基中部分土体被增强或置换形成增强体，由增强体和周围地基土共同承担荷载的地基，其中竖向的增强体习惯上被称为桩。桩和桩间土构成复合地基的加固区，即复合土层。与原天然地基相比，形成复合地基后，承载力提高、沉降量减小。复合地基有两个基本的特点：

(1) 加固区是由增强体和其周围土体两部分组成的，是非均质、各向异性的。

(2) 在荷载作用下，增强体和其周围土体共同承担荷载并协调变形。

根据桩体材料性质，桩体复合地基可分为散体材料桩和黏结材料桩，如砂石桩、砂桩等属于散体材料桩；黏结性材料桩按成桩后桩体的刚度又分为刚性桩和柔性桩。刚性桩通常是指桩身强度和刚度相对比较大，压缩量小的桩，如混凝土桩、钢筋混凝土桩、钢桩、水泥粉煤灰碎石桩（又称 CFG 桩）等；而柔性桩是指桩身强度和刚度相对较小，桩身压缩量大的桩，如水泥土桩、灰土桩等。

6.5.2 复合地基作用机理

复合地基的形式、桩体材料、施工方法等均对复合地基的作用效应产生影响，其作用主要有以下五个方面。

1. 桩体作用

复合地基是桩与桩间土共同作用。由于复合地基中桩体的刚度比周围土体的刚度大，在荷载作用下，桩顶会产生应力集中现象，即桩体分担了较大比例荷载，而桩间土分担的荷载相应减小，这种现象在刚性桩复合地基中尤为明显，使得复合地基承载力较天然地基提高，沉降量减少。

2. 挤密作用

砂桩、碎石桩、土桩、灰土桩和石灰桩等在施工过程中由于振动、沉管挤密、排土等原因，可对桩间土起到一定的挤密作用，改善了土体的物理力学性能。另外，石灰桩、水泥土搅拌桩（法）的生石灰和水泥具有吸水、发热和膨胀作用，对桩周土也可达到一定的挤密效果。

3. 垫层作用

桩与桩间土组成的复合地基在加固深度范围内形成复合土层，可起到类似于换土垫层的作用，可增大应力扩散角。

4. 排水固结作用

在荷载作用下，地基中会产生超孔隙水压力。由于砂桩、碎石桩具有良好的透水性，是地基中的排水通道，可以有效地缩短排水距离，加速了桩间土的排水固结，使桩间土的孔隙比减小，密实度增大，抗剪强度提高。

5. 加筋作用

复合地基中的增强体有加筋作用，可使复合地基加固区的整体抗剪强度增大，可有效地提高地基的稳定性，从另一个角度来说，也就是有效地提高了地基的承载力。

6.5.3 复合地基设计参数

1. 面积置换率

桩体的横截面积与该桩体所承担的复合地基面积之比称为复合地基面积置换率。复合地基面积置换率 m 为

$$m = \frac{A_p}{A_e} \tag{6-21}$$

$$A_e = \frac{\pi d_e^2}{4} \tag{6-22}$$

式中 A_p——桩身平均横截面面积，m^2；

A_e——一根桩分担的地基处理面积，m^2；

d_e——一根桩分担的地基处理面积的等效圆直径，m。

复合地基桩体的平面布置通常有正三角形布置、正方形布置和矩形布置，这三种情况下等效圆直径为：

等边三角形布置： $d_e = 1.06s$

正方形布置： $d_e = 1.13s$

矩形布置： $d_e = 1.13\sqrt{s_1 s_2}$

式中 s，s_1，s_2——桩间距、纵向间距和横向间距。

2. 桩土应力比

荷载作用下，复合地基中桩体的竖向平均应力 σ_p 与桩间土的竖向平均应力 σ_s 的比值，称为桩土应力比 n。如果基础是刚性的，则在轴心荷载下基础底面处的桩体与间土的沉降将是相同的，由于桩体的刚度较大，因此荷载将向桩体集中，桩体所受的应力 σ_p 将大于基底平均压力 P，而作用于桩间土的应力 σ_s 将小于基底平均压力 P，此时桩土应力比用模量比表示如下

$$n = \frac{\sigma_p}{\sigma_s} = \frac{E_p}{E_s} \tag{6-23}$$

式中 E_p、E_s——桩身和桩间土的压缩模量，MPa。

影响桩土应力比的因素很多，例如荷载大小、桩体与土体的相对刚度、桩长和面积置换率等。

3. 桩土复合模量

计算复合地基沉降量所用的等效压缩模量称为桩土复合模量，用 E_{sp} 表示。复合地基加固区由桩体和桩间土体两部分组成，是非均质的。为了简化计算，将加固区视作均质的复合土体，其压缩模量即桩土复合模量。一般可按下列公式计算

$$E_{sp} = mE_p + (1-m)E_s \tag{6-24}$$

或

$$E_{sp} = [1 + m(n-1)]E_s \tag{6-25}$$

6.5.4 复合地基承载力确定

复合地基承载力一般应通过现场复合地基载荷试验确定，初步设计时可根据桩体承载力

和桩间土的承载力，按照一定原则叠加得到复合地基承载力。复合求和法的计算公式根据桩的类型不同而有所不同。

（1）散体材料桩复合地基承载力

$$f_{spk} = [1 + m(n-1)]f_{sk} \qquad (6\text{-}26)$$

式中　f_{spk}——复合地基承载力特征值，kPa；

　　　f_{sk}——处理后桩间土承载力特征值，kPa，可按地区经验确定；

　　　n——复合地基桩土应力比，可按地区经验确定；

　　　m——面积置换率，见式（6-21）。

（2）有黏结强度增强体复合地基承载力

$$f_{spk} = \lambda m \frac{R_a}{A_p} + \beta(1-m)f_{sk} \qquad (6\text{-}27)$$

式中　f_{spk}——复合地基承载力特征值，kPa；

　　　λ——单桩承载力发挥系数，可按地区经验取值；

　　　A_p——桩的截面面积；

　　　β——桩间土承载力折减系数，可按地区经验取值；

　　　R_a——单桩竖向承载力特征值，kN。

单桩竖向承载力特征值，宜通过单桩载荷试验确定，如无试验资料，也可采用下式进行估算

$$R_a = u_p \sum_{i=1}^{n} q_{si} l_i + \alpha_p q_p A_p \qquad (6\text{-}28)$$

式中　u_p——桩的周长，m；

　　　n——桩长范围内所划分的土层数；

　　　q_{si}——桩周第 i 层土的侧阻力特征值，kPa，可按地区经验确定；

　　　l_i——桩长范围内第 i 层土的厚度，m；

　　　α_p——桩端端阻力发挥系数，应按地区经验确定；

　　　q_p——桩端端阻力特征值，kPa，可按地区经验确定；对于水泥搅拌桩、旋喷桩应取未经修正的桩端地基土承载力特征值。

6.5.5　复合地基沉降计算

在各类复合地基沉降实用计算方法中，通常把沉降量分为两部分，如图 6-5 所示。h 为复合地基加固区厚度，z 为荷载作用下地基压缩层厚度，加固区土层压缩变形量为 s_1，加固区下卧层压缩变形量为 s_2，则复合地基总沉降量 s 表达式为

$$s = s_1 + s_2 \qquad (6\text{-}29)$$

1. 加固区土层压缩变形量的计算

加固区复合土层压缩变形量常用的计算方法一般有复合模量法、应力修正法、桩身压缩量法三种方法。

（1）复合模量法。将复合地基加固区中桩体和桩间土视为一复合土体，采用复合压缩模量 E_{sp} 来评价

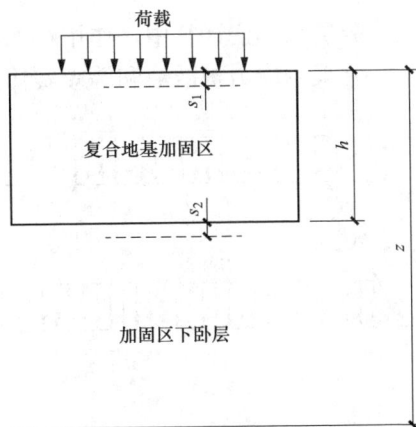

图 6-5　复合地基沉降计算模式

复合土体的压缩性。采用分层总和法计算 s_1，表达式为

$$s_1 = \sum_{i=1}^{n} \frac{\Delta p_i}{E_{\text{sp}}} h_i \tag{6-30}$$

式中　Δp_i——第 i 层复合土体的平均附加应力增量，kPa；

　　　h_i——第 i 层复合土层的厚度，m。

（2）应力修正法。在该方法中，根据桩间土承担的荷载 P_s，按照桩间土的压缩模量 E_s（忽略桩体的存在），采用分层总和法计算加固区土层的压缩变形量 s_1，表达式为

$$s_1 = \sum_{i=1}^{n} \frac{\Delta p_{si}}{E_{si}} h_i = \mu_s \sum_{i=1}^{n} \frac{\Delta p_i}{E_{si}} h_i = \mu_s S_{1s} \tag{6-31}$$

式中　Δp_i——天然地基荷载作用下第 i 层土上的附加应力增量，kPa；

　　　Δp_{si}——复合地基中第 i 层桩间土的附加应力增量，kPa；

　　　S_{1s}——未加固地基（天然地基）在荷载 P 作用下相应厚度内的压缩量；

　　　μ_s——应力修正系数，$\mu_s = \dfrac{1}{1+m(n-1)}$。

（3）桩身压缩量法。桩身压缩量法是将计算的桩身压缩量 s_p 与桩端在其下卧层的刺入量 Δ 之和作为加固区土层的压缩变形量 s_1，表达式为

$$s_1 = \frac{(\mu_p P + P_{pl})}{2E_p} l + \Delta \tag{6-32}$$

式中　μ_p——应力修正系数，$\mu_p = \dfrac{n}{1+m(n-1)}$；

　　　l——桩身长度，m，即等于加固区厚度 h；

　　　E_p——桩身材料变形模量，kPa；

　　　P_{pl}——桩端的承载力，kPa；

　　　P——桩土顶面荷载，kPa。

2. 加固区下卧土层压缩变形量的计算

复合地基加固区下卧层压缩变形量 s_2 通常采用分层总和法计算，表达式为

$$s_2 = \psi_{s2} \sum_{i=1}^{n} \frac{\Delta p_i}{E_{si}} l_i \tag{6-33}$$

在分层总和法计算中，作用在下卧层顶面的附加应力是难以精确计算的。目前在工程应用上，常采用应力扩散法和等效实体法计算附加应力。

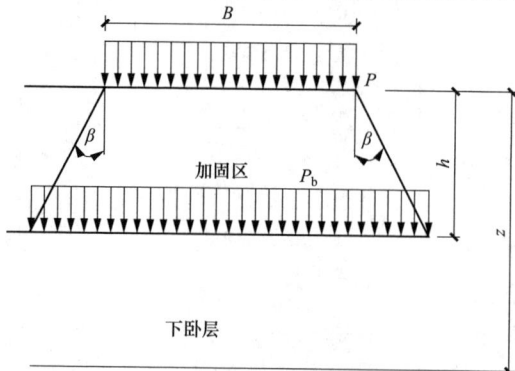

图 6-6　应力扩散法

（1）应力扩散法。该法假定复合地基顶面的荷载 P 在复合地基加固区内按压力扩散角 β 传递（图 6-6）。对于宽度为 B，长度为 L，加固区厚度为 h，则作用在下卧层顶面上的附加应力 P_b 为

矩形基础：

$$P_b = \frac{LBP}{(B+2h\tan\beta)(L+2h\tan\beta)} \tag{6-34}$$

条形基础：

$$P_b = \frac{BP}{B + 2h\tan\beta} \qquad (6-35)$$

（2）等效实体法。等效实体法假定加固区为一实体，利用实体底面（下卧层顶面）的应力与实体周围与土的摩擦力 f 与实体顶面荷载 P 的平衡条件来求下卧层顶面上的附加应力 P_b，如图 6-7 所示。当复合地基作用面长度为 L，宽度为 B，加固区厚度为 h，等效实体侧摩阻力为 f，则作用在下卧层上的附加应力 P_b 为

$$P_b = \frac{LBP - 2(L+b)h \cdot f}{LB} \qquad (6-36)$$

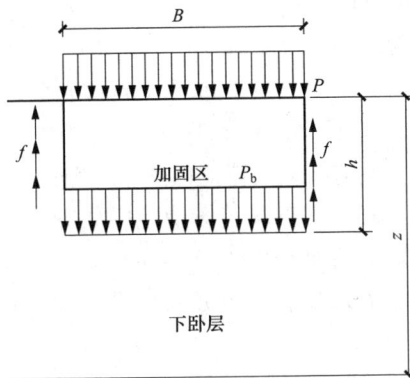

图 6-7　等效实体法

宽度为 B 的条形基础为

$$P_b = P - \frac{2hf}{B} \qquad (6-37)$$

【拓展资源】砂石桩法见数字资源 15。
【拓展资源】水泥搅拌法见数字资源 16。
【拓展资源】水泥粉煤灰碎石桩见数字资源 17。

思考与习题

6.1　地基处理的目的是什么？

6.2　换填法适用范围是什么？如何确定垫层的厚度和宽度？

6.3　强夯法适用范围是什么？简述强夯设计要点。

6.4　排水固结法加固地基的原理是什么？简述堆载预压法的设计要点。

6.5　复合地基的加固机理是什么？

6.6　复合地基承载力特征值如何确定？

6.7　砂石桩在加固砂土地基和黏性土地基时机理有何区别？

6.8　强夯法的加固机理、适用的土质条件和质量检验方法。

6.9　试述水泥土深层搅拌法的加固机理、适用范围。

6.10　试述水泥粉煤灰碎石桩作用的加固机理、适用范围。

6.11　某建筑物内墙为承重墙，厚 350mm，条形基础。在荷载效应的标准组合下每延米基础上荷载为 $F = 250\text{kN/m}$，地基表层为 1m 的杂填土，$\gamma = 17\text{kN/m}^3$。其下为较深的淤泥质土，重度为 $\gamma = 18\text{kN/m}^3$，承载力的特征值为 $f_{ak} = 80\text{kPa}$。基础埋深为 1.0m，基础宽度 1.5m。如果采用换填砂石垫层法处理，垫层的压实重度为 20kN/m^3。基底的附加压力为多少？

6.12　某港口堆场区，分布有 12m 厚的软黏土层，其下为粉细砂层，经比较，地基处理采用砂井加固，井径 $d_w = 0.3\text{m}$，井距 $s = 2\text{m}$，按等边三角形布置。土的固结系数 $C_v = C_h = 1.8 \times 10^{-3}\text{cm}^2/\text{s}$。在大面积荷载作用下，试计算只按径向固结考虑，当固结度达到 50% 时所需要的时间为多少天？

6.13　某建筑物的地基为松散砂土，采用砂石桩法进行挤密处理。通过试验得到砂土处理

前的孔隙比为 0.75，要求在挤密处理后达到的孔隙比为 0.7，如采用直径 0.35m 的砂石桩，不考虑振动下沉密实作用，初步设计时按等边三角形布桩，则砂石桩的间距估算为多少？

6.14　有一厚度较大的软弱黏性土地基，承载力特征值为 100kPa，采用水泥土搅拌桩对该地基进行处理，桩径设计为 0.35m。若水泥搅拌桩单桩竖向承载力特征值为 280kN，处理后复合地基承载力特征值达 220kPa，若桩间土折减系数取 0.75，面积置换率应该为多少？

6.15　某建筑场地地层如图 6-8 所示，拟采用水泥粉煤灰碎石桩（CFG 桩）进行加固。已知基础埋深为 2.5m，CFG 桩长 15.0m，桩径 350mm，桩身强度 $f=20$MPa，单桩承载力发挥系数为 0.8 和桩端端阻力发挥系数为 1.0。试问单桩承载力特征值为多少？

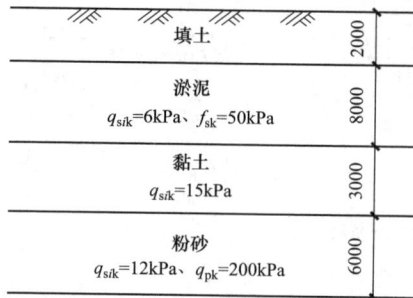

图 6-8　习题 6.15 示意图

6.16　某软土地基土层分布和各土层参数如图 6-9 所示。已知基础埋深为 2.0m，采用搅拌桩复合地基，搅拌桩桩长 13.5m，桩径 500mm，桩身强度平均值 $f=1.8$MPa，强度折减系数为 0.35。试计算该搅拌桩单桩承载力特征值为多少？

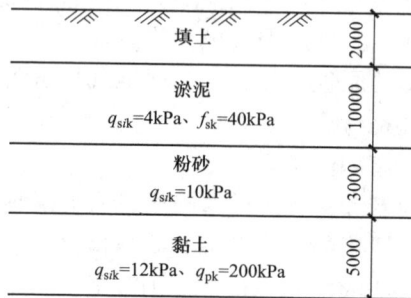

图 6-9　习题 6.16 示意图

7

特殊土地基

7.1　特殊土地基概述

特殊土是指具有特殊工程性质的土。我国从沿海到内地，由平原到山区，幅员辽阔，地理环境、气候等条件千差万别，土的沉积条件、地理环境等不同，使得某些区域所形成的土具有明显的特殊性。例如，西北及华北部分地区大量分布湿陷性黄土；云南、广西、陕西、四川部分地区有膨胀土、沿海和内陆地区的软土；红黏土；东北和青藏高原的部分地区有冻土等。

黄土具有湿陷性。膨胀土具有显著的吸水膨胀、失水收缩的变形特征，膨胀土具有明显的崩解性、裂隙性和超固结属性。红黏土一般具有天然孔隙比大，但强度高、压缩性低的特点。软土具有天然含水量大、压缩性高、承载力低、渗透性小的性质，是一种呈软塑到流塑状态的饱和黏性土。冻土包括季节性冻土和常年冻土，冻土地基中，冻胀土地基具有冻胀性及融陷性。

上述这些土具有特殊的工程性质，用这些土作为建筑地基时，应注意其特殊性，采取必要的技术措施及施工手段，使得建筑地基被安全、正常地使用。

7.2　湿陷性黄土地基

7.2.1　湿陷性黄土的特征和分布

黄土是一种产生于第四纪地质历史时期干旱条件下，由风搬运形成的沉积物，它的内部物质成分和外部形态特征都不同于同时期的其他沉积物。一般认为风成黄土为原生黄土，原生黄土经过流水冲刷、搬运和重新沉积而形成的黄土称为次生黄土。因原生黄土由风搬运形成，所以一般不具层理，次生黄土因经过了水流搬运和沉积，常具有层理并有砂砾石夹层。

1. 湿陷性黄土特征

黄土外观颜色较杂乱，主要呈黄色或褐黄色。颗粒组成以粉粒为主，同时含有砂粒和黏粒。黄土孔隙比大，e 值多为 1.0～1.1，往往具有肉眼可见的大孔隙。黄土中还含有大量可溶解盐类，这些盐在土中可以起到胶结作用，形成一定的结构，使黄土在干燥条件下具有较高的强度。黄土根据其形成年代分为新黄土和老黄土，新黄土包括晚更新世（Q_3）的马兰黄土以及全新世（Q_4）的黄土状土。这类土为形成年代较晚的新黄土，土质均匀或较为均匀，结构疏松，大孔发育，浸水在一定压力下土结构迅速破坏，发生显著附加下沉。浸水后在压力下会显著下沉的黄土称为湿陷性黄土。此两类土具有强烈的湿陷性。老黄土有中更新世（Q_2）的离石黄土和早更新世（Q_1）的午城黄土。这类形成年代久远的老黄土土质密实，颗粒均匀，无大孔或略具大孔结构，一般午城黄土不具有湿陷性、离石黄土上部部分土层具有湿陷性。非湿陷性黄土地基与一般黏性土地基无甚差异，本节介绍的均指湿陷性黄土。

2. 湿陷性黄土分布

黄土在全世界分布面积达 1300 万 km^2，约占陆地总面积的 9.3%。主要分布于中纬度干旱、半干旱地区。我国黄土分布非常广泛，面积约 64 万 km^2，其中湿陷性黄土约占 3/4。以黄河中游地区最为发育，多分布于甘肃、陕西、山西地区，青海、宁夏、河南也有部分分布，其他如河北、山东、辽宁、黑龙江、内蒙古和新疆等省（自治区）也有零星分布。根据《湿陷性黄土地区建筑标准》（GB 50025—2018）我国湿陷性黄土工程地质分区图，得出湿陷性黄土共有七个区：Ⅰ区 — 陇西（含青海）地区；Ⅱ区 — 陇东 — 陕北 — 晋西地区；Ⅲ区 — 关中地区；Ⅳ区 — 山西 — 冀北地区；Ⅴ区 — 河南地区；Ⅵ区 — 冀鲁地区；Ⅶ区 — 边缘地区。

3. 湿陷性黄土分类

湿陷性黄土又分为自重湿陷性和非自重湿陷性两大类。自重湿陷性黄土是指土层浸水后在没有外荷载的作用下，仅在自重作用下迅速发生湿陷的黄土。非自重湿陷性黄土是指土层浸水后，在自重应力作用下不发生湿陷，而在外荷载产生附加应力的条件发生湿陷的黄土。

7.2.2 湿陷性黄土湿陷机理

黄土的湿陷现象是一个复杂的地质、物理、化学过程，对其湿陷的原因和机理学说很多，尽管解释黄土湿陷原因的观点各异，但归纳起来可以分为外因和内因两方面：黄土受水浸湿和荷载作用是湿陷发生的外因，黄土的结构特征及物质成分是产生湿陷性的内在原因。

1. 黄土受水浸湿和荷载作用

黄土受水浸湿和附加应力作用产生湿陷。如管道漏水、地面积水、大量降雨渗入地下，灌溉渠和水库的渗漏或回水使地下水位上升，都能引起黄土的湿陷。

2. 黄土结构特征及物质成分

黄土的结构是在黄土发育的整个历史过程中形成的。干旱或半干旱的气候是黄土形成的必要条件。季节性的短期雨水把松散干燥的粉粒黏聚起来，而长期的干旱使土中水分不断蒸发，于是，少量的水分连同溶于其中的盐类都集中在粗粉粒的接触点处，可溶盐逐渐浓缩沉淀而成为胶结物。随着含水量的减少土粒彼此靠近，颗粒间的分子引力以及结合水和毛细水的连接力也逐渐加大。这些因素都增强了土粒之间抵抗滑移的能力，阻止了土体的自重压密，于是形成了以粗粉粒为主体骨架的多孔隙的黄土结构，其中零星散布着较大的砂粒（图 7-1）。附于砂粒和粗粉粒表面的细粉粒、黏粒、腐殖质胶体以及大量集合于大颗粒接触点处的各种可溶盐和水分子形成了胶结性连接，从而构成了矿物颗粒集合体。周边有几个颗粒包围着的孔隙就是肉眼可见的大孔隙。它可能

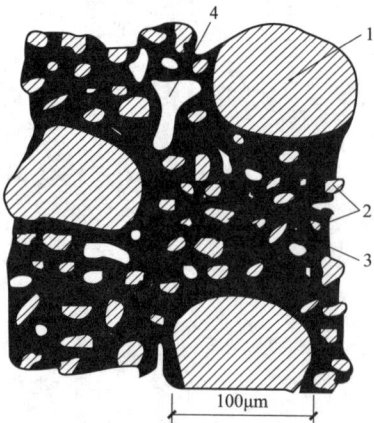

图 7-1 黄土结构示意图

1—砂粒；2—粗粉粒；3—胶结物；
4—大孔隙

是植物的根须造成的管状孔隙。

黄土受水浸湿时，结合水膜增厚楔入颗粒之间，于是结合水连接消失，盐类溶于水中，骨架强度随之降低，土体在上覆土层的自重应力或在附加应力与自重应力综合作用下，结构迅速破坏，土粒滑向大孔，粒间孔隙减少。这就是黄土湿陷现象的内在过程。

影响黄土湿陷性的因素来自组成黄土的物质成分和特殊结构。在组成黄土的物质成分中，黏粒含量对湿陷性有一定影响，一般黏粒含量越多，湿陷性越小，我国黄土湿陷性存在着由西北向东南递减的趋势，这与自西北向东南方向砂粒含量减少而黏粒含量增多的情况是一致的。另外黄土中盐类及其存在状态对湿陷性有直接影响，如以较难溶解的碳酸钙含量为主，则湿陷性减弱，而其他碳酸盐、硫酸盐和氯化物等易溶盐含量越多，则湿陷性越强。

黄土的湿陷性与孔隙比、孔隙结构和含水率大小有关。天然孔隙比 e 越大、大孔隙越多、天然含水率 w 越小则湿陷性越强。饱和度的黄土，称为饱和黄土，其湿陷性已退化。在天然含水率相同时，黄土的湿陷变形随湿度的增加而增大。黄土的湿陷性还与外加压力有关，外加压力增大，湿陷量也显著增加，但当压力超过某一数值时，再增加压力，湿陷量反而减少。

7.2.3　湿陷性黄土地基评价

正确评价黄土地基的湿陷性具有很重要的工程意义，它主要包括三方面的内容：

（1）判别黄土湿陷性。

（2）判别黄土场地的湿陷类型，是属于自重湿陷性黄土还是非自重湿陷性黄土。

（3）判定湿陷性黄土地基的湿陷等级，即湿陷的强弱程度。

1. 黄土湿陷性判别

（1）湿陷系数 δ_s。黄土的湿陷量与所受的压力大小有关，所以湿陷性有无、强弱应该用一定压力作用下土体浸水后的湿陷系数来衡量。湿陷系数是指单位厚度的环刀试样，在一定压力下，下沉稳定后，试样浸水饱和所产生的附加下沉，一般由室内压缩试验测定。在压缩仪中将原状试样分级加压到规定的压力 P，压缩稳定后测得试样高度 h_p，然后加水浸湿，测得下沉稳定后的高度 h'_p，设土样的原始高度 h_0，则按下式计算土的湿陷系数

$$\delta_s = \frac{h_p - h'_p}{h_0} \tag{7-1}$$

式中　h_p——保持天然湿度和结构的原状土样，在侧限的条件下加压至一定压力时，下沉稳定后的高度，mm；

　　　h'_p——试样在浸水作用下附加下沉稳定后的高度，mm；

　　　h_0——试样的原始高度，mm。

当湿陷系数 $\delta_s < 0.015$ 时，判定为非湿陷性黄土；当湿陷性系数 $\delta_s \geqslant 0.015$ 时，判定为湿陷性黄土。湿陷性黄土的湿陷程度可按 δ_s 大小划分为三种：当 $0.015 \leqslant \delta_s \leqslant 0.03$ 时，湿陷性轻微；当 $0.03 < \delta_s \leqslant 0.07$ 时，湿陷性中等；$\delta_s > 0.07$，湿陷性强烈。

测定湿陷系数的压力 P 以采用地基中黄土实际承受的工作压力较为合理。但在实际工程中，对黄土进行湿陷性试验时，工程还处于初步设计和初步勘察阶段，建筑物的平面位置、基础尺寸和埋深等还未确定，无法取得黄土实际工作压力。因此，《湿陷性黄土地区建筑标准》（GB 50025—2018）规定：自基础底面（初步勘察时，自地面下 1.5m）算起，10m

以内的土层应用 200kPa，10m 以下至非湿陷性黄土层顶面，应用其上覆土的饱和自重应力（当大于 300kPa 时，仍应用 300kPa）。如基底压力大于 300kPa 时，宜用实际压力判别黄土的湿陷性。对压缩性较高的新近堆积黄土，基底以下 5m 以内的土层宜用 100～500kPa 压力，5～10m 和 10m 以下至非湿陷性黄土层顶面，应分别用 200kPa 和上覆土层的饱和自重压力。

（2）自重湿陷系数 δ_{zsi}。自重湿陷系数是指单位厚度的环刀试样，在上覆土的饱和自重压力下，下沉稳定后，试样浸水饱和所产生的附加下沉，一般由室内压缩试验测定。在压缩仪中将原状试样分级加压至试样上覆土的饱和自重压力，压缩稳定后测得试样高度 h_z，然后加水浸湿，测得下沉稳定后的高度 h_z'，设土样的原始高度 h_0，则按下式计算土的自重湿陷系数

$$\delta_{zs} = \frac{h_z - h_z'}{h_0} \tag{7-2}$$

式中　h_z——保持天然湿度和结构的土样，加压至该试样上覆土的饱和自重压力时，下沉稳定后的高度，mm；

　　　h_z'——上述加压稳定后的土样，在浸水（饱和）作用下，附加下沉稳定后的高度，mm；

　　　h_0——试样的原始高度，mm。

（3）湿陷起始压力 P_{sh}。黄土的湿陷量是压力的函数。事实上存在着一个压力界限值，当黄土受的压力低于这个数值，即使浸了水也只产生压缩变形，而不会出现湿陷现象。这个界限值称为湿陷起始压力 P_{sh}。湿陷起始压力的实际意义是：如果基底压力 $P < P_{sh}$ 即使黄土浸水也不产生湿陷，只产生压缩变形，故按一般黏性土处理。因此湿陷起始压力 P_{sh} 在工程中是一个有实用价值的指标。湿陷起始压力 P_{sh} 可采用现场载荷试验或室内压缩实验确定。

1）现场载荷试验确定时，应在 P-s_s（压力与浸水下沉量）曲线上，取其转折点所对应的压力作为湿陷起始压力值。当曲线上的转折点不明显时，可取浸水下沉量 s_s 与承压板宽度之比等于 0.017 所对应的压力作为湿陷起始压力值。

2）室内压缩试验确定时，在 P-δ_s 曲线上选取 $\delta_s = 0.015$ 所对应的压力作为湿陷起始压力值。

室内试验分单线法和双线法。单线法是在同一个取土点的同一深度处，至少以环刀取 5 个试样，各试样均在天然湿度下分级加载，分别加至不同的规定压力，下沉稳定后测 h_p，再浸水，至湿陷稳定为止，测试样高度 h_p'，按式（7-1）计算湿陷系数，绘制 P-δ_s 曲线，取 $\delta_s = 0.015$ 所对应的压力作为湿陷起始压力值 P_{sh}。

双线法是在同一个取土点的同一深度处，以环刀取 2 个试样，一个在天然湿度下分级加载，另一个在天然湿度下加第一级荷载，下沉稳定后浸水，至湿陷稳定，再分级加载。分别测定这两个试样在各级压力下，下沉稳定后的试样高度 h_p 和浸水下沉稳定后的试样高度 h_p'，就可以绘制出不浸水试样的曲线 P-h_p 和浸水试样的 P-h_p' 曲线，如图 7-2

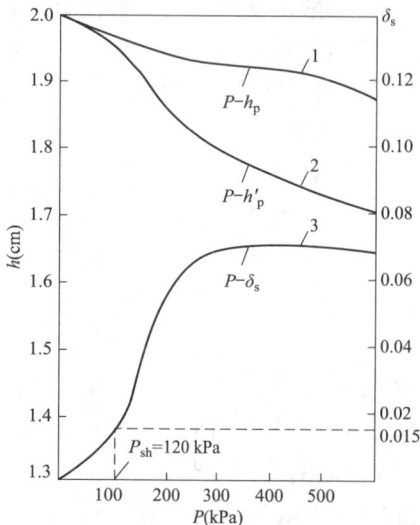

图 7-2　湿陷性黄土压缩试验曲线（双线法）
1—不浸水试样的 P-h_p 曲线；2—浸水试样的
P-h_p' 曲线；3—P-δ_s 曲线

所示，然后绘制 P-δ_s 曲线，取 $\delta_s=0.015$ 所对应的压力作为湿陷起始压力值 P_{sh}。

2. 黄土场地湿陷类型评价

黄土场地湿陷类型主要有两种：自重湿陷性黄土和非自重湿陷性黄土。由工程实践可知，自重湿陷性黄土在没有外荷载的作用下，浸水后也会迅速发生剧烈的湿陷，在这类地基上建造建（构）筑物时，即使很轻的建（构）筑物也会发生大量的沉降，而非自重湿陷性黄土地区就不会出现这种情况。因而自重湿陷性黄土场地产生的湿陷事故比非自重湿陷性黄土场地多，故对于自重湿陷性黄土和非自重湿陷性黄土两种类型地基，必须要正确地划分场地湿陷类型，以便采取不同的设计及施工措施。

建筑场地的湿陷类型，应根据实测自重湿陷量 Δ'_{zs} 或按室内压缩试验累计的计算自重湿陷量 Δ_{zs} 判定。自重湿陷量指即使没有受到建筑物的荷载，只要受到水浸湿，在自重作用下黄土产生的湿陷量。

实测自重湿陷量应根据现场试坑浸水试验确定，该试验方法比较可靠，但费水费时，有时受各种条件限制，往往不易做到。因此，规范规定，除在新建区，对甲、乙类建筑物宜采用现场试坑浸水试验外，对一般建筑物可按计算自重湿陷量划分场地湿陷类型。自重湿陷量计算按下式进行

$$\Delta_{zs}=\beta_0\sum_{i=1}^{n}\delta_{zsi}h_i \tag{7-3}$$

式中　Δ_{zs}——自重应力作用下湿陷量的计算值，mm；

　　　β_0——因土质地区而异的修正系数，由《湿陷性黄土地区建筑标准》（GB 50025—2018）规定：对陇西地区可取 1.5，对陇东-陕北-晋西地区可取 1.2，对于关中地区可取 0.9，对其他地区可取 0.5；

　　　h_i——第 i 层土的厚度，mm；

　　　δ_{zsi}——第 i 层土的自重湿陷系数。

计算自重湿陷量 Δ_{zs} 时，Δ_{zs} 的累计应从天然地面算起；当挖、填方的厚度和面积较大时，从设计地面算起，至其下全部湿陷性黄土层的顶面为止。其中自重湿陷性系数 $\delta_s<0.015$ 的土层不应累计。

当实测自重湿陷量 Δ'_{zs} 或计算自重湿陷量 $\Delta_{zs}<70mm$ 时，应判定为非自重湿陷性黄土场地；大于 70mm 时，应判定为自重湿陷性黄土场地。当用自重湿陷量的计算值 Δ_{zs} 和实测值 Δ'_{zs} 判别出现矛盾时，应按实测值进行判定。

3. 黄土地基的湿陷等级评价

湿陷性黄土地基的湿陷等级，应根据基底下各土层累计的总湿陷量和计算自重湿陷量的大小按表 7-1 判定。

表 7-1　　　　　　　　　　　　　湿陷性黄土地基的湿陷等级

湿陷类型 Δ_{zs} (mm) Δ_s (mm)	非自重湿陷性场地	自重湿陷性场地	
	$\Delta_{zs}\leqslant70$	$70<\Delta_{zs}\leqslant350$	$\Delta_{zs}>350$
$50\leqslant\Delta_s\leqslant100$	I（轻微）	I（轻微）	II（中等）
$100<\Delta_s\leqslant300$		II（中等）	

湿陷类型 Δ_{zs}（mm） Δ_s（mm）	非自重湿陷性场地	自重湿陷性场地		
	$\Delta_{zs} \leqslant 70$	$70 < \Delta_{zs} \leqslant 350$	$\Delta_{zs} > 350$
$300 < \Delta_s \leqslant 700$	Ⅱ（中等）	Ⅱ（中等）或Ⅲ（严重）	Ⅲ（严重）
$\Delta_s > 700$	Ⅱ（中等）	Ⅲ（严重）	Ⅳ（很严重）

注　对于 $70 < \Delta_{zs} \leqslant 350$、$300 < \Delta_{zs} \leqslant 700$ 一档的划分，当 $\Delta_s > 600$mm、$\Delta_{zs} > 350$mm 时，可判为Ⅲ级，其他情况可判为Ⅱ级。

总湿陷量按下式计算

$$\Delta_s = \sum_{i=1}^{n} \alpha \beta \delta_{si} h_i \qquad (7-4)$$

式中　Δ_s——总湿陷量，mm；

δ_{si}——第 i 层土湿陷系数；

h_i——第 i 层土的厚度，mm；

α——不同深度地基土浸水概率系数，按地区经验取值。无地区经验时可按表 7-2 取值。对地下水有可能上升至湿陷性土层内，或侧向浸水影响不可避免的区段，取 $\alpha = 1.0$。

β——考虑基底下地基土的受力状态及地区等因素的修正系数，缺乏实测资料时，可按表 7-3 的规定取值。

表 7-2　　　　　　　　　　　　　　浸水概率系数 α

基础底面以下深度 z（m）	α
$0 \leqslant z \leqslant 10$	1.0
$10 < z \leqslant 20$	0.9
$20 < z \leqslant 25$	0.6
$z > 25$	0.5

表 7-3　　　　　　　　　　　　　　修正系数 β

位置及深度		β
基底下 0～5m		1.5
基底下 5～10m	非自重湿陷性黄土场地	1.0
	自重湿陷性黄土场地	所在地区的 β_0 值且不小于 1.0
基底下 10m 以下至非湿陷性黄土层顶面或控制性勘探孔深度	非自重湿陷性黄土场地	Ⅰ、Ⅱ区取 1.0，其余地区取工程所在地区的 β_0
	自重湿陷性黄土场地	取工程所在地区的 β_0

β_0 值根据表 7-4 取值。

表 7-4　　　　　　　　　　　　因地区土质而异的修正系数 β_0

湿陷性黄土工程地质分区	β_0
Ⅰ区	1.5
Ⅱ区	1.2
Ⅲ区	0.9
其他地区	0.5

【例 7-1】 陕北某地拟建新的办公楼，经勘察建筑场地为黄土地基，基础埋深为 1.2m。勘察结果见表 7-5，判别该地基是否为自重湿陷性黄土场地，并判别该地基的湿陷等级。

表 7-5　　　　　　　　　　办公楼勘察试验结果

土层编号	1	2	3	4	5	6
层厚 h(mm)	1600	3950	3600	4250	2850	2560
自重湿陷系数 δ_{zsi}	0.012	0.025	0.019	0.017	0.007	0.007
湿陷系数 δ_{si}	0.018	0.026	0.023	0.002	0.015	0.013

解　(1) 计算土的自重湿陷量。

陕北地区，查表 7-2 可知 α 取 1.0，查表 7-4 可知 $\beta_0=1.2$，则

$$\Delta_{zs}=\sum_{i=1}^{n}\beta_0\delta_{zsi}h_i=1\times1.2\times(0.025\times3950+0.019\times3600+0.017\times4250)$$
$$=287.3(\text{mm})$$

(2) 判断场地的湿陷类型。自重湿陷量 $\Delta_{zs}=287.3\text{mm}>70\text{mm}$，该场地为自重湿陷性黄土场地。

(3) 计算总湿陷量。基底下 5m 深度内可取 $\beta=1.5$；5～10m 取 $\beta=1.0$；10m 以下，陕北可取 $\beta=1.2$。根据 $\Delta_s=\sum_{i=1}^{n}\alpha\beta_0\delta_{si}h_i$ 得

$$\Delta_s=1.5\times(0.018\times1600+0.026\times3950)+1\times(0.023\times3600)+1.2$$
$$\times(0.02\times4250\pm0.15\times2850)=433.4(\text{mm})$$

由表 7-1，自重湿陷量 $\Delta_{zs}=287.3\text{mm}$；总湿陷量 $\Delta_s=433.4\text{mm}$。

讨论：该场地湿陷等级究竟应当判定为几级？

由表 7-1 注可知：当湿陷量的计算 $\Delta_s>600\text{mm}$、自重湿陷量的计算值 $\Delta_{zs}>300\text{mm}$ 时，可以判为Ⅲ级，其他情况可判为Ⅱ级。本例中 $\Delta_s=433.4\text{mm}<600\text{mm}$、$\Delta_{zs}=287.3\text{mm}<300\text{mm}$，应判定为Ⅱ级。故该办公楼地基湿陷等级为Ⅱ级。

7.2.4　湿陷性黄土地基的工程措施

对于湿陷性黄土地基进行工程建设时，地基应满足承载力、湿陷性变形、压缩变形和稳定性要求。由于湿陷性黄土具有湿陷性的特点，除了必须遵循一般的设计和施工原则外，还必须针对湿陷性特点，采用以地基处理为主的综合工程措施，以防止地基湿陷，保证建（构）筑物安全及正常使用。具体措施为以下三方面：

(1) 地基处理措施，从内因方面消除地基的湿陷性。

(2) 防水和排水措施，防止外因方面造成地基湿陷。

(3) 采取结构措施，增加建（构）筑物整体刚度，减少地基不均匀沉降对其造成的危害。

1. 地基处理

《湿陷性黄土地区建筑标准》（GB 50025—2018）根据建筑物的重要性及地基受水浸可能性的大小和建筑在使用上对地基不均匀沉降限制的要求，将建筑物分为甲、乙、丙、丁四类。对甲类建筑物要求消除地基的全部湿陷量，或采用桩基础穿透全部湿陷性黄土层；对乙类、丙类建筑物则要求消除地基的部分湿陷量；丁类属次要建筑物，地基可不做处理。一般

经常采用的处理方法有强夯法、换填法、灰土（土）桩挤密法、碎石桩挤密法、CFG 桩法、预浸水法等。也可采用深基础、桩基础穿透全部湿陷性土层，常用湿陷性黄土地基处理方法列于表 7-6 中。

表 7-6　　　　　　　　　　　　湿陷性黄土地基常用的处理方法

名称	试用范围	可处理的湿陷性黄土层厚度（m）
垫层法	地下水位以上，局部或整片处理	1～3
强夯法	地下水位以上，$S_r<60\%$ 的湿陷性黄土，局部或整片处理	3～12
挤密法	地下水位以上，$S_r\leq65\%$ 的湿陷性黄土	5～15
预浸水法	Ⅲ、Ⅳ级湿陷性黄土	可消除地面下 6m 以下全部土层的湿陷性
其他方法	经试验研究或工程实践证明行之有效	

2. 防水措施

防水处理的目的是消除黄土发生湿陷变形的外因。防水措施包括以下三方面：

（1）基本防水措施。在建筑物的布置上，要注意尽量选择具有排水畅通或利于场地排水的地形条件，场地内设置排水沟。场地排水、敷设、管道材料和接口等方面，应采取措施防止雨水或生产、生活用水的渗涌，避开受洪水或水库等可能引起地下水位上升的地段，确保管道和储水构筑物不漏水。

（2）检漏防水措施。在基本防水措施的基础上，对防护范围内的地下管道，应增设检漏管沟和检漏井，并注意对其做好防水处理。

（3）严格防水措施。在检漏防水措施的基础上，应提高防水地面、排水沟、检漏管沟和检漏井等设施的材料标准，如增设卷材防水层、采用钢筋混凝土排水沟等。

此外，对于室内的给水、排水管道应尽量明装，室外其管道布置应尽量远离建筑物等，以防渗漏对建筑物地基产生危害。施工阶段，场地应做好临时性防洪、排水措施，尽量缩短基坑暴露时间。

3. 建筑和结构措施

尽量选择平面简单的建筑布置方式，增加建筑物的整体刚度和空间刚度，预留沉降净空，设置沉降缝等方法提高建构筑物对沉降的适应能力，选择对沉降适应能力较强的结构形式及整体性强的基础形式，减小建筑物的不均匀沉降，使结构适应地基的变形等。此外还可以采用重量比较轻的建筑材料，减少上部结构对地基产生的附加应力，减少或避免沉降的发生。

7.3　膨 胀 土 地 基

7.3.1　膨胀土地基的特征与分布

膨胀土是指具有显著的吸水膨胀软化和失水收缩开裂特性的黏性土。膨胀土的这种特性，使得建造在其上的建筑物和构筑物，随季节气候变化会出现均匀或不均匀的抬升和下沉的问题，从而导致结构破坏。

我国膨胀土形成的地质年代大多数为第四纪晚更新世（Q_3）及其以前，少量为全新世（Q_4）。颜色呈黄、黄褐、红褐、灰白或花斑等色。膨胀土多呈坚硬—硬塑状态，$I_L<0$，孔

隙比 e 一般在 0.7 及以上，结构致密，压缩性较低。

除了遇水膨胀、失水收缩外，膨胀土的另一重要特征是裂隙发育，膨胀土中常见光滑面或擦痕。裂隙有竖向、斜交和水平三种，裂隙间常充填灰绿、灰白色黏土。竖向裂隙常出露地表，裂隙宽度随深度增加而逐渐尖灭；斜交剪切裂隙越发育，胀缩性越严重。裂隙发育使得膨胀土地基可能会在旱季常出现长达数十米至百米，深数米的地裂，雨季则闭合。

膨胀土在我国分布广泛，以黄河流域及其以南地区较多，据统计，湖北、河南、广西、云南等 20 多个省、自治区均有膨胀土。膨胀土多出现于二级或二级以上阶地、山前和盆地边缘丘陵地带。所处地形平缓，无明显自然陡坎。在流水冲刷作用下的水沟、水渠易发生崩塌、滑动而淤塞。常见浅层滑坡、地裂，新开挖的坑（槽）壁易发生坍塌。

7.3.2 膨胀土对建筑物的危害

一般黏性土都具有胀缩性，但其量不大，一般对工程没有很大的影响。而膨胀土由于具有初期强度高，压缩性低，吸水性强、雨水后强度低的特点，工程界形象地称为"晴时一把刀、雨时乱糟糟"，常被误认为是建筑性能较好的黏性土。但由于它具有膨胀、收缩的特性，用其作为建筑物的地基，主要由不均匀变形引起建筑墙体开裂。又由于膨胀土有往复变形的特点，因而建筑物的地基经历了多次的胀缩，房屋裂缝具有时开时闭的特性，房屋具有忽升忽降，墙面上出现交叉裂缝及倾斜的现象。膨胀土地基又能使基础发生位移，使建筑物的地坪开裂、变形甚至破坏。上述危害有以下几种特点：

（1）建筑物的破坏具有季节性及成群性：膨胀土地基上最容易遭到破坏的建筑物多为低层建筑物，这类建筑物多为砖混结构、轻型结构，而且埋深较浅，整体刚性较差，地基土最容易受到外界环境变化的影响，易发生上述破坏。

（2）对道路交通工程影响：膨胀土地基，由于路基含水量的不均匀变化，使得道路路基发生不均匀胀缩，易产生很大的横向波浪形变形等不良现象。

（3）对边坡稳定的影响特点：膨胀土边坡不稳定，易造成堤岸、边坡产生滑坡、坍塌等。

另外，膨胀土地基易使涵洞、桥梁等刚性结构物产生不均匀沉降，导致开裂。膨胀土地区桩基础等基础施工时会有明显的缩颈等现象的发生，给支挡结构的安全施工带来了很大的困难和挑战。

目前，膨胀土的工程问题已引起包括我国在内的各国学术界和工程界的高度重视，同时也出现了很多研究成果。

7.3.3 膨胀土胀缩变形的影响因素

膨胀土的膨胀是在一定条件下土的体积因不断吸水而增大的过程，收缩是由于土中水分减少，体积变小所致。膨胀土具有胀缩变形特性，可归因于膨胀土的内在机制和外部因素两个方面。

影响膨胀土胀缩性的内在机制，主要是指矿物成分及微观结构两方面：膨胀土含有大量的蒙脱石、伊利石等亲水性黏土矿物，它们比表面积大，有强烈的活动性，既易吸水又易失水，胀缩变形也大。这些矿物成分在空间上的联结状态也影响其胀缩特性。经过大量不同地点的膨胀土扫描电镜试验分析得知，黏土矿物颗粒集聚体之间面—面接触的分散结构是膨胀土的一种普遍结构形式，这种结构比团粒结构具有更大的吸水膨胀和失水收缩的能力。

影响膨胀土胀缩性的外部因素是水对膨胀土的作用。土中原有含水率与土体膨胀时所需含水率相差越大，则遇水后土的膨胀越大，失水后的收缩越小。土中水分的变化与各种环境因素，如气候条件、地形地貌、地面覆盖以及地下水位等条件有关。比如雨季土中水分增加，土体产生膨胀，旱季水分减少，土体产生收缩；同类膨胀土地基，地势低处胀缩变形比高处小，因为高地带临空面大，土中水分蒸发条件好，土中水分变化大；在炎热干旱地区，地面上的覆盖阔叶树木也会对建筑物胀缩变形造成不利影响，因为树根吸水作用加剧了地基干缩变形。

7.3.4 膨胀土地基评价

1. 膨胀土胀缩性指标

评价膨胀土地基，首先要评价膨胀土的胀缩性，判断其是否为膨胀土，然后对地基膨胀性进行评价。评价土和地基膨胀性，通常基于以下试验指标进行。

（1）自由膨胀率 δ_{ef}。自由膨胀率的试验方法是：将土烘干碾细，置于水中，试样充分吸水膨胀至稳定。增加的体积与原体积之比，称为自由膨胀率 δ_{ef}，按下式计算

$$\delta_{ef} = \frac{V_w - V_0}{V_0} \times 100\% \tag{7-5}$$

式中 V_w——土样在水中膨胀稳定后的体积，mL；

V_0——干土样原有体积，mL；

自由膨胀率 δ_{ef} 表示膨胀土在消除土的结构影响后，在无压力作用下的膨胀特性，可反映土的矿物成分及含量，可用来初步判定是否是膨胀土。

（2）膨胀率 δ_{ep}。将原状土置于侧限压缩仪中，在一定的压力下，浸水膨胀稳定后，土样增加的高度与原高度之比，称为膨胀率 δ_{ep}，表示为

$$\delta_{ep} = \frac{h_w - h_0}{h_0} \times 100\% \tag{7-6}$$

式中 h_w——土样浸水膨胀稳定后的高度，mm；

h_0——土样的原始高度，mm。

膨胀率 δ_{ep} 可用来评价地基的胀缩等级，计算膨胀土地基的变形量及测定膨胀力。

（3）线缩率 δ_s 和收缩系数 λ_s。膨胀土失水收缩，其收缩性可用线缩率和收缩系数表示。线缩率指土的竖向收缩变形与原状土样高度之比，表示为

$$\delta_s = \frac{h_0 - h_i}{h_0} \tag{7-7}$$

式中 h_i——某土样含水率 ω_i 时的土样高度，mm；

h_0——土样的原始高度，mm。

将多个土样的线缩率与含水率关系绘制成曲线，如图 7-3 所示，可见随含水率减小，δ_s 增大。图中 ab 直线段为收缩阶段，bc 曲线段为收缩过渡阶段，cd 直线段为土的微缩阶段，至 d 点后，含水率虽然继续减小，但体积收缩已基本停止。

利用线缩率与含水率关系曲线直线收缩段可求得收缩系数 λ_s，它表示原状土样在直线收缩阶段，含水率减少 1% 时的竖向线缩率，按下式计算

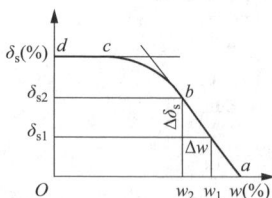

图 7-3 膨胀率与压力
关系曲线

$$\lambda_s = \frac{\Delta \delta_s}{\Delta \omega} \tag{7-8}$$

式中　$\Delta\omega$——收缩过程中，直线变化阶段内，两点含水率之差，%；

　　　　$\Delta\delta_s$——两点含水率之差对应的竖向线缩率之差，%。

线缩率和收缩系数是膨胀土地基变形计算中的两项主要指标。

（4）膨胀力 P_e。膨胀力被定义为：不允许原状土样在体积膨胀时，土体由于浸水产生的最大膨胀内应力，用 P_e 表示。在膨胀力试验中，采用不同压力进行试验，将各级压力 P 下的膨胀率 δ_{ep} 试验结果绘制成 P-δ_{ep} 关系曲线，该曲线与横坐标轴的交点即为膨胀力 P_e，如图 7-4 所示。

膨胀力 P_e 在选择基础形式及基底压力时，是很有用的指标，在设计上如果希望减小膨胀变形，应使基底压力接近 P_e。关于膨胀力的试验按照《膨胀土地区建筑技术规范》（GB 50112—2013）附录 F 的条款执行。

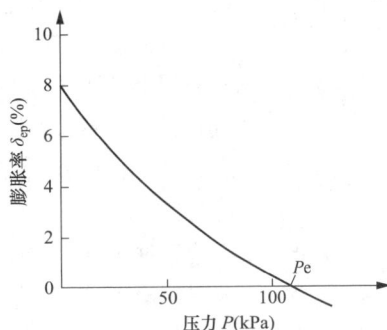

图 7-4　线缩率与含水率关系曲线

2. 膨胀土地基的评价

（1）膨胀土的判别。根据我国大多数膨胀土地区工程经验，判别膨胀土的主要依据是工程地质特征与自由膨胀率 δ_{ef}。《膨胀土地区建筑技术规范》（GB 50112—2013）判定，凡 $\delta_{ef} \geqslant 40\%$ 且具有一定工程地质特征的场地即判定为膨胀土。

（2）膨胀土的膨胀潜势。通过上述判定膨胀土以后，要进一步确定膨胀土的胀缩强弱。《膨胀土地区建筑技术规范》（GB 50112—2013）按自由膨胀率 δ_{ef} 大小划分膨胀潜势强弱，即反映土体内部积储的膨胀势能大小，来判别土的胀缩性高低，见表 7-7。

表 7-7　　　　　　　　　　　　　　膨胀土的膨胀潜势分类

自由膨胀率 δ_{ef}（%）	膨胀潜势
$40 \leqslant \delta_{ef} < 65$	弱
$65 \leqslant \delta_{ef} < 90$	中
$\delta_{ef} \geqslant 90$	强

调查表明：δ_{ef} 较小的膨胀土，膨胀潜势较弱，建筑物损坏轻微；δ_{ef} 较大的膨胀土，膨胀潜势较强，建筑物损坏严重。

（3）膨胀土地基的胀缩等级。膨胀土地基评价，应根据地基的膨胀、收缩变形对低层砖混房屋的影响程度进行。我国规范规定以 50kPa 压力下（相当于一层砖石结构的基底压力）测定土的膨胀率 δ_{ef}，计算地基分级变形量 S_c，作为划分胀缩等级的标准，见表 7-8。

表 7-8　　　　　　　　　　　　　　膨胀土地基的胀缩等级

S_c（mm）	级别
$15 \leqslant S_c < 35$	Ⅰ
$35 \leqslant S_c < 70$	Ⅱ
$S_c \geqslant 70$	Ⅲ

地基的胀缩变形量 S_c 可按下式计算

$$S_c = \sum_{i=1}^{n} (\delta_{epi} + \lambda_{si} \Delta w_i) h_i \tag{7-9}$$

式中　δ_{epi}——基础底面下第 i 层土在压力 P_i（该层土的平均自重应力与平均附加应力之和）作用下的膨胀率，由室内实验确定；

λ_{si}——第 i 层土的垂直线收缩系数；

h_i——第 i 层土计算厚度，mm，一般为基础宽度的 0.4 倍；

Δw_i——第 i 层土在收缩过程中可能发生的含水量变化的平均值（以小数表示），按《膨胀土地区建筑技术规范》（GB 50112—2013）公式计算；

n——自基础底面至计算深度内所划分的土层数，计算深度一般根据大气影响深度确定；有浸水可能时，按浸水影响深度确定。

7.3.5　膨胀土地基的工程措施

在膨胀土地基上进行工程建设，应根据当地的气候条件、地基胀缩等级、场地工程地质和水文地质条件，结合当地建筑施工经验，因地制宜采取综合措施，一般可从下面方面考虑。

1. 勘察

膨胀土地基的勘察除满足一般勘察要求外，应着重下列内容：

（1）选址勘察阶段，应以工程地质调查为主。收集当地多年气象资料，了解气候变化特点；了解当地建筑开裂特征，查明膨胀土的成因，划分地貌单元，了解地形形态以及有无不良地质现象；调查水文地质情况，调查地表水排泄、积聚情况，地下水类型、水位及其变化幅度等；分析当地建筑物损坏原因。

（2）初步勘察阶段应确定膨胀土的胀缩性；查明场地内不良地质现象的成因、分布和危害程度；采取原状土样进行室内基本物理性质试验、收缩试验、膨胀力试验和膨胀率试验，初步查明场地内膨胀土的物理力学性质。

（3）详勘阶段应确定地基土层胀缩等级以作为设计的依据。

2. 设计措施

（1）总平面布置应尽量避开不良地段，如地裂区、塑性滑坡区、地下水位变化剧烈地段等。尽量将建筑物布置在地形条件比较简单、土质较均匀、胀缩性较弱的场地。

（2）设计时，建筑物体型力求简单，在地基土显著不均匀处、建筑物平面转折处和高差较大处，应设置沉降缝；加强隔水、排水措施；合理确定建筑物与周围树木间距离，避免选用吸水量大、蒸发量大的树种；采取措施加强建筑物整体刚性，避免采用对地基变形较为敏感的结构类型；基础埋深应超过大气影响深度或经过变形计算确定。

（3）采用适当的地基处理方法，消除地基胀缩对建筑物的危害，常采用换土垫层、土性改良、深基础等方法。

3. 施工处理措施

在施工中，应尽量减少地基中含水量的变化，一般工程上采用覆盖隔水膜的方法保持膨胀土中含水率的相对稳定。基础施工时，开挖应迅速，应避免基坑暴晒，雨季应防止地面水渗入，做好防水措施。如在基坑周边设置临时截排水沟，边坡每级平台设置排水沟，必要时可以在边坡坡面设置吊沟等措施加强排水，施工完毕后，应回填土夯实。

7.4 软土地基

7.4.1 软土地基成因和分布

软土地基是指主要受力层由软土组成的地基。软土一般指外观以灰色为主，天然孔隙比大于或等于 1.0，且天然含水量大于液限的细粒土。它包括淤泥、淤泥质土（淤泥质黏性土、粉土）、泥炭和泥炭质土等，其压缩系数一般大于 $0.5MPa^{-1}$，不排水抗剪强度小于 20kPa。

淤泥和淤泥质土是第四纪后期形成的黏性土沉积，这种土大部分是饱和的，且含有机质。按其形成特征及地质成因类型可分为滨海沉积软土、湖泊沉积软土、河滩沉积软土及谷地沉积或残积软土；按软土的分布可概括为沿海软土、内陆软土和山区软土三种。

沿海软土主要位于河流入海处，分布面积较广，土层较厚，呈现多层状结构，如分布在渤海及津塘地区、浙江的温州、宁波、长江三角洲、珠江三角洲等地。内陆软土以湖、塘沉积为代表，内陆软土分布面积较小，层理不明显，主要分布在洞庭湖、洪泽湖、太湖流域及滇池地区。山区软土多分布在多雨的山间谷地、冲沟、河滩阶地及各种洼地等，分布零星，范围小，软土厚度变化大，土质不均，强度及压缩性变化大。

7.4.2 软土地基力学特性

1. 天然含水量高、孔隙比大

软土主要是由黏粒及粉粒组成，颜色多呈灰色或黑灰色，含有有机质。其黏土粒含量较高，有的可达 $60\%\sim70\%$。黏土粒的矿物成分为高岭石、蒙脱石和水云母等，以水云母为最常见。由于这些矿物的颗粒很小，呈薄片状，表面带有负电荷，且在沉积过程中常形成絮状链接结构，并含有机质，所以黏土粒四周吸附着大量的偶极水分子。因此，软土的天然含水量约为 $30\%\sim80\%$，有些甚至达到 200% 以上；孔隙比为 $1\sim2$，有些达到 6 以上。

2. 渗透性较差

由于软土的黏粒含量高，软土的渗透系数一般在 $i\times10^{-8}\sim i\times10^{-4}$mm/s 之间（$i=1，2，\cdots，9$），且垂直方向和水平方向的渗透系数不一样，故其渗透性较差。特别是软土中含有大量的有机质时，在土中可能产生气泡，堵塞渗流通路，降低渗透性。

3. 压缩性高

由于软土的孔隙比大，又由于软土中存在大量微生物，产生大量的气体，故软土的压缩性高。软土的压缩系数 a_{1-2} 为 $0.5\sim1.5MPa^{-1}$，有些高达 $4.5MPa^{-1}$，且其压缩性往往随着液限的增大而增加。

4. 抗剪强度低

软土的抗剪强度比较低，不排水抗剪强度一般小于 20kPa，其变化范围为 $5\sim25$kPa，其大小与排水固结程度密切相关。

5. 具有结构性

当土的结构未被破坏时，具有一定的结构强度，一旦受到扰动（振动、搅拌或搓揉等），其絮状结构受到破坏，土的强度显著降低甚至呈流动状态，土的这种性质称为结构性，特别是滨海相的软土，这种现象尤为明显。软土受到扰动后强度降低的特性可用灵敏度表示。软土的灵敏度一般为 $3\sim16$。

6.具有流变性

软土在不变的剪应力作用下,将连续产生缓慢的剪切变形,并可能导致抗剪强度的衰减。在固结沉降完成之后,软土还可能继续产生可观的次固结沉降。

7.4.3 软土地基的工程措施

在软土地基上进行工程建设,必须注意软土地基的变形和强度问题,尤其是软土地区的变形问题。过大的沉降及不均匀沉降是造成大量工程事故根本原因。因此,要在软土地区进行建筑施工时,必须从地基、建筑、结构、施工、使用等各个方面全面地综合考虑,保证建筑物的安全和正常使用。一般可从下面几个方面考虑:

(1)轻基浅埋。当软土表层有密实的土层时,利用软土上部的"硬壳"层作为地基的持力层,尽量减少上部结构及基础重量,称之为"轻基浅埋"法。

(2)尽量减少基底压力。采用轻型结构、设置地下室、采用箱形基础等,减少基底压力及附加应力,从而减少软土的沉降量。

(3)铺设砂垫层。该法既可以减少作用在软土上的附加应力来减少建筑物沉降,还有利于排除软土中的水,缩短软土的固结时间,使建筑物沉降较快地达到稳定。

(4)采用地基处理方法,提高软土地基承载力。如采用砂井、砂井预压、电渗法等促使软土层排水固结,提高地基承载力。

(5)采取施工措施,防止在软土地基上加载过大过快时,发生地基土塑流挤出的现象。主要的施工措施有:控制施工速度,使得加载速度减小;在建筑物四周打板桩围墙,或采用反压法,以防止地基土塑流挤出。

7.5 冻 土 地 基

在寒冷季节温度低于零摄氏度,土中水冻结成冰,此时土称为冻土。冻土根据其冻融情况分为季节性冻土和多年冻土。季节性冻土是指冬季冻结,夏季全部融化的冻土;凡冻结状态持续两年或两年以上的土称为多年冻土。

7.5.1 冻土特征和分布

冻土地基的主要问题是冻胀和融沉问题。随着土中水的冻结,土体产生体积膨胀,即冻胀现象。而冻土随着气温升高,土中冰融化成水,地面沉降,即融沉现象。土发生冻胀的原因是冻结时土中水分向冻结区迁移和积聚。冻胀会使地基土隆起,使建造在其上的建(构)筑物被抬起,引起开裂、倾斜甚至倒塌;使得路面鼓包、开裂、错缝或折断等。当土层解冻融化时,土层软化,强度大大降低,可使房屋、桥梁和涵管等发生大量沉降和不均匀沉降,道路出现翻浆冒泥等危害。因此,冻土的冻胀和冻融问题都必须引起注意,并采取必要防治措施。

我国冻土主要分布在北方,多年冻土主要在青藏高原、天山、阿尔泰山地区和东北大小兴安岭等纬度或海拔较高的严寒地区。东部和西部的一些高山顶部也有分布。多年冻土占我国领土的20%以上,占世界多年冻土面积的10%。工程危害最大的是季节性冻土地区,或者多年冻土区因地层温度升高而融化。

7.5.2 冻土的冻胀机理

地面下一定深度的水温,是随大气温度而变化的。当大气负温传入土中时,土中的自由水首先冻结成冰晶体，随着气温的继续下降，弱结合水的最外层也开始冻结，使冰晶体逐渐扩大。这样使冰晶体周围土粒的结合水膜减薄，土粒就产生剩余的分子引力，另外，由于结合水膜的减薄，使得水膜中的离子浓度增加，产生了渗透压力。在这两种引力作用下，未冻结区水膜较厚处的弱结合水，可被吸引到水膜较薄的冻结区参与冻结，使冰晶体增大，使这两种引力得不到中和，继续存在。在未冻结区存在着水源（如地下水距冻结区很近）及适当的水源补给通道（即毛细通道）的情况下，水能够源源不断地补充到冻结区来，使冰晶体不断扩大，在土中形成冰夹层，地面随之发生隆起，即冻胀现象。这种冰晶体的不断增大，一直要到水源的补给断绝后才会停止。

冻胀和融沉都将对工程产生不利影响。特别是高寒地区，发生冻胀时，使路基隆起，柔性路面鼓包、开裂，刚性路面错缝或折断；修建在冻土上的建筑物，冻胀引起建筑物的开裂、倾斜甚至使轻型构筑物倒塌。而发生融沉后，路基土在车辆反复碾压下，轻者路面变得较软，重者路面翻浆，也会使房屋、桥梁、涵管发生大量下沉或不均匀下沉，引起建筑物的开裂破坏。

7.5.3　土的冻胀影响因素

从土冻胀的机理分析中可以看到，土的冻胀现象是在一定条件下形成的。影响冻胀的因素有三方面。

1. 土的因素

冻胀现象通常发生在细粒土中，特别是粉砂、粉土、粉质黏土和粉质亚砂土等，冻结时水分迁移积聚最为强烈，冻胀现象严重。这是因为这类土具有较显著的毛细现象，毛细水上升高度大，上升速度快，具有较通畅的水源补给通道，同时，这类土的颗粒较细，表面能大，土的矿物成分亲水性强，能持有较多结合水，从而能使大量结合水迁移和积聚。相反，黏土虽有较厚的结合水膜，但毛细孔隙很小，对水分迁移的阻力很大，没有通畅的水源补给通道，所以其冻胀性较上述土类为小。砂砾等粗颗粒土，没有或具有少量的结合水，孔隙中自由水冻结后，不会发生水分的迁移积聚，同时由于砂砾基本无毛细现象，因而不会发生冻胀。所以，在工程实践中常在地基或路基中换填砂土，以防止冻胀。

2. 水的因素

土层发生冻胀是由水分的迁移和积聚所致。因此，当冻结区附近地下水位较高，毛细水上升高度能够达到或接近冻结线，使冻结区能得到外部水源的补给时，将发生比较强烈的冻胀破坏现象。这样，可以区分开敞型冻胀和封闭型冻胀两种冻胀类型。前者在冻结过程中有外来水源补给；后者在冻结过程中没有外来水分补给。开敞型冻胀往往在土层中形成很厚的冰夹层，产生强烈冻胀，而封闭型冻胀，土中冰夹层薄，冻胀量也小。

3. 温度的因素

当气温骤降且冷却强度很大时，土的冻结面迅速向下推移，即冻结速度很快。这时，土中弱结合水及毛细水还来不及向冻结区迁移就在原地冻结成冰，毛细通道也被冰晶体所堵塞。这样水分的迁移和积聚不会发生，在土层中看不到冰夹层，只有散布于土孔隙中的冰晶体，这时形成的冻土一般无明显的冻胀。如果气温缓慢下降，冷却强度小，但负温持续的时间较长，则能促使未冻结区水分不断地向冻结区迁移积聚，在土中形成冰夹层，出现明显的冻胀现象。

上述三方面的因素是土层发生冻胀的三个必要条件。其结论是：在持续负温作用下，地下水位较高处的粉砂、粉土、粉质黏土等土层常具有较大的冻胀危害。因此，我们可以根据影响冻胀的三个因素，采取相应的防治冻胀的工程措施。

7.5.4 冻土地基分类和评价

1. 冻土的分类

我国建筑对冻土地基的评价主要依据《冻土地区建筑地基基础设计规范》（JGJ 118—2011）进行。对冻土的分类，根据持续时间可分为季节冻土与多年冻土；根据所含盐类与有机物的不同可分为盐渍化冻土与冻结泥炭化土；根据其变形特性可分为坚硬冻土、塑性冻土与松散冻土；根据冻土的融沉性与土的冻胀性又可分成若干亚类。其中，按平均冻胀率的大小，将地基土分为不冻胀、弱冻胀、冻胀、强冻胀、特强冻胀的分类指标定量规定见表2-4。

在冻土地区，有两类冻土与一般土体的工程性质有显著差别，它们是盐渍化冻土与冻结泥炭化土。冻土中未冻结的水含量越高，冻土强度越低的特点，使得土中水即使含有很少量的易溶盐类（尤其是氯盐类），也会大大地改变一般冻土的力学性质，在冻土地区由于地基中的盐类被水分所溶解变成不同浓度的溶液，可降低土的起始冻结温度，在同一负温条件下与一般冻土比较，盐渍化冻土未冻水含量大很多，在其他条件相同时，其强度也低很多。与盐渍化冻土类似，冻结泥炭化土的泥炭化程度同样剧烈地影响着冻土的工程性质。

因此在冻土分类中，首先要根据盐渍度和泥炭化程度指标判别冻土是否为盐渍化冻土和冻结泥炭化土，然后再按平均冻胀率将其分类。具体参见《冻土地区建筑地基基础设计规范》（JGJ 118—2011）。

2. 冻土的地基承载力

冻土的地基承载力与土的类别和地基的温度有关，一般需要采用原位试验确定，如果没有条件进行试验，可根据冻结地基土的名称、土的温度按表7-9的规定取值。表7-9适用于一般的冻土，并不适用于盐渍化冻土和冻结泥炭化土，盐渍化冻土和冻结泥炭化土最好采用桩基础。

表7-9 　　　　　　　　　　　　土地基承载力经验值　　　　　　　　　　　　　　kPa

土的名称	不同土温时的地基承载力特征值					
	−0.5℃	−1.0℃	−1.5℃	−2.0℃	−2.5℃	−3.0℃
碎砾石类土	800	1000	1200	1400	1600	1800
砾砂、粗砂	650	800	950	1100	1250	1400
中砂、细砂、粉砂	500	650	800	950	1100	1250
黏土、粉质黏土、粉土	400	500	600	700	800	900

7.5.5 冻土地基的工程措施

在冻土地区修建构筑物，必须采用相应的措施应对可能的冻胀、融沉问题，一般的可归为二类途径：一是通过地基处理消除或减小冻胀和融沉的影响；二是增强结构对地基冻胀和融沉的适应能力。

1. 地基处理措施

通过强夯将地基压密，可部分消除土的冻胀性。将冻胀性强的土体，置换成粗颗粒的材料以消除冻胀、融沉的影响。

（1）换填法。用粗砂、砾石等非（弱）冻胀性材料置换天然地基中的冻胀土。用以削弱或基本消除地基土的冻胀。

（2）物理化学方法改良土质。如向土体内加入人工盐，降低冰点温度，减轻冻害。

（3）保温法。在建筑物基础底部或四周设置隔热层，增大热阻，以推迟地基土冻结，提高土中温度，减小冻结深度。

（4）排水隔水法。采取措施降低地下水位，采取排水、隔水等措施排除地表水，隔断外来水补给，防止地基土湿润，减小地基土冻胀。

2. 建筑和结构措施

采用深基础，将基础埋深置于冻结线以下；按规范规定进行冻胀力作用下基础的稳定性计算。若不满足应重新调整基础尺寸和埋置深度，或采取减小或消除冻胀力的措施等。如在基础侧面涂沥青就是消除切向力的有效方法。

【拓展应用】红黏土地基见本书二维码中数字资源。

【拓展应用】盐渍土地基见本书二维码中数字资源。

思考与习题

7.1 什么是特殊土？

7.2 湿陷性黄土的特征有哪些？如何判断黄土是否具有湿陷性？

7.3 自重湿陷性黄土场地如何判别？如何判别湿陷性黄土地基的湿陷等级？

7.4 什么是自由膨胀率？如何判别是否是膨胀土？如何判断膨胀土地基胀缩等级？

7.5 软土有哪些工程特性？软土地基的工程措施有哪些？

7.6 红黏土有哪些工程特性？

7.7 盐渍土对土木工程建筑有哪些危害？如何评定盐渍土的盐胀性？

7.8 冻土冻胀机理是什么？影响冻土冻胀的因素有哪些？

7.9 甘肃某大型商场建筑地基，经勘察为黄土地基。由探井取出 3 个原状土样（高度为 20mm）进行浸水压缩试验。取土样的深度分别为：2.5m、5m、7m，室内压缩试验数据见表 7-10。试判别此黄土地基是否属于湿陷性黄土。

表 7-10　　　　　　　　　　黄土浸水压缩试验数据表

试样编号	1 号	2 号	3 号
加 200kPa 压力后百分表稳定读数（10^{-2}mm）	38	46	26
浸水后百分表稳定读数（10^{-2}mm）	159	188	78

7.10 某工业厂房工地位于陕北地区，现场钻孔每隔 2m 取黄土试样，测得各土样 δ_{si} 和 δ_{zsi} 见表 7-11。试确定该场地的湿陷类型。

表 7-11　　　　　　　　　　黄土试样 δ_{si} 和 δ_{zsi}

取土深度（m）	2	4	6	8	10	12	14	16
δ_{zsi}	0.017	0.022	0.022	0.026	0.039	0.043	0.029	0.012
δ_{si}	0.086	0.074	0.077	0.078	0.087	0.094	0.049	0.012

8

基坑工程

8.1 基坑工程概述

8.1.1 基坑工程概念

在进行建筑物基础与地下建筑（如地铁、地下商场等）的施工时，开挖的地面以下空间，称为基坑。

为保证基坑施工以及主体地下结构的安全和周围环境不受损害，需对场地和基坑（含开挖和降水）进行一系列勘察、设计、施工和监测等工作，这项综合性的工程就称为基坑工程。基坑工程一般包括：

（1）基坑开挖工程。分层分块将坑底以上土体挖出，开挖顺序应根据整个基坑体系的稳定等计算确定。

（2）基坑支护工程。为确定地下结构施工及基坑周边环境的安全，对基坑及周边环境的支挡、加固及保护措施。

（3）降水工程。基坑开挖前，若地下水高于坑底，应将地下水位降于坑底以下 $0.5\sim1.0m$，使土方开挖实现"干"作业。

（4）监测工程。在基坑工程施工过程中，对基坑支护结构及周边环境的受力和变形进行的量测。

基坑工程既涉及土力学中典型的强度、稳定及变形问题，又涉及土与支护结构相互作用及场地的工程地质、水文等问题，同时还与测试技术、施工技术等密切相关。因此，基坑工程具有以下特点：

（1）风险性大。基坑支护体系是临时性结构，安全储备小，加之受到降雨、周边堆载及振动荷载等因素影响较大，其相对于永久性结构而言，风险性较大，对设计、施工和监测的要求更高。

（2）区域性强。场地的工程地质条件和水文地质条件对基坑工程性状具有极大的影响。我国幅员辽阔，地质条件变化大，因此，围护结构体系的设计、基坑的施工均要根据具体的地质条件因地制宜。

（3）环境条件影响大。基坑开挖、降水势必引起周边场地土层的应力和地下水位发生改变，使土体产生变形，对相邻建（构）筑物和地下管线等产生影响，严重将危及它们的安全和正常使用。

（4）综合性强。基坑工程不仅涉及岩土、结构、地质及环境等多门学科，而且勘察、设计、施工、监测等工作环环相扣、紧密相连，这些都需要设计、施工人员具有丰富的实践经验。

（5）时空效应强。时空效应是指基坑支护结构的变形和周边地层的变形随时间推移而发展，也因开挖的空间尺度、开挖后的坑底暴露面积而不同。支护结构所受荷载及其产生的应力和变形在时间和空间上均具有较强的变异性，尤其在软黏土和复杂深基坑工程中表现更为显著。

8.1.2 基坑支护工程的设计原则及内容

《建筑基坑支护技术规程》（JGJ 120—2012）规定：基坑支护应保证基坑周边建（构）筑物、地下管线、道路的安全和正常使用，并保证主体地下结构的施工空间。

1. 基坑支护工程设计的基本原则

（1）应规定基坑支护设计使用期限。基坑支护设计使用期限不应小于一年。

（2）在满足支护结构本身强度、稳定性和变形要求的同时，确保基坑周边建（构）筑物、地下管线、道路的安全和正常使用。

（3）确保支护设计方案应做到技术先进、经济合理、能最大限度地减小对周边环境的影响，保障主体地下结构的施工空间。

2. 基坑支护结构极限状态

根据《建筑基坑支护技术规程》（JGJ 120—2012），基坑支护结构极限状态可分为承载能力极限状态和正常使用极限状态。

（1）承载能力极限状态。

1）支护结构构件或连接因超过材料强度而破坏，或因过度变形而不适于继续承受荷载，或出现压屈、局部失稳。

2）支护结构和土体整体滑动。

3）坑底因隆起而丧失稳定。

4）对支挡式结构，挡土构件因坑底土体丧失嵌固能力而推移或倾覆。

5）对锚拉式支挡结构或土钉墙，锚杆或土钉因土体丧失锚固能力而拔动。

6）对重力式水泥土墙，墙体倾覆或滑移。

7）对重力式水泥土墙、支挡式结构，其持力土层因丧失承载能力而破坏。

8）地下水渗流引起的土体渗透破坏。

（2）正常使用极限状态。

1）造成基坑周边建（构）筑物、地下管线、道路等损坏或影响其正常使用的支护结构位移。

2）因地下水位下降、地下水渗流或施工因素而造成基坑周边建（构）筑物、地下管线、道路等损坏或影响其正常使用的土体变形。

3）影响主体地下结构正常施工的支护结构位移。

4）影响主体地下结构正常施工的地下水渗流。

3. 基坑工程设计和安全等级

根据场地地质条件的复杂程度、对周边环境保护要求、基坑的规模等因素划分基坑工程的设计等级，以确定不同等级基坑的设计要求。基坑工程的设计等级见表 8-1。

表 8 - 1 基 坑 工 程 设 计 等 级

设计等级	建筑和基础类型
甲级	位于复杂地质条件及软土地区的二层及二层以上地下室的基坑工程; 开挖深度大于 15m 的基坑工程; 周边环境条件复杂、环境保护要求高的基坑工程
乙级	除甲级、丙级以外的基坑工程
丙级	非软土地区且场地地质条件简单、基坑周边环境条件简单、环境保护要求不高且基坑开挖深度小于 5.0m 的基坑工程

《建筑地基基础设计规范》(GB 50007—2011) 规定,所有支护结构设计均应满足强度和变形计算以及土体稳定性验算的要求;设计等级为甲级、乙级的基坑工程,应进行因土方开挖、降水引起的基坑四周变形的计算;因高水位地区设计等级为甲级的基坑工程,应进行地下水控制的专项设计。

基坑支护设计时,应综合考虑基坑周边环境和地质条件的复杂程度、基坑深度等因素,根据支护结构失效、土体过大变形对基坑周边环境或主体结构施工安全的影响程度,按表 8 - 2 支护结构的安全等级进行设计。对同一基坑的不同部位,可采用不同的安全等级。

表 8 - 2 基坑支护结构安全等级及重要性系数

安全等级	破坏后果	适用范围	重要性系数 γ_0
一级	支护结构失效、土体过大变形对基坑周边环境或主体结构安全影响很严重	有特殊安全要求的支护结构	1.10
二级	支护结构失效、土体过大变形对基坑周边环境或主体结构安全影响严重	重要的支护结构	1.00
三级	支护结构失效、土体过大变形对基坑周边环境或主体结构安全影响不严重	一般的支护结构	0.90

4. 基坑工程设计的主要内容

基坑工程设计时应具备以下资料:

(1) 岩土工程勘察报告。

(2) 建筑物总平面图、工程用地红线图。

(3) 建筑物地下结构设计资料,以及桩基础或地基处理设计资料。

(4) 基坑周边环境调查报告,包括邻近建筑物、地下管线、地下设施及地下交通工程等的相关资料。

基坑工程设计的主要内容包括:

(1) 支护结构体系的选型。

(2) 支护结构的强度、稳定和变形计算。

(3) 基坑内外土体的稳定性计算。

(4) 地下水控制方式,基坑降水、止水帷幕设计。

(5) 对周边环境影响的控制设计。

（6）基坑土方开挖方案。

（7）基坑施工监测设计及应急措施制定。

8.2 基坑支护结构类型与特点

8.2.1 基坑支护结构的常见类型及特点

基坑支护结构是指支挡和加固基坑侧壁的结构。其基本类型如图8-1所示。

1. 放坡开挖及简易支护

放坡开挖是指选择合理的坡度进行开挖，适用于地基土质较好、开挖深度不大，以及施工现场有足够放坡场所的工程。

放坡开挖施工简便、费用低，一般适用于浅基坑，要求具有足够的放坡施工场地。开挖及回填方量较大时，为增加开挖边坡的稳定性并减少土方量，常采用简易支护（图8-2）。

图 8-1 基坑支护结构分类

2. 悬臂式支挡结构

悬臂式支挡结构主要指没有内撑或锚杆的板桩墙、排桩墙，以及地连墙支挡结构（图8-3）。这种支挡结构依靠足够的入土深度和结构的抗弯能力来维持基坑坑壁的安全。悬臂式支挡结构易产生较大变形，只适用于土质较好、开挖深度较浅的基坑工程。

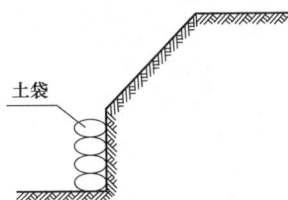

(a) 土袋或块石堆砌支护   (b) 短桩支护

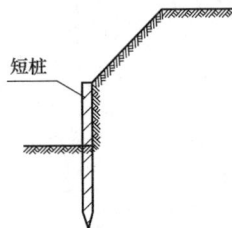

图 8-2 基坑简易支护

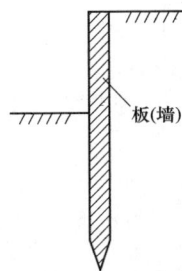

图 8-3 悬臂式支挡结构

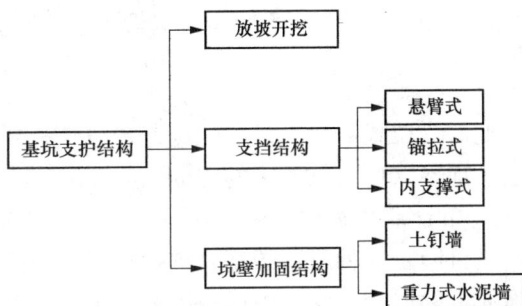

3. 内撑式支挡结构

内撑式支挡结构由支护桩（墙）和内支撑组成（图8-4），其中支护桩通常采用钢筋混凝土桩或钢板桩，支护墙通常采用地下连续墙。内支撑通常采用木方、钢筋混凝土或钢管（型钢）做成，可以设置成水平或倾斜的形式。

内支撑支挡结构适合各种地基土层，但设置的内支撑会占用一定的施工空间，给施工带来较大不便。

4. 锚拉式支挡结构

锚拉式支挡结构由支护桩（墙）和锚杆组成，支护桩（墙）同内撑式支挡结构。根据锚杆的位置可分为地面锚拉式和土层锚拉式两种（图8-5）。

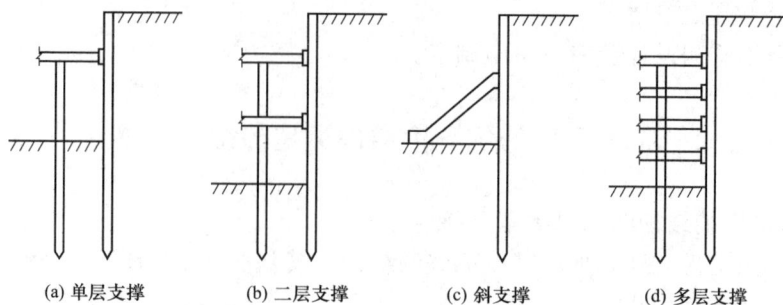

(a) 单层支撑　　(b) 二层支撑　　(c) 斜支撑　　(d) 多层支撑

图 8-4　内支撑式桩墙挡土结构

地面锚拉式需要有足够的场地设置锚桩或其他锚固装置。土层锚杆式适用于深部有较好土层的地层（可提供较大的锚固力），不宜用于软弱土层。

5. 土钉墙支护结构

土钉墙是一种新型的基坑支护形式，由基坑边坡中设置的土钉、被加固的原状土及喷射于坡面上的混凝土面板组成（图 8-6）。土钉一般通过钻孔、插筋、注浆来设置，可直接打入钢筋、钢管或型钢。

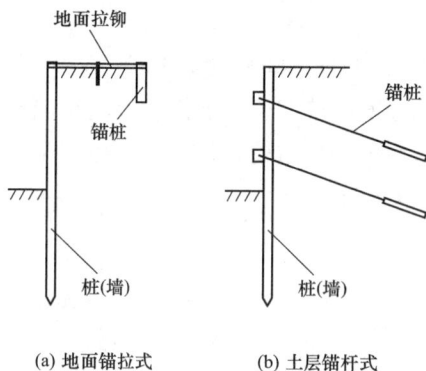

(a) 地面锚拉式　　(b) 土层锚杆式

图 8-5　拉锚式桩墙挡土结构

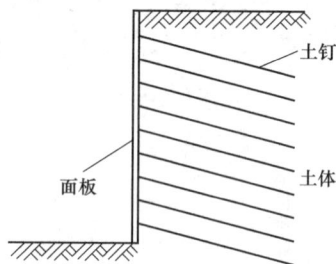

图 8-6　土钉墙支护结构

土钉墙支护结构适合地下水位以上的黏性土、砂土及碎石土等地层，不宜用于淤泥和淤泥质土等软弱土层。

6. 水泥土桩墙支护结构

利用水泥作为固化剂，通过深层搅拌机械将地层深部的软土和水泥强制拌合，让水泥和软土之间产生一系列的物理-化学反应，形成连续搭接的水泥土柱状加固体挡墙。水泥土桩墙中的桩与桩或排与排之间可相互咬合紧密排列，也可按网格式排列。

水泥土桩墙具有较高的强度和较好的整体性、水稳定性，适用于淤泥、淤泥质土等软土地区的基坑支护（图 8-7）。

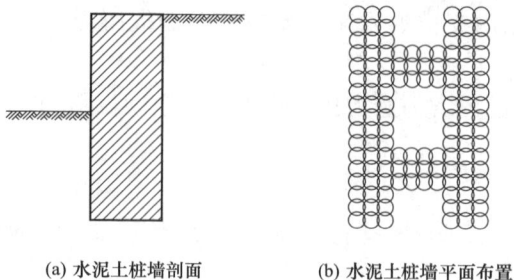

(a) 水泥土桩墙剖面　　(b) 水泥土桩墙平面布置

图 8-7　水泥土桩墙支护结构

7. 其他支护结构

除上述支护结构外，还有双排桩支护结构、连拱式支挡结构、逆作拱支挡结构、加筋水泥土挡墙，以及各种组合式支护结构。

8.2.2 基坑支护结构选型

基坑支护结构的选型应综合考虑基坑周边环境、主体建筑物和地下结构的条件、开挖深度、工程地质和水文地质条件、施工技术与设备、施工季节等因素，按照因地制宜的原则选出最佳支护方案。《建筑基坑支护技术规程》(JGJ 120—2012) 规定各类支护结构的适用条件及选型见表 8-3。

表 8-3　　　　　　　　　各类支护结构的使用条件

结构类型		适用条件	
		安全等级	基坑深度、环境条件、土类和地下水条件
支挡式结构	锚拉式结构	一级二级三级	适用于较深的基坑	1. 双排桩适用于可采用降水或截水帷幕的基坑 2. 地下连续墙宜同时用作主体地下结构外墙，可同时用于截水 3. 锚杆不宜用在软土层和高水位的碎石土、砂土层中 4. 当临近基坑有建筑物地下室、地下构筑物等，锚杆的有效锚固长度不足时，不应采用锚杆 5. 当锚杆施工会造成基坑周边建 (构) 筑物的损害或违反城市地下空间规划等规定时，不应采用锚杆
	支撑式结构		适用于较深的基坑	
	悬臂式结构		适用于较浅的基坑	
	双排桩		当锚拉式、支撑式和悬臂式结构不适用时，可考虑采用双排桩	
	支护结构与主体结构结合的逆作法		适用于基坑周边环境条件很复杂的深基坑	
土钉墙	单一土钉墙	二级三级	适用于地下水位以上或经降水的非软土基坑，且基坑深度不宜大于 12m	当基坑潜在滑动面内有建筑物、重要地下管线时，不宜采用土钉墙
	预应力锚杆复合土钉墙		适用于地下水位以上或经降水的非软土基坑，且基坑深度不宜大于 15m	
	水泥土桩复合土钉墙		用于非软土基坑时，基坑深度不宜大于 12m；用于淤泥质土基坑时，基坑深度不宜大于 6m；不宜用在高水位的碎石土、砂土层中	
	微型桩复合土钉墙		适用于地下水位以上或经降水的基坑，用于非软土基坑时，基坑深度不宜大于 12m；用于淤泥质土基坑时，基坑深度不宜大于 6m	
重力式水泥土墙		二级三级	适用于淤泥质土、淤泥基坑，且基坑深度不宜大于 7m	
放坡		三级	1. 施工场地应满足放坡条件 2. 可与上述支护结构形式结合	

注　1. 当基坑不同部位的周边环境条件、土层性状、基坑深度等不同时，可在不同部位分别采用不同的支护形式；
　　2. 支护结构可采用上、下部以不同结构类型组合的形式。

8.3 基坑支护结构上的水平荷载

作用在基坑支护结构上的水平荷载时，主要包括：

（1）土压力：基坑内外土的自重产生的土压力。

（2）水压力：静水压力、渗流压力、承压水压力等。

（3）对基坑有影响荷载：基坑周边临近建（构）筑物荷载、施工荷载、临近道路车辆荷载。

（4）其他荷载：冻胀、温度变化、地震等产生其他附加荷载。

8.3.1 土压力影响因素

1. 支护结构变形对土压力的影响

由于基坑支护结构的刚度与一般挡土墙的刚度有相当大差异，墙背的土压力分布以及量值也存在相当大的差异。支护结构对土压力的影响主要表现在两个方面，一方面是对土压力的分布产生影响，另一方面对土压力的量值产生影响。支护结构的变形或位移对土压力分布的影响有以下几种情况：

（1）当支护结构完全没有位移和变形，主动土压力为静止土压力，呈三角形分布［图 8 - 8(a)］。

（2）当支护结构顶部不动，下端向外位移，主动土压力呈抛物线分布［图 8 - 8(b)］。

（3）当支护结构上下两端没有发生位移而中部发生向外的变形，主动土压力呈马鞍形［图 8 - 8(c)］。

（4）当支护结构平行向外移动，主动土压力呈抛物线分布［图 8 - 8(d)］。

（5）当支护结构绕下端向外倾斜变形，主动土压力的分布与一般挡土墙一致［图 8 - 8(e)］。

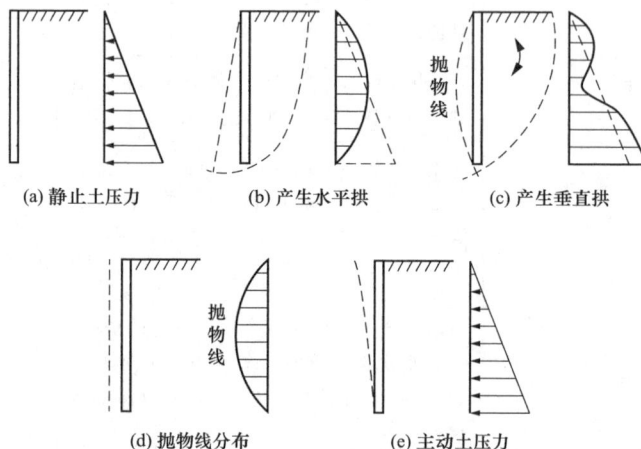

(a) 静止土压力　　(b) 产生水平拱　　(c) 产生垂直拱

(d) 抛物线分布　　(e) 主动土压力

图 8 - 8　不同的墙体变位产生不同的土压力

2. 施工对土压力的影响

施工方法和施工次序对支护结构上的土压力大小和分布影响也很大。图 8 - 9 表示多支撑的板桩施工中土压力的变化情况。一般情况下，施加支撑力之后墙和土并未被推回到原来的位置，但支撑力比主动土压力大，引起挡土压力增加。另外，随着时间的迁移，一些黏性土发生蠕变，使墙后土压力逐渐增加，对某些硬黏土，若基坑暴露时间过长，由于含水量的变化、风化、张力缝的发展和扰动等原因，也会使黏聚力损失而使墙后土压力增加。

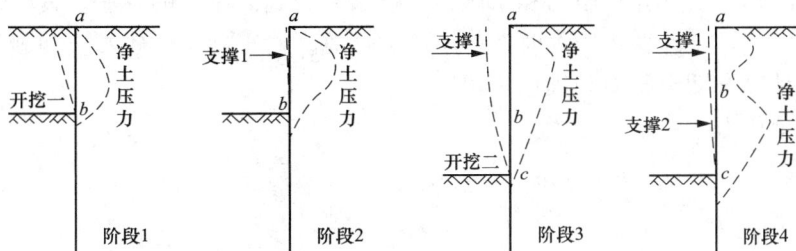

图 8-9　多支撑板桩施工中土压力的变化情况

由此可见，支护结构上的土压力大小和分布与支护结构本身的刚度和变形、施工方法、土的性质等因素有关，无法进行精确计算，因而通常简化计算方法计算。目前，《建筑基坑支护技术规程》（JGJ 120—2012）推荐采用朗肯土压力理论计算土压力。计算地下水位以下的水、土压力，一般按以下方法处理：对砂质粉土、砂土和碎石土等无黏性土采用水土分算法，即作用于支护结构上的侧压力等于土压力与水压力之和；对黏性土、黏质粉土采用水土合算法，即作用于支护结构上的侧压力等于按土的饱和重度及总应力固结不排水抗剪强度指标计算。

8.3.2　地下水位以上土压力计算方法

当土层位于地下水位以上时，根据朗肯土压力理论，支护结构外侧主动土压力强度标准值 p_{ak}、支护结构内侧的被动土压力强度标准值 p_{pk}（图 8-10）可按下式计算：

主动土压力

$$p_{ak} = \sigma_{ak}K_{a,i} - 2c_i\sqrt{K_{a,i}} \qquad (8-1)$$

$$K_{a,i} = \tan^2\left(45° - \frac{\varphi_i}{2}\right) \qquad (8-2)$$

被动土压力

$$p_{pk} = \sigma_{pk}K_{p,i} + 2c_i\sqrt{K_{p,i}} \qquad (8-3)$$

$$K_{p,i} = \tan^2\left(45° + \frac{\varphi_i}{2}\right) \qquad (8-4)$$

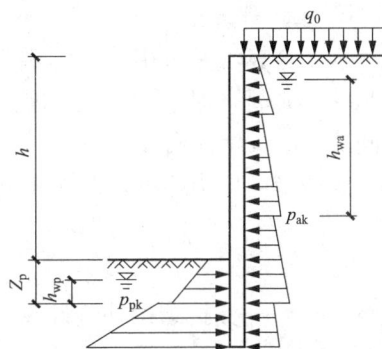

图 8-10　土压力计算简图

式中　p_{ak}——支护结构外侧，第 i 层土中计算点的主动土压力强度标准值，kPa，当 $p_{ak} < 0$ 时，应取 $p_{ak} = 0$；

　　　p_{pk}——支护结构内侧，第 i 层土中计算点的被动土压力强度标准值，kPa；

σ_{ak}、σ_{pk}——支护结构外侧、内侧计算点的土中竖向应力标准值，kPa，具体计算方法见式（8-9）、式（8-10）；

$K_{a,i}$、$K_{p,i}$——第 i 层土的主动土压力系数、被动土压力系数；

　　c_i、φ_i——第 i 层土的黏聚力，kPa 和内摩擦角，（°）。对黏性土、黏质粉土采用三轴固结不排水剪强度指标 c_{cu}、φ_{cu} 或直剪固结快剪强度指标 c_{cq}、φ_{cq}；对砂土、碎石土和砂质粉土应采用有效应力强度指标 c'、φ'。

8.3.3 地下水位以下土压力计算方法

1. 水土分算法

水土分算法是分别计算土压力和水压力，再求和得到侧压力的方法。其中，计算土压力时采用有效重度计算，计算水压力时按静水压力计算。对于砂土、碎石土和砂质粉土宜按照水土分算方法计算主动土压力和被动土压力。

（1）主动土压力

$$p_{ak} = (\sigma_{ak} - u_a)K_{a,i} - 2c_i\sqrt{K_{a,i}} + u_a \tag{8-5}$$

（2）被动土压力

$$p_{pk} = (\sigma_{pk} - u_p)K_{p,i} + 2c_i\sqrt{K_{p,i}} + u_p \tag{8-6}$$

式中 u_a、u_p——支护结构外侧、内侧计算点的水压力，kPa；其余符号同上。

对水压力 u_a、u_p 可按下列公式计算（图 8-10）

$$u_a = \gamma_w h_{wa} \tag{8-7}$$

$$u_p = \gamma_w h_{wp} \tag{8-8}$$

式中 γ_w——地下水的重度，kN/m³，取 $\gamma_w = 10kN/m^3$；

h_{wa}——基坑外侧地下水位至主动土压力强度计算点的垂直距离，m；对承压水，地下水位取测压管水位；当有多个含水层时，应以计算点所在含水层的地下水位为准；

h_{wp}——基坑内侧地下水位至被动土压力强度计算点的垂直距离，m；对承压水，地下水位取测压管水位。

2. 水土合算法

水土合算法是采用土的饱和重度来计算水、土压力的方法。当土层位于地下水位以下（图 8-10）时，对于黏性土、黏质粉土采用水土合算方法计算主动和被动土压力，其计算方法同式（8-1）～式（8-4）。

土中竖向应力标准值应按下式计算

$$\sigma_{ak} = \sigma_{ac} + \Delta\sigma_{k,j} \tag{8-9}$$

$$\sigma_{pk} = \sigma_{pc} \tag{8-10}$$

式中 σ_{ac}——支护结构外侧计算点，由土体自重产生的竖向总应力，kPa；

σ_{pc}——支护结构内侧计算点，由土体自重产生的竖向总应力，kPa；

$\sum\Delta\sigma_{k,j}$——支护结构外侧第 j 个附加荷载作用下计算点的土中附加竖向应力标准值，kPa，应根据附加荷载类型，参见《建筑基坑支护技术规程》（JGJ 120—2012）计算。

8.4 排桩式支护结构设计计算

当基坑较深、施工场地狭窄、地质条件较差，或对开挖引起的变形控制较严时，可以采用排桩或地下连续墙支护结构。

排桩是利用桩体（钻孔灌注桩、预制桩、挖孔桩、压浆桩及 SMW 桩等）并排连起来形成的地下挡土结构。单个桩体采用不同的排列形式形成挡土结构，适用于不同地质和施工条件下的基坑开挖。图 8-11 列举了几种常见的排桩排列形式。

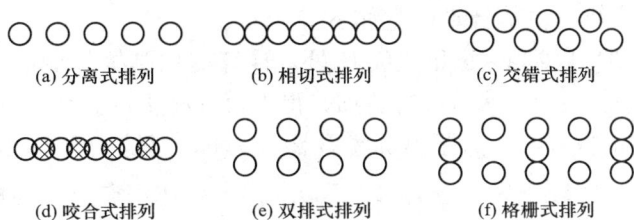

(a) 分离式排列   (b) 相切式排列   (c) 交错式排列

(d) 咬合式排列   (e) 双排式排列   (f) 格栅式排列

图 8-11 排桩支挡结构桩的常见排列形式

8.4.1 悬臂式桩（墙）支挡结构计算

当基坑两侧没有需要保护的地下管线等构筑物，开挖深度不大，环境条件允许时，可采用不设支撑的悬臂式支挡结构。悬臂式支挡结构采用传统的板桩计算原理，如图 8-12 所示。

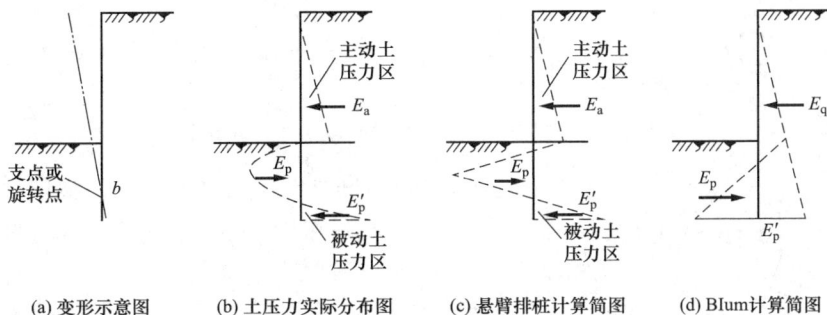

(a) 变形示意图   (b) 土压力实际分布图   (c) 悬臂排桩计算简图   (d) Blum 计算简图

图 8-12 悬臂式排桩支护结构的变形及土压力分布图

悬臂式板桩支挡结构在基坑底面以上基坑外侧主动土压力作用下，板桩将产生朝向基坑内侧倾移，板桩将绕基坑底以下某点 [图 8-12（a）中 b 点] 旋转，此时 b 点桩体位移为零，净土压力为零，称为临界点或零点。

b 点以上墙体向基坑内侧倾移，b 点以上基坑底（左侧）土体对墙产生被动土压力，b 点以上基坑壁（右侧）土体对墙产生主动土压力；b 点以下墙体向基坑外侧倾移，此时 b 点以下基坑底（左侧）土体对墙产生主动土压力，b 以下基坑壁（右侧）土体对墙产生被动土压力。将各计算点两侧的被动土压力和主动土压力之差称为净土压力，则作用在墙体上各点的净土压力，如图 8-12(b) 所示。将悬臂板桩净土压力简化为线性分布后，计算简图如图 8-12(c) 所示。将悬臂式板桩支挡结构受力情况简化为图 8-12(d) 所示，分别采用静力平衡法和布鲁姆（H. Blum）简化计算板桩的入土深度和内力。

1. 静力平衡法

对于悬臂式支挡结构，计算简图如图 8-13 所示。计算时取单位宽度，当桩（墙）两侧所受的净土压力相平衡时，桩（墙）则处于稳定状态。即桩（墙）两侧所受的水平方向的合力为零，即 $\sum X = 0$；绕桩（墙）端部力矩代

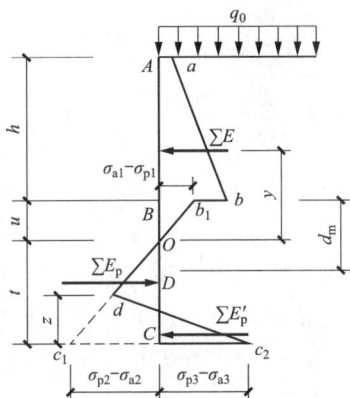

图 8-13 悬臂式支挡结构计算简图

数和为零，即 $\sum M = 0$。相应的桩（墙）入土深度即为其保证稳定性所需的最小入土深度，可根据静力平衡条件求出。具体计算步骤如下：

（1）分别在桩（墙）底端 C 处和坑底 B 处，计算支护结构外侧的主动土压力 σ_{a2}、σ_{a1} 和内侧的被动土压力 σ_{p2}、σ_{p1}，然后进行叠加，得出第一净土压力线 b_1d 位置，并求出第一个土压力为零的 O 点的位置，该点距离坑底 B 距离为 u，至桩（墙）底部 C 的距离为 t。

（2）计算 O 点以上主动土压力合力 $\sum E$，求出 $\sum E$ 作用点至 O 点的距离 y。

（3）计算桩（墙）底端 C 处内侧的主动土压力 σ_{a3} 和外侧的被动土压力 σ_{p3}，然后叠加得到 C 处的净土压力点 c_2，由此引第二净土压力线 c_2d，它与 b_1d 交于 d 点，假定 d 点至桩（墙）底端 C 的距离为 z。

（4）根据作用在桩（墙）上的全部水平力平衡条件（$\sum X = 0$）和绕桩（墙）底端力矩平衡条件（$\sum M_C = 0$）可得

$$\sum E + \left[(\sigma_{p3} - \sigma_{a3}) + (\sigma_{p2} - \sigma_{a2})\right]\frac{z}{2} - (\sigma_{p3} - \sigma_{a3})\frac{t}{2} = 0 \qquad (8\text{-}11)$$

$$\sum E \cdot (t + y) + \left[(\sigma_{p3} - \sigma_{a3}) + (\sigma_{p2} - \sigma_{a2})\right]\frac{z}{2} \cdot \frac{z}{3} - (\sigma_{p3} - \sigma_{a3})\frac{t}{2} \cdot \frac{t}{3} = 0 \quad (8\text{-}12)$$

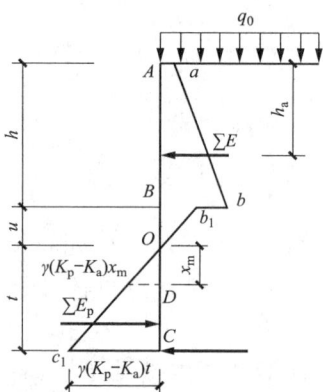

图 8-14 布鲁姆计算简图

上式中包含 z 和 t，联立两个公式消去 z，整理后可得一个关于 t 的方程式，求解后可得 O 点以下桩（墙）的有效嵌固深度 t。

（5）计算桩（墙）最大弯矩 M_{max}。根据最大弯矩点剪力为 O，求出最大弯矩点 D 距离坑底的距离 d_m，即可求得最大弯矩 M_{max}。

2. 布鲁姆（Blum）简化计算法

布鲁姆（Blum）对静力平衡法进行了简化，将桩（墙）底部的被动土压力以集中力 E'_p 来代替，计算简图如图 8-14 所示。

（1）计算桩（墙）的入土深度。根据桩（墙）底部 C 点力矩平衡条件 $\sum M_C = 0$，由

$$(h + u + t - h_a) \cdot \sum E - \frac{t}{3} \cdot \sum E_p = 0 \qquad (8\text{-}13)$$

式中 $\sum E_p = \dfrac{\gamma}{2}(K_p - K_a)t^2$，代入上式可得

$$t^3 - \frac{6\sum E}{\gamma(K_p - K_a)}t - \frac{6(h + u - h_a)\sum E}{\gamma(K_p - K_a)} = 0 \qquad (8\text{-}14)$$

式中 t——桩（墙）的有效嵌固深度，m；

$\sum E$——桩（墙）外侧 AB 段主动土压力及 BO 段静土压力之和，kN/m；

K_a——主动土压力系数；

K_p——被动土压力系数；

γ——土体重度，kN/m³；

h——基坑开挖深度，m；

h_a——地面至 $\sum E$ 作用点的距离，m；

u——土压力零点 O 至基坑底面的距离，m。

根据式（8-14）解三次方程，可求出桩（墙）的有效嵌固深度 t。

实际工程中计算嵌固深度时，应根据计算得到的有效嵌固深度 t 乘以桩入土增大系数 K_t'，$K_t'=1.1\sim1.4$，并应通过基坑稳定性验算。

（2）计算桩（墙）的最大弯矩。最大弯矩处剪力为零，假设从 O 点向下 x_m 处剪力为零，则有

$$\sum E - \frac{\gamma}{2}(K_p - K_a)x_m^2 = 0$$

$$x_m = \sqrt{\frac{2\sum E}{\gamma(K_p - K_a)}} \tag{8-15}$$

在剪力为 O 处直接计算最大弯矩

$$M_{max} = (h + u + x_m - h_a)\sum E - \frac{\gamma(K_p - K_a)x_m^3}{6} \tag{8-16}$$

【例 8-1】 某基坑开挖深度为 6m，土层重度为 $20kN/m^3$，内摩擦角 $\varphi=34°$，黏聚力 $c=0kPa$，地面超载 $q=10kPa$。现拟采用悬臂式钻孔灌注桩（图 8-15），试确定钻孔灌注桩的最小桩长和最大弯矩。

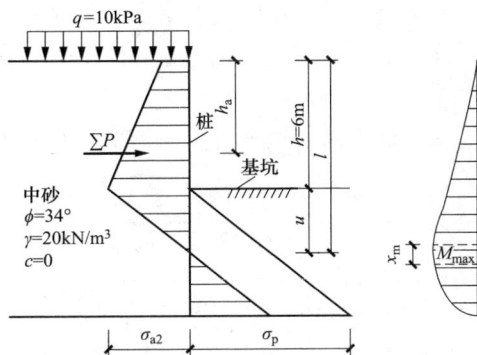

（a）土压力分布图　　（b）弯矩图

图 8-15　［例 8-1］附图

解 （1）土压力系数计算。

主动土压力系数：$K_a = \tan^2\left(45° - \frac{\varphi}{2}\right) = \tan^2\left(45° - \frac{34°}{2}\right) = 0.283$

被动土压力系数：$K_p = \tan^2\left(45° + \frac{\varphi}{2}\right) = \tan^2\left(45° + \frac{34°}{2}\right) = 3.537$

（2）计算土压力零点至坑底的距离 u。

土压力零点即主动土压力等于被动土压力，$\sigma_{a,O} = \sigma_{p,O}$，则

$$\sigma_{a,O} = [q + \gamma(h + u)]K_a, \quad \sigma_{p,O} = \gamma u K_p$$

$$u = \frac{(q + \gamma h)K_a}{\gamma(K_p - K_a)} = \frac{(10 + 20 \times 6) \times 0.283}{20 \times (3.537 - 0.283)} = 0.565(\text{m})$$

（3）主动土压力合力 $\sum E$ 计算。

地面处主动土压力 $\sigma_{a1} = qK_a = 10 \times 0.283 = 2.83$（kPa）

基坑底墙的主动土压力 $\sigma_{a2} = (q + \gamma h)$，$K_a = (10 + 20 \times 6) \times 0.283 = 36.79$（kPa）

基坑以上墙后土压力合力为

$$E_1 = \frac{(\sigma_{a1} + \sigma_{a2})}{2}h = \frac{(2.83 + 36.79)}{2} \times 6 = 118.86(\text{kN/m})$$

基坑以下至临界点 O 范围内净主动土压力合力为

$$E_2 = \frac{\sigma_{a2}}{2}u = \frac{36.79}{2} \times 0.565 = 10.39 (\text{kN/m})$$

主动土压力合力 $\sum E = E_1 + E_2 = 118.86 + 10.39 = 129.3 (\text{kN/m})$

合力 $\sum E$ 至地面的距离为

$$h_a = \frac{\sigma_{a1} \cdot h \cdot \frac{1}{2}h + \frac{1}{2}(\sigma_{a2} - \sigma_{a1}) \cdot h \cdot \frac{2}{3}h + E_2 \cdot \left(h + \frac{u}{3}\right)}{\sum E}$$

$$= \frac{2.83 \times 6 \times 3 + \frac{1}{2} \times (36.79 - 2.83) \times 6 \times \frac{2}{3} \times 6 + 10.39 \times \left(6 + \frac{0.565}{3}\right)}{129.3} = 4.04(\text{m})$$

将计算得到的数值代入式（8-14），得

$$t^3 - \frac{6 \times 129.3}{20 \times (3.537 - 0.283)}t - \frac{6 \times (6 + 0.565 - 4.04) \times 129.3}{20 \times (3.537 - 0.283)} = 0$$

即 $t^3 - 11.92t - 30.1 = 0$。

由此可得悬臂桩的有效嵌固深度 $t = 4.34$m，取桩入土增大系数 $K'_t = 1.2$，则桩入土深度：$u + 1.2t = 0.56 + 1.2 \times 4.34 = 5.77(\text{m})$。

桩最小长度：$l_{min} = h + u + 1.2t = 6 + 0.56 + 1.2 \times 4.34 = 11.77$m，取桩长为 12m，入土深度为 6m。

（4）桩身最大弯矩 M_{max} 计算。最大弯矩点距土压力零点的距离 x_m 为

$$x_m = \sqrt{\frac{2\sum E}{\gamma(K_p - K_a)}} = \sqrt{\frac{2 \times 129.3}{20 \times (3.537 - 0.283)}} = 1.99(\text{m})$$

$$M_{max} = (h + u + x_m - h_a)\sum E - \frac{\gamma(K_p - K_a)x_m^3}{6}$$

$$= (6 + 0.565 + 1.99 + 4.04) \times 129.3 - \frac{20 \times (3.537 - 0.283) \times 1.99^3}{6}$$

$$= 498.31(\text{kN} \cdot \text{m})$$

8.4.2 单层支点桩（墙）支挡结构计算

当基坑开挖较深时，悬臂式桩（墙）顶部位移就会过大，易发生事故。此时，需要采用水平内支撑及锚杆支撑来加强墙体的支护能力。

单层支点桩（墙）支挡结构，在墙顶端附近设置一道水平支撑，此处简化为一个铰支座。板（墙）下端的支撑情况与入土深度有关，因此单层支点支护结构的计算与其入土深度有关。

1. 入土较浅时桩（墙）支护结构计算

当支护板（墙）入土深度较浅时，板（墙）内侧的被动土压力全部发挥，被动和主动土压力对支点的力矩相等，板（墙）处于静力平衡状态，桩（墙）可看作支撑点是铰支而下端自由的结构（图 8-16）。

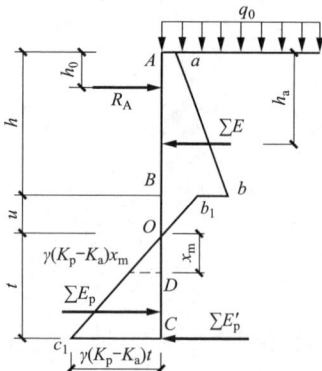

图 8-16 单层支点桩（墙）计算简图

取单位计算宽度对桩（墙）进行受力分析。假设桩（墙）的有效嵌固深度为 t，根据对支点 A 的力矩平衡条件（$\sum M_A = 0$）有

$$\sum E \cdot (h_a - h_0) - \sum E_p \cdot \left(h - h_0 + u + \frac{2}{3}t\right) = 0 \tag{8-17}$$

根据上式试算求得有效嵌固深度 t。

支点 A 处的水平力 R_A 根据水平力平衡条件求得

$$R_A = \sum E - \sum E_p \tag{8-18}$$

根据最大弯矩截面处剪力为 0，可求得最大弯矩点距土压力零点的距离 x_m：

$$x_m = \sqrt{\frac{2(\sum E - R_A)}{\gamma(K_p - K_a)}} \tag{8-19}$$

由此可求出最大弯矩为

$$M_{max} = \sum E \cdot (h - h_a + u + x_m) - R_A \cdot (h - h_0 + u + x_m) - \frac{\gamma(K_p - K_a)x_m^3}{6}$$

$$\tag{8-20}$$

2. 入土较深时板（墙）支护结构计算

当支护板（墙）的入土深度较深时，桩（墙）内外侧均出现被动土压力，此时，支护桩（墙）入土端可视为固定端，相当于下端固定、上端简支的超静定梁。工程上多采用等值梁法进行计算。

等值梁的基本原理如图 8-17 所示。一端简支另一端固定的梁 ab，在竖向均布荷载作用下的弯矩反弯点在 c 点。若在 c 点将梁切开，并在 c 点设置一个支点，则 ac 梁及 cb 梁的弯矩与断开前保持一致，简支梁 ac、cb 就称为梁 ab 的等值梁。等值梁法应用于单层支点桩（墙）计算时，计算简图如图 8-18 所示，计算步骤如下：

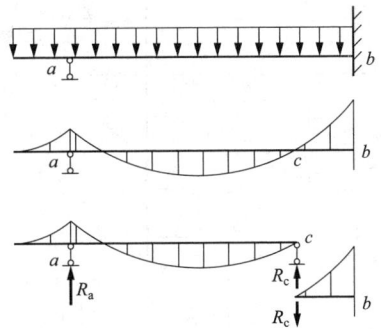

图 8-17 等值梁法基本原理

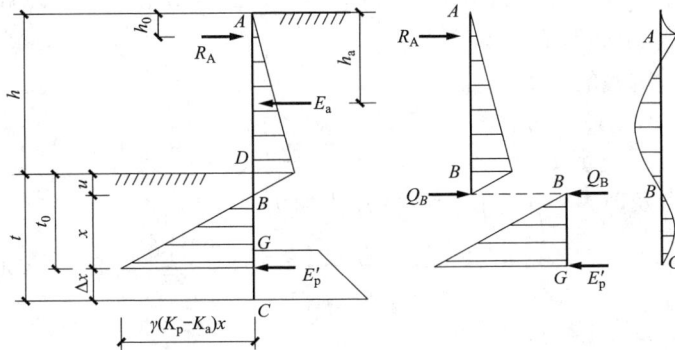

图 8-18 等值梁法简化计算图

（1）确定正负弯矩反弯点的位置。实测结果显示，净土压力零点的位置与弯矩零点位置很接近，因此可假定反弯点就在净土压力为零点的位置，即图 8-18 中的 B 点，它距坑底的

距离 u 可根据作用于桩（墙）内外侧土压力为零的条件求出。

（2）根据平衡方程，由等值梁 AB 计算支点反力 R_A 和 B 点剪力 Q_B 得

$$R_A = \frac{\sum E \cdot (h - h_a + u)}{h - h_0 + u} \qquad (8-21)$$

$$Q_B = \frac{\sum E \cdot (h_a - h_0)}{h - h_0 + u} \qquad (8-22)$$

（3）取桩（墙）下段 BG 为研究对象，由平衡条件（$\sum M_G = 0$）可得有效嵌固深度 t 为

$$t = \sqrt{\frac{6Q_B}{\gamma(K_p - K_a)}} \qquad (8-23)$$

（4）由等值梁 AB 求得最大 M_{max}。

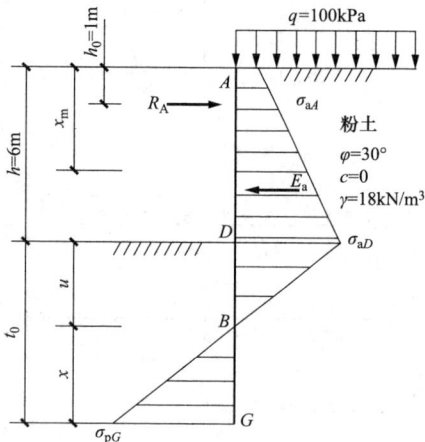

图 8-19　[例 8-2]图

【例 8-2】 如图 8-19 所示，某基坑工程，采用单支点排桩支护，支点水平间距为 1m，基坑开挖深度为 9m，地质资料和地面荷载如图所示，试用等值梁法计算桩端入土深度、支点支撑力 R_A 和最大弯矩。

解 （1）求土压力零点位置。

1）土压力系数计算。主动土压力系数为

$$K_a = \tan^2\left(45° - \frac{\varphi}{2}\right) = \tan^2\left(45° - \frac{30°}{2}\right) = 0.333$$

被动土压力系数为

$$K_p = \tan^2\left(45° + \frac{\varphi}{2}\right) = \tan^2\left(45° + \frac{30°}{2}\right) = 3$$

2）土压力计算。基坑外侧地面处主动土压力为

$$\sigma_{a1} = qK_a - 2c\sqrt{K_a} = 10 \times 0.333 - 2 \times 0 \times \sqrt{0.333} = 3.33 \text{(kPa)}$$

基坑底面外侧处主动土压力为

$$\sigma_{a2} = (q + \gamma h)K_a - 2c\sqrt{K_a} = (10 + 18 \times 9) \times 0.333 = 57.33 \text{(kPa)}$$

3）土压力零点至坑底距离 u 为

土压力零点至基坑底的距离

$$u = \frac{\sigma_{a2}}{\gamma(K_p - K_a)} = \frac{57.33}{18 \times (3 - 0.333)} = 1.19 \text{(m)}$$

（2）求支点反力及剪力。桩外侧所受的总土压力

$$\sum E = \frac{(\sigma_{a1} + \sigma_{a2})}{2}h + \frac{\sigma_{a2}}{2}u = \frac{(3.33 + 57.33)}{2} \times 9 + \frac{57.33}{2} \times 1.19 = 307.24 \text{(kN/m)}$$

$\sum E$ 作用点距地面距离 h_a 为

$$h_a = \frac{\sigma_{a1} \cdot h \cdot \frac{1}{2}h + \frac{1}{2}(\sigma_{a2} - \sigma_{a1}) \cdot h \cdot \frac{2}{3}h + \frac{1}{2}\sigma_{a2} \cdot u \cdot \left(h + \frac{u}{3}\right)}{\sum E}$$

$$= \frac{3.33 \times 9 \times \frac{9}{2} + \frac{1}{2} \times (57.33 - 3.33) \times 9 \times \frac{2}{3} \times 9 + \frac{1}{2} \times 57.33 \times 1.19 \times \left(9 + \frac{1.19}{3}\right)}{307.24}$$

$$= 6.23(\text{m})$$

$$\text{支点反力 } R_A = \frac{\sum E \cdot (h - h_a + u)}{h - h_0 + u} = \frac{307.24 \times (9 + 1.19 - 6.23)}{9 + 1.19 - 1} = 132.39(\text{kN/m})$$

$$\text{土压力零点剪力 } Q_B = \frac{\sum E \cdot (h_a - h_0)}{h - h_0 + u} = \frac{307.24 \times (6.23 - 1)}{9 + 1.19 - 1} = 174.85(\text{kN})$$

$$\text{桩的有效嵌固深度 } t = \sqrt{\frac{6 Q_B}{\gamma (K_p - K_a)}} = \sqrt{\frac{6 \times 174.85}{18 \times (3 - 0.333)}} = 4.68(\text{m})$$

（3）求剪力零点离地面距离 x_m。

由 $R_A - \frac{1}{2} \gamma x_m^2 K_a - q K_a x_m = 0$ 得

$$132.39 - \frac{1}{2} \times 18 \times 0.333 \cdot x_m^2 - 10 \times 0.333 \cdot x_m = 0$$

$$132.39 - 3 x_m^2 - 3.33 x_m = 0, \quad \text{得 } x_m = 6.11\text{m}$$

（4）求桩身最大弯矩。

$$M_{\max} = R_A \cdot (x_m - h_0) - \frac{q K_a x_m^2}{2} - \frac{1}{2} \gamma K_a \cdot \frac{1}{3} x_m^2$$

$$= 132.39 \times (6.11 - 1) - \frac{10 \times 0.333 \times 6.11^2}{2} - \frac{1}{2} \times 18 \times 0.333 \times \frac{1}{3} \times 6.11^2$$

$$= 576.96(\text{kN} \cdot \text{m})$$

8.4.3　多层支点桩（墙）支护计算方法简介

当土质较差、基坑较深时，采用单支点桩（墙）不能满足要求时，通常采用多层支点的支护结构，支点层数及位置则根据土层分布及性质、基坑深度、支护结构刚度和材料强度及施工要求等因素确定。

目前对多支点支护结构的计算方法通常采用等值梁法、连续梁法、支撑荷载 1/2 分担法、弹性支点法及有限单元法等。以下仅对连续梁法和弹性支点法作简单介绍。

1. 连续梁法

多支点支撑的等值梁法计算原理与单支点相同，此时，可将支护结构视为有多支点支撑的连续梁即可。下面以设置三道支撑基坑为例（图 8-20），说明各施工阶段的计算方法及步骤。

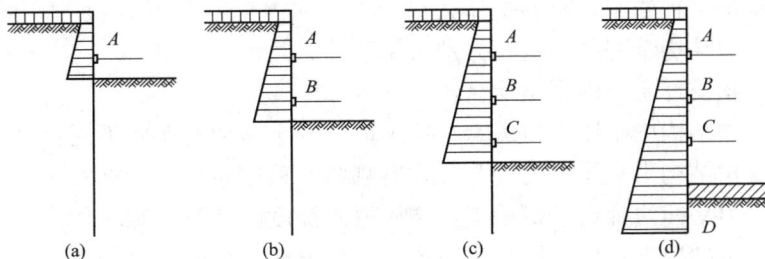

图 8-20　各施工阶段计算简图

（1）在设置支撑 A 之前的开挖阶段，可将桩（墙）作为一端嵌固在图中的悬臂桩（墙）。

（2）在设置支撑 B 之前的开挖阶段，桩（墙）可视为两个支点的静定梁，两个支点分别为 A 及净土压力零点。

（3）在设置支撑 C 之前的开挖阶段，桩（墙）是具有三个支点的连续梁，三个支点分别为 A、B 及净土压力零点。

（4）在浇筑底板之前的开挖阶段，桩（墙）是具有四个支点的三跨连续梁。

2. 弹性支点法

弹性支点法在工程界又称为弹性抗力法、地基反力法，适用于平面杆系，是将支护结构作为竖置于土中的弹性地基梁，将基坑以下的土体以连续分布的弹簧来模拟，使坑底以下土体对支护结构的反力与墙的变形有关，其计算模型如图 8-21 所示。墙后土压力计算直接按朗肯主动土压力理论计算；有关弹性支点法和土压力计算宽度 b_0 和 b_a 等参见《建筑基坑支护技术规程》（JGJ 120—2012）推荐的方法。

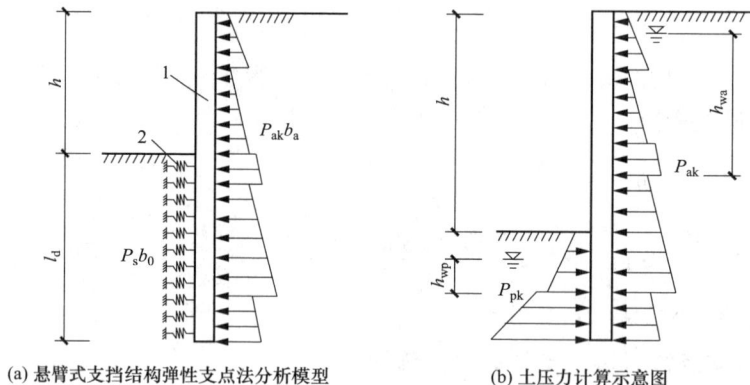

图 8-21　悬臂式支护结构弹性支点法模型及土压力计算图
1—挡土结构；2—计算土压力的弹性支座

(a) 悬臂式支挡结构弹性支点法分析模型　　(b) 土压力计算示意图

【知识拓展】基坑稳定性分析见数字资源 22。
【知识拓展】土钉墙支护设计见数字资源 23。

思考与习题

8.1　基坑支护工程的主要特点是什么？

8.2　基坑支护结构有哪些类型？分别适用于什么条件？

8.3　基坑工程设计主要内容是什么？

8.4　基坑支护结构中土压力与重力式挡土墙上的土压力有哪些不同？

8.5　基坑支护结构中土压力的计算方式有哪些？适用条件是什么？

8.6　简述静力平衡法确定悬臂梁支挡结构嵌固深度的计算步骤。

8.7　何谓自由端单支点桩（墙）等值梁法计算方法？说明计算步骤。

8.8　土钉支护结构设计包括哪几项？

8.9　在某黏土地层中开挖深 5m 的基坑，采用悬臂式灌注桩支护，$\gamma = 19.5 \mathrm{kN/m^3}$，黏

聚力 $c=10$kPa，内摩擦角 $\varphi=18°$。地面施工荷载 $q_0=20$kPa，不计地下水影响。试计算支护桩入土深度 t、桩身最大弯矩 M_{max} 及最大弯矩点位置 x_m。

8.10 某基坑工程采用单支点排桩支护，基坑开挖深度 10m，基坑外地面荷载 $q=$ 15kPa，单支点支撑点距地面 1m，支点水平间距为 1m，基坑及周围土均为黏土，其天然重度 $\gamma=17$kN/m^3，土的内摩擦角 $\varphi=20°$，黏聚力 $c=8$kPa，试用等值梁法计算桩端入土深度、支点支撑力和最大弯矩。

8.11 有一开挖深度 $h=9$m 的基坑，采用土钉支护，其计算参数和结构简图如图 8-22 所示。基坑边坡土层为砂质黏土，土层重度 $\gamma=18$kN/m^3，内摩擦角 $\varphi=35°$，黏聚力 $c=12$kPa。边坡坡度为 80°。土钉采用注浆型土钉，其长度为 5m，钻孔直径 100mm，土钉钢筋为 $\phi25$mm，土钉竖横向间距均为 1.25m。地面超载为 12kPa。试验算该土钉墙内、外部稳定性和单个土钉抗拔稳定性。

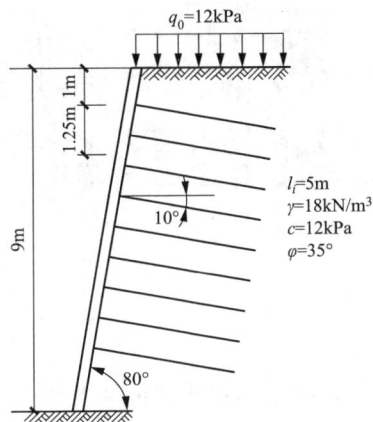

图 8-22 习题 8.12 图

9

地基基础抗震与动力
机器基础

地基土不仅承载静力荷载作用，也会承受动力荷载作用。如动力机器产生的动力荷载、地震荷载等。

动力机器是指运转时产生较大不平衡惯性力的一类机器。因其运转形成对地基土的循环反复冲击荷载，这类动力作用会引起地基基础的振动，使地基土强度降低，沉降量增大；同时，振动会通过地基土传递到附近房屋、设备或机器，而影响其正常使用。因此，动力机器的基础设计是工业建筑设计的一个重要组成部分，也是工程设计中一项复杂的课题。

动力机器按对基础的动力作用形式分为两大类：

（1）周期性作用的机器：包括往复运动的机器，如活塞式压缩机、柴油机等；旋转运动的机器，如电动机。其特点是有相对固定的周期，易引起附近建筑物或其中部分构件的共振。

（2）间歇性作用或冲击作用的机器：如锻锤、落锤，其特点是冲击力大且无节奏。

动力机器基础的结构类型主要有实体式、墙式及框架式三种。实体式［图9-1(a)］基础应用最为广泛，通常做成刚度很大的钢筋混凝土块体，可按地基上的刚体进行计算。墙式基础［图9-1(b)］由承重的纵横墙组成。以上两种基础中均预留有安装和操作机器所必需的沟槽和孔洞。框架式基础［图9-1(c)］一般用于平衡性较好的高频机器，其上部结构是由固定在一块连续底板或可靠基岩上的立柱以及与立柱上端刚性连接的纵、横梁组成的弹性体系，因而可按框架结构计算。

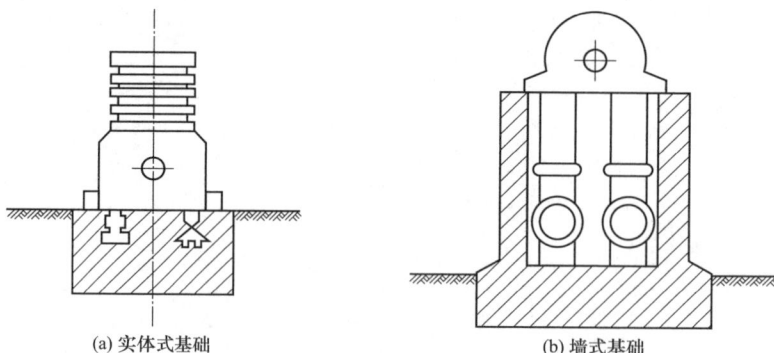

(a) 实体式基础　　　　　　　　　　　　　　(b) 墙式基础

图9-1　动力机器基础常用结构类型（一）

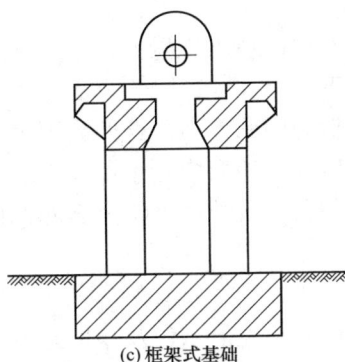

(c) 框架式基础

图 9-1　动力机器基础常用结构类型（二）

地震是地壳快速释放能量过程中造成振动，并产生地震波的一种自然现象。地震引起的振动以波的形式从震源向各个方向传播。场地和地基在地震时引起传播地震波和支撑上部结构荷载的双重作用，对建筑物的抗震性能具有重要影响。因此，地震区地基基础工程研究，对预防地震区可能发生的地震灾害有重要意义。

本章将重点介绍地基基础抗震设计，动力机器基础的设计见数字资源 25。

9.1　地基震害与建筑场地类别

9.1.1　地基震害

由于地区特点和地形地质条件的复杂性，强烈地震引起的地基震害主要包括以下几个方面。

1. 地基土液化

当发生地震时，由于地震荷载作用的时间十分短促，饱和砂土中的孔隙水来不及排出，导致孔隙水压力骤然上升，相应地减小了有效应力，从而降低了土体的抗剪强度。在周期性的地震荷载作用下，孔隙水压力逐渐累积，有效应力逐渐减小直至为零时，土体强度完全丧失，使土粒处于悬浮状态，呈现出类似于液体的特性，这种现象称为液化。一般液化现象多发生在饱和粉、细砂土及塑性指数小于 7 的粉土中。砂土液化的特征主要表现为：地表裂缝中喷水冒砂，地面下沉，建筑物产生较大的沉降和严重倾斜，甚至失稳。例如唐山地震时，液化区喷水高度可达 8m，厂房沉降达 1m。

2. 震陷

震陷是指地基土由于地震作用而产生的明显的竖向变形。此种现象多发生在松散砂土和淤泥质土中，还有溶洞发育和地下存在大面积采空区的地区。砂土的液化也往往引起地表较大范围的震陷。震陷不仅使建筑物产生过大沉降，而且产生较大的差异沉降和倾斜，影响建筑物的安全和使用。

3. 地裂缝

在地震后，地表往往出现大量裂缝，称为地裂缝。地裂缝分为重力地裂缝和构造地裂缝两种，重力地裂缝是由于强烈地震作用，地面作剧烈振动而引起的惯性力超过土的抗剪强度所致其长度可由几米到几十米，其断续总长度可达几公里，但一般不深，多为 1~2m；构造地裂缝是地壳岩层断裂错动延伸到地面的裂缝，其规模较大。

4. 滑坡

坡地，特别是陡坡，在地震时往往会出现滑坡。地震导致滑坡的原因，一方面在于地震时边坡滑楔承受了附加惯性力，下滑力加大；另一方面，土体受震趋于密实，孔隙水压力增高，有效应力降低，从而阻止滑动的内摩擦力。这两方面因素对边坡稳定性都是不利的。地质调查表明：凡发生过地震滑坡地区，地层中几乎都有夹砂层。黄土中夹有砂层或砂透镜体时，由于砂层振动液化及水重新分布，抗剪强度将显著降低而引起流滑，在均质黏土内，尚未有过关于地震滑坡的实例。

9.1.2 地段划分

建筑场地的地形条件、地质构造、地下水位及场地土覆盖层厚度、场地类别等对地震灾害的程度有显著影响。我国多次地震震害调查表明，地段和场地类别对地震作用下建（构）筑物的破坏有较大影响。

场地岩土工程勘察，应根据实际需要划分的对建筑有利、一般、不利和危险的地段，提供建筑的场地类别和岩土地震稳定性（含滑坡、崩塌、液化和震陷特性）评价，必要时尚应根据设计要求提供土层剖面、场地覆盖层厚度和有关的动力参数。

1. 地段划分

震害表明：条状凸出的山嘴、高耸孤立的山丘、非岩石的陡坡、河岸和边坡边缘等地段的建筑在地震中破坏较为严重。因此，《建筑抗震设计标准》（2024 年版）（GB/T 50011—2010）（以下简称《抗震标准》）规定，选择建筑场地时，应按表 9 - 1 划分对建筑抗震有利、不利和危险的地段。

表 9 - 1 　　　　　　　　　　　有利、不利和危险地段的划分

地段类别	地质、地形、地貌
有利地段	稳定基岩，坚硬土，开阔、密实、均匀的中硬土等
不利地段	软弱土，液化土，条状凸出的山嘴，高耸孤立的山丘，非岩质的陡坡，河岸和边坡的边缘，平面分布上成因、岩性、状态明显不均匀的土层（如故河道、疏松的断层破碎带、暗埋的塘浜沟谷和半填半挖地基）等
危险地段	地震时可能发生滑坡、崩塌、地陷、地裂、泥石流等及发震断裂带上可能发生地表错位的部位

2. 避让发震断裂

场地地质构造中具有断层这种薄弱环节时，不宜将建筑物横跨其上，避免可能发生的错位或不均匀沉降带来危害。场地内存在发震断裂时，应对断裂的工程影响进行评价，并应符合下列要求：

（1）对符合下列规定之一的情况，可忽略发震断裂错动对地面建筑的影响：抗震设防烈度小于 8 度；非全新世活动断裂；抗震设防烈度为 8 度和 9 度时，隐伏断裂的土层覆盖厚度分别大于 60m 和 90m。

（2）对不符合（1）规定的情况，应避开主断裂带。其避让距离不宜小于表 9 - 2 对发震断裂最小避让距离的规定。在避让距离的范围内确有需要建造分散的、低于三层的丙、丁类建筑时，应按提高一度采取抗震措施，并提高基础和上部结构的整体性，且不得跨越断层线。

3. 不利地段处理

当需要在条状凸出的山嘴，高耸孤立的山丘，非岩石的陡坡、河岸和边坡边缘等不利地

段建造丙类及丙类以上建筑时，除保证其在地震作用下的稳定性外，尚应估计不利地段对设计地震动参数可能产生的放大作用，其地震影响系数最大值应乘以增大系数。增大系数可根据不利地段的具体情况确定，在 1.1～1.6 范围内取值。

表 9-2 　　　　　　　　　　　　　**发震断裂的最小避让距离**

烈度	建筑抗震设防类别			
	甲	乙	丙	丁
8	专门研究	300m	200m	—
9	专门研究	500m	300m	—

9.1.3　建筑场地类别划分

建筑场地的类别划分，应以土层等效剪切波速和场地覆盖层厚度为准。

1. 土层等效剪切波速

土层剪切波速是对土层动力特性和场地类别评判以及结构抗震所需要的重要参数。土层剪切波速的测量，应符合下列要求：

（1）在场地初步勘察阶段，对大面积的同一地质单元，测量土层剪切波速的钻孔数量，应为控制性钻孔数量的 1/3～1/5，山间河谷地区可适量减少，但不宜少于 3 个。

（2）在场地详细勘察阶段，对单幢建筑，测量土层剪切波速的钻孔数量不宜少于 2 个，数据变化较大时，可适量增加；对小区中处于同一地质单元的密集高层建筑群，测量土层剪切波速的钻孔数量可适量减少，但每幢高层建筑下不得少于一个。

（3）对丁类建筑及层数不超过 10 层且高度不超过 30m 的丙类建筑，当无实测剪切波速时，可根据岩土名称和性状，按表 9-3 划分土的类型，再利用当地经验在表 9-3 的剪切波速范围内估计各土层的剪切波速。

表 9-3 　　　　　　　　　　　　**土的类型划分和剪切波速范围**

土的类型	岩土名称和性状	土层剪切波速范围（m/s）
岩石	坚硬、较硬且完整的岩石	$v_s > 800$
坚硬土或岩石	稳定岩石，密实的碎石土	$800 \geqslant v_s > 500$
中硬土	中密、稍密的碎石土、密实、中密的砾、粗、中砂，$f_{ak} > 150$ 的黏性土和粉土，坚硬黄土	$500 \geqslant v_s > 250$
中软土	稍密的砾、粗、中砂，除松散外的细、粉砂，$f_{ak} \leqslant 150$ 的黏性土和粉土，$f_{ak} > 130$ 的填土，可塑黄土	$250 \geqslant v_s > 150$
软弱土	淤泥和淤泥质土，松散的砂，新近沉积的黏性土和粉土，$f_{ak} \leqslant 130$ 的填土，流塑黄土	$v_s \leqslant 150$

注　f_{ak} 为由荷载试验等方法得到的地基承载力特征值，kPa；v_s 为岩土剪切波速。

由于场地土为成层状态，每层土的剪切波速很可能不相同，而场地类别主要和多层土中的等效剪切波速有关。按《抗震标准》规定，等效剪切波速应按下列公式计算

$$v_{se} = d_0 / t \qquad\qquad (9-1)$$

$$t = \sum_{i=1}^{n} (d_i / v_{si}) \qquad (9-2)$$

式中　v_{se}——土层等效剪切波速，m/s；

　　　　d_0——计算深度，m，取覆盖层厚度和20m二者的较小值。

　　　　t——剪切波在地面至计算深度之间的传播时间，s；

　　　　d_i——计算深度范围的第i土层的厚度，m；

　　　　v_{si}——计算深度范围内第i土层的剪切波速，m/s；

　　　　n——计算深度范围内土层的分层数。

2. 覆盖层厚度

建筑场地覆盖层厚度不同，震害程度不同。一般随覆盖层厚度增加震害加重。建筑场地覆盖层厚度的确定，应符合下列要求：

（1）一般情况下，应按地面至剪切波速大于500m/s且其下卧各层岩土的剪切波速均不小于500m/s的土层顶面的距离确定。

（2）当地面5m以下存在剪切波速大于其上部各土层剪切波速2.5倍的土层，且其下卧各层岩土的剪切波速均不小于400m/s时可按顶面的距离确定。

（3）剪切波速大于500m/s的孤石、透镜体，应视同周围土层。

（4）土层中的火山岩硬夹层，应视为刚体，其厚度应从覆盖土层中扣除。

3. 场地类别划分

场地土质条件不同，建筑物的破坏程度也有很大差异，一般规律是软弱地基与坚硬地基相比，容易产生不稳定状态和不均匀下陷，甚至发生液化、滑动、开裂等现象；震害随覆盖层厚度增加而加重。《抗震标准》根据土层等效剪切波速和场地覆盖层厚度划分为Ⅰ、Ⅱ、Ⅲ、Ⅳ四类，其中Ⅰ类分为I_0、I_1两个亚类，见表9-4。当有可靠的剪切波速和覆盖层厚度且其值处于表9-4所列场地类别的分界线附近时，应允许按插值方法确定地震作用计算所用的设计特征周期。

表9-4　　　　　　　　　　　　建 筑 场 地 类 别 划 分

等效剪切波速（m/s）	场地类别及覆盖层厚度				
	I_0	I_1	Ⅱ	Ⅲ	Ⅳ
$v_s > 800$	0	—	—	—	—
$800 \geqslant v_s > 500$	—	0	—	—	—
$500 \geqslant v_{se} > 250$	—	<5	≥5	—	—
$250 \geqslant v_{se} > 150$	—	<3	3～50	>50	—
$v_{se} \leqslant 150$	—	<3	3～15	15～80	>80

注　1. 表中 v_s 为岩石的剪切波速。

　　2. v_{se} 为土层等效剪切波速。

坚硬场地土、稳定岩石和Ⅰ类场地，是抗震最理想的地基；中硬场地土和Ⅱ类场地，为较好的抗震地基；软弱场地土和Ⅳ类场地，震害最严重。

【例9-1】　已知某工程场地地基土抗震计算参数见表9-5。试问该场地应判别为哪类场地？

表 9 - 5   [例 9 - 1] 表

层序	土层名称	层底深度	平均剪切波速（m/s）
1	填土	5	120
2	淤泥	10	90
3	粉土	16	180
4	卵石	22	470
5	基岩	—	850

解 （1）确定覆盖层厚度 d_{0v}。

根据覆盖层厚度的确定方法，$v_4/v_3 = 470/180 = 2.61 > 2.5$，卵石层底 22m > 5m，$v_4 \geqslant 400\text{m/s}$，$v_s \geqslant 400\text{m/s}$，故取 $d_{0v} = 16\text{m}$。

（2）确定土层等效剪切波速 v_{se}。

$d_0 = \min\{d_{0v}, 20\text{m}\} = \min(16\text{m}, 20\text{m}) = 16\text{m}$，根据式（9 - 1）有

$$v_{se} = \frac{16}{\dfrac{5}{120} + \dfrac{5}{90} + \dfrac{6}{180}} = 122.55(\text{m/s})$$

（3）确定场地类别。

由 $d_{0v} = 16\text{m}$，$v_{se} = 122.55\text{m/s}$，查表 9 - 4 确定为 Ⅲ 类场地。

9.2 地基基础抗震设计

9.2.1 抗震设防目标及要求

1. 抗震设防目标

进行抗震设计的建筑，其基本的抗震设防目标是：当遭受低于本地区抗震设防烈度的多遇地震影响时，主体结构不受损坏或不需修理可继续使用；当遭受相当于本地区抗震设防烈度的设防地震影响时，可能发生损坏，但经一般性修理仍可继续使用；当遭受高于本地区抗震设防烈度的罕遇地震影响时，不致倒塌或发生危及生命的严重破坏。使用功能或其他方面有专门要求的建筑，当采用抗震性能化设计时，具有更具体或更高的抗震设防目标，即所谓的"小震不坏，中震可修，大震不倒"。

2. 地基基础抗震设防要求

《抗震标准》规定对地基及基础抗震设防应遵循下列原则：

（1）选择建筑场地时，应根据工程需要和地震活动情况、工程地质和地震地质的有关资料，对抗震有利、不利和危险地段作出综合评价。宜选择对建筑抗震有利地段，如稳定基岩，坚硬土，开阔、平坦、密实、均匀的中硬土等；宜避开对建筑物不利地段，如软弱土、液化土、条状凸出山嘴、高耸孤立的山丘、非岩石的陡坡、河岸和边坡的边缘等，如无法避开时，应采取有效的抗震措施；对于危险地段，如地震时可能发生滑坡、崩塌、地陷、泥石流等地段，严禁建造甲、乙类建筑，不应建造丙类建筑。

（2）建筑场地为 Ⅰ 类时，甲、乙类建筑允许按本地区抗震设防烈度的要求采取抗震构造措施；丙类建筑允许按本地区抗震设防烈度降低一度的要求采取抗震构造措施，但抗震设防

烈度为 6 度时仍按本地区抗震设防烈度的要求采取抗震构造措施。建筑场地为Ⅲ、Ⅳ类时，对设计基本地震加速度为 0.15g 和 0.30g 的地区，除《抗震标准》另有规定外，宜分别按抗震设防烈度 8 度（0.20g）和 9 度（0.40g）时各类建筑的要求采取抗震构造措施。

（3）同一结构单元的基础不宜设置在性质截然不同的地基上。同一结构单元不宜部分采用天然地基部分采用桩基；当采用不同基础类型或基础埋深显著不同时，应根据地震时两部分地基基础的沉降差异，在基础、上部结构的相关部位采取相应措施。地基为软弱黏性土、液化土、新近填土成严重不均匀土时，应根据地震时地基不均匀沉降和其他不利影响，采取相应的措施。

（4）山区建筑场地勘察应有边坡稳定性评价和防治方案建议；应根据地质、地形条件和使用要求，因地制宜设置符合抗震设防要求的边坡工程。边坡设计应符合《建筑边坡工程技术规范》（GB 50330—2013）的要求；其稳定性验算时，有关的摩擦角应按设防烈度的高低相应修正。边坡附近的建筑基础应进行抗震稳定性设计。建筑基础与土质、强风化岩质边坡的边缘应留有足够的距离，其值应根据设防烈度的高低确定，并采取措施避免地震时地基基础破坏。

9.2.2　天然地基基础抗震设计

考虑地震作用的荷载组合与不考虑地震作用的荷载组合区别很大。地基在有限次循环动力作用下强度与静力荷载下不一样，同时，地震作用下结构可靠度允许有一定程度降低，因此对于地基抗震承载力与静力荷载下相比有一定调整。

地基基础的抗震验算，一般采用"拟静力法"，此法假定地震作用如同静力，然后在这种条件下验算地基和基础的承载力和稳定性。《抗震标准》规定，天然地基基础抗震验算时，应采用地震作用效应标准组合，且地基抗震承载力应取地基承载力特征值乘以地基抗震承载力调整系数计算。

1. 地基抗震承载力

研究表明，地基土在有限次循环动力作用下，强度一般较静强度提高，并且在地震作用下结构可靠度允许有一定程度降低。考虑上述两因素，地基抗震承载力在数值上比地基静承载力高。地基抗震承载力应取地基承载力特征值乘以地基抗震承载力调整系数计算，即

$$f_{aE} = \zeta_a f_a \qquad\qquad (9-3)$$

式中　f_{aE}——调整后的地基抗震承载力；

　　　　ζ_a——地基抗震承载力调整系数，应按表 4-13 采用；

　　　　f_a——深宽修正后的地基承载力特征。

2. 天然地基抗震承载力验算

在地基基础设计之前，先应确定是否需要进行地基抗震承载力验算。按照《抗震标准》下列建筑可不进行天然地基及基础的抗震承载力验算：

（1）《抗震标准》规定可不进行上部结构抗震验算的建筑（主要针对 6 度设防的规则房屋）。

（2）地基主要受力层范围内不存在软弱黏性土层（软弱黏性土层指 7 度、8 度和 9 度时，地基承载力特征值分别小于 80kPa、100kPa 和 120kPa 的土层）的下列建筑：①一般的单层厂房和单层空旷房屋；②砌体房屋；③不超过 8 层且高度在 24m 以下的一般民用框架和框架-抗震墙房屋；④基础荷载与③项相当的多层框架厂房和多层混凝土抗震墙房屋。

验算天然地基地震作用下的竖向承载力时，按地震作用效应标准组合的基础底面平均压

力和边缘最大压力应符合下列各式要求

$$P \leqslant f_{aE} \tag{9-4}$$
$$P_{max} \leqslant 1.2 f_{aE} \tag{9-5}$$

式中　P——地震作用效应标准组合的基础底面平均压力，kPa；

　　　f_{aE}——调整后的地基抗震承载力，kPa；

　　　P_{max}——地震作用效应标准组合的基础边缘的最大压力，kPa。

高宽比大于 4 的高层建筑，在地震作用下基础底面不宜出现脱离区（零应力区）；其他建筑，基础底面与地基土之间脱离区（零应力区）面积不应超过基础底面面积的 15%。

【例 9-2】 某厂房柱采用现浇独立基础，基础底面为正方形，边长 2m，基础埋深 1.0m。地基承载力特征值为 226kPa，地基土的其余参数如图 9-2 所示。考虑地震作用效应标准组合时柱底荷载为 $F_k=600$kN，$M_k=80$kN·m，$V_k=13$kN。试按《抗震标准》验算地基的抗震承载力。

解 （1）求基底压力。计算基础和回填土 G_k 时的基础埋深

$$\bar{d}=(1.0+1.3)/2=1.15(m)$$
$$G_k=\gamma_G \bar{d} A=20 \times 1.15 \times 2 \times 2=92(kN)$$

基底平均压力为

$$P=(F_k+G_k)/A=(600+92)/4=173(kPa)$$

基底边缘压力为

$$P_{min}^{max}=\frac{F_k+G_k}{A} \pm \frac{M_k+V_k d}{W}=173 \pm \frac{80+13 \times 0.6}{\frac{2 \times 2^2}{6}}=\frac{238.85}{107.15}(kPa)$$

图 9-2　[例 9-2]图

黏性土　$\gamma=17.5$kN/m³
　　　$e=0.7$
　　　$I_L=0.78$
　　　$f_{ak}=226$kPa

（2）求地基抗震承载力。查《抗震标准》承载力修正系数表得 $\eta_b=0.3$，$\eta_b=1.6$，则经深宽修正后黏性土的承载力特征值为

$$f_a=f_{ak}+\eta_b \gamma_m (d-0.5)$$
$$=226+0.3 \times 17.5 \times 0+1.6 \times 17.5 \times (1-0.5)$$
$$=240(kPa)$$

由表 4-13 查得地基抗震承载力调整系数 $\zeta_a=1.3$，故地基抗震承载力 f_{aE} 为

$$f_{aE}=\zeta_a f_a=1.3 \times 240=312(kPa)$$

（3）验算。

$$P=173kPa < f_{aE}=312kPa$$
$$P_{max}=238.85kPa < 1.2f_{aE}=374.4kPa；P_{min}=107.15kPa > 0$$

故地基承载力满足抗震要求。

9.2.3 地基土液化判别

《抗震标准》规定：饱和砂土和饱和粉土（不含黄土）的液化判别和地基处理，6 度时，一般情况下可不进行判别和处理，但对液化沉陷敏感的乙类建筑可按 7 度的要求进行判别和处理；7~9 度时，乙类建筑可按本地区抗震设防烈度的要求进行判别和处理。《抗

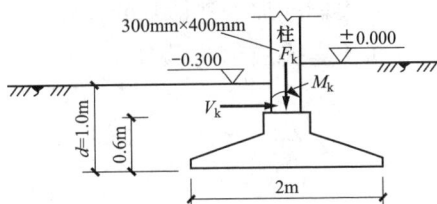

震标准》中，将地基土液化的判别分为初步判别、进一步判别、液化等级确定三步，具体方法如下。

1. 初步判别

饱和砂土和饱和粉土（不含黄土），当符合下列条件之一时，可初步判别为不液化或可不考虑液化影响：

（1）地质年代为第四纪晚更新世（Q_3）及以前时，7度、8度时可判别为不液化。

（2）粉土的黏粒（粒径小于0.005mm的颗粒）含量百分率，7度、8度和9度分别不小于10、13和16时，可判别为不液化土。

（3）采用浅埋天然地基的建筑，当上覆非液化土层厚度和地下水位深度符合下列条件之一时，可不考虑液化的影响

$$\begin{cases} d_u > d_0 + d_b - 2 \\ d_w > d_0 + d_b - 3 \\ d_u + d_w > 1.5d_0 + 2d_b - 4.5 \end{cases} \tag{9-6}$$

式中　d_w——地下水位深度，m，宜按设计基准期内年平均最高水位采用，也可按近期内年最高水位采用；

d_u——上覆非液化土层厚度，m，计算时宜将淤泥和淤泥质土层扣除；

d_b——基础埋置深度，m，不超过2m时应按2m采用；

d_0——液化土特征深度，m，可按表9-6采用。

表9-6　　　　　　　　　　　　　液化土特征深度　　　　　　　　　　　　　　m

饱和土类别	7度	8度	9度
粉土	6	7	8
砂土	7	8	9

2. 进一步判别

当饱和砂土、粉土的初步判别认为需进一步进行液化判别时，应采用标准贯入试验判别法判别地面下20m范围内土的液化；但对《抗震标准》中规定可不进行天然地基及基础的抗震承载力验算的各类建筑，可只判别地面下15m范围内土的液化。当饱和土标准贯入锤击数（未经杆长修正）小于或等于液化判别标准贯入锤击数临界值时，应判为液化土。当有成熟经验时，尚可采用其他判别方法。

在地面下20m深度范围内，液化判别标准贯入锤击数临界值可按下式计算

$$N_{cr} = N_0 \beta [\ln(0.6d_s + 1.5) - 0.1d_w] \sqrt{3/\rho_c} \tag{9-7}$$

式中　N_{cr}——液化判别标准贯入锤击数临界值；

N_0——液化判别标准贯入锤击数基准值，应按表9-7采用；

d_s——饱和土标准贯入点深度，m；

d_w——地下水位深度，m；

β——调整系数，设计地震第一组取0.8，第二组取0.95，第三组取1.05；

ρ_c——黏粒含量百分率，当小于3或为砂土时，应采用3。

表 9 - 7　　　　　　　　　　　　**液化判别标准贯入锤击数基准值 N_0**

设计基本地震加速度	0.10g	0.15g	0.20g	0.30g	0.40g
液化判别标准贯入锤击数基准值	7	10	12	16	19

注　g 为重力加速度。

3. 地基土液化等级的划分

对存在液化土层的地基，还应探明各液化土层的深度和厚度，按式（9-8）计算每个钻孔的液化指数，并按表 9-8 综合划分地基的液化等级。

$$I_{lE} = \sum_{i=1}^{n} \left(1 - \frac{N_i}{N_{cri}}\right) d_i W_i \tag{9-8}$$

式中　I_{lE}——液化指数；

　　　n——在判别深度范围内的每一个钻孔标准贯入试验点的总数；

N_i、N_{cri}——i 点标准贯入锤击数的实测值和临界值，当实测值大于临界值时应取临界值的数值，当只需要判别 15m 范围以内的液化时，15m 以下的实测值可按临界值采用；

　　　d_i——i 点所代表的土层厚度，m，可采用与标准贯入试验点相邻的上、下两标准贯入试验点深度差的一半，但上界不高于地下水位深度，下界不深于液化深度；

　　　W_i——i 土层单位土层厚度的层位影响权函数值（单位为 m^{-1}），当该层中点深度不大于 5m 时应采用 10，等于 20m 时应采用零值，5～20m 时应按线性内插法取值。

由式（9-8）可看出，可液化土越松、越厚和越浅时液化指数越大，液化造成的危害也越大。式（9-8）中未考虑结构类型和地面滑动等影响，主要反映水平场地的破坏情况。但由于一般浅基础地基失效或因液化产生不均匀沉降与地表破坏密切相关，因而液化指数也能反映浅基房屋的液化危害。

表 9 - 8　　　　　　　　　　　　**地 基 土 的 液 化 等 级**

液化等级	轻微	中等	严重
液化指数 I_{lE}	$0 < I_{lE} \leqslant 6$	$6 < I_{lE} \leqslant 18$	$I_{lE} > 18$

【例 9 - 3】　某建筑场地地基非液化土层厚度为 5.5m，其下为砂土，地下水位埋深为 6m，基础埋深 2.0m，该场地抗震设防烈度为 8 度。试确定该场地砂土是否需要进一步进行液化判别。

解　由表 9-7 查得液化土特征深度为 8m，于是得

初步判别式（9-6）中前 2 式均不满足，第 3 式

$$1.5d_0 + 2d_b - 4.5 = 1.5 \times 8.0 + 2 \times 2.0 - 4.5 = 11.5(m)$$

$$d_u + d_w = 5.5 + 6.0 = 11.5(m)$$

也不满足，所以需要进一步进行液化判别。

9.2.4　地基土抗液化的工程措施

因为地基土液化是一种在振动荷载作用下强度急剧下降，并产生极大的沉降，因而一般防止或减轻不均匀沉降的措施大多对液化地基也有效。

当液化砂土层、粉土层较平坦且均匀时，宜按表 9-9 选用地基抗液化措施；尚可计入

上部结构重力荷载对液化危害的影响，根据液化震陷量的估计适当调整抗液化措施。不宜将未经处理的液化土层作为天然地基持力层。

表 9 - 9　　　　　　　　　　　　　　**抗 液 化 措 施**

建筑抗震设防类别	地基的液化等级		
	轻微	中等	严重
乙类	部分消除液化沉陷，或对基础和上部结构处理	全部消除液化沉陷，或部分消除液化沉陷且对基础和上部结构处理	全部消除液化沉陷
丙类	基础和上部结构处理，也可不采取措施	基础和上部结构处理，或更高要求的措施	全部消除液化沉陷，或部分消除液化沉陷且对基础和上部结构处理
丁类	可不采取措施	可不采取措施	基础和上部结构处理，或其他经济的措施

注　甲类建筑的地基抗液化措施应进行专门研究，但不宜低于乙类的相应要求。

1. 全部消除地基液化沉陷

全部消除地基液化沉陷的措施，应符合下列要求：

（1）采用桩基时，桩端伸入液化深度以下稳定土层中的长度（不包括桩尖部分），应按计算确定，且对碎石土，砾、粗、中砂，坚硬黏性土和密实粉土尚不应小于 0.8m，对其他非岩石土尚不宜小于 1.5m。

（2）采用深基础时，基础底面应埋入液化深度以下的稳定土层中，其深度不应小于 0.5m。

（3）采用加密法（如振冲、振动加密、挤密碎石桩、强夯等）加固时，应处理至液化深度下界；振冲或挤密碎石桩加固后，桩间土的标准贯入锤击数不宜小于《抗震标准》规定的液化判别标准贯入锤击数临界值。

（4）用非液化土替换全部液化土层，或增加上覆非液化土层的厚度。

（5）采用加密法或换土法处理时，在基础边缘以外的处理宽度，应超过基础底面下处理深度的 1/2 且不小于基础宽度的 1/5。

2. 部分消除地基液化沉陷

部分消除地基液化沉陷的措施，应符合下列要求：

（1）处理深度应使处理后的地基液化指数减少，其值不宜大于 5；大面积筏形基础、箱形基础的中心区域（而位于基础外边界以内沿长宽方向距外边界大于相应方向 1/4 长度的区域），处理后的液化指数可比上述规定降低 1；对独立基础和条形基础，尚不应小于基础底面下液化土特征深度和基础宽度的较大值。

（2）采用振冲或挤密碎石桩加固后，桩间土的标准贯入锤击数不宜小于《抗震标准》规定的液化判别标准贯入锤击数临界值。

（3）基础边缘以外的处理宽度，应符合《抗震标准》的要求。

（4）采取减小液化震陷的其他方法，如增厚上覆非液化土层的厚度和改善周边的排水条件等。

3. 减轻液化影响的基础和上部结构处理

减轻液化影响的基础和上部结构处理，可综合采用下列各项措施：

（1）选择合适的基础埋置深度。

（2）调整基础底面积，减少基础偏心。

（3）加强基础的整体性和刚度，如采用箱形基础、筏形基础或钢筋混凝土交叉条形基础，加设基础圈梁等。

（4）减轻荷载，增强上部结构的整体刚度和均匀对称性，合理设置沉降缝，避免采用对不均匀沉降敏感的结构形式等。

（5）管道穿过建筑处应预留足够尺寸或采用柔性接头等。

最后，需要补充说明以下两点：

1）在故河道以及临近河岸、海岸和边坡等有液化侧向扩展或流滑可能的地段内不宜修建永久性建筑，否则应进行抗滑动验算、采取防土体滑动措施或结构抗裂措施。

2）地基中软弱黏性土层的震陷判别，可采用下列方法。饱和粉质黏土震陷的危害性和抗震陷措施应根据沉降和横向变形大小等因素综合研究确定，8度（0.30g）和9度时，当塑性指数小于15且符合下式规定的饱和粉质黏土可判为震陷性软土。

$$\omega_s \geqslant 0.9\omega_L \tag{9-9}$$

$$I_L \geqslant 0.75 \tag{9-10}$$

式中　ω_s——天然含水量；

ω_L——液限含水量，采用液、塑限联合测定法测定；

I_L——液性指数。

9.2.5　桩基础抗震设计

地震的震害经验表明，桩基础的抗震性能普遍优于其他类型基础，但桩端直接支撑于液化土层和桩间有较大地面堆载者除外。此外，当桩承受有较大水平荷载时仍会遭受较大的地震破坏作用。因此，《抗震标准》增加了桩基础的抗震验算和构造要求，以减轻桩基础的震害。

1. 桩基抗震承载力验算

在地基基础设计之前，先应确定是否需要进行地基抗震承载力验算。

对于承受竖向荷载为主的低承台桩基，当地面下无液化土层，且桩承台周围无淤泥、淤泥质土和地基承载力特征值不大于100kPa的填土时，下列建筑可不进行桩基的抗震承载力验算：

1）《抗震标准》规定可不进行上部结构抗震验算的且采用桩基的建筑。

2）不超过8层且高度在24m以下的采用桩基的一般民用框架及框架-抗震墙房屋。

3）抗震设防烈度为7度和8度时的下列建筑：一般的单层厂房和单层空旷房屋；不超过8层且高度在24m以下的一般民用框架房屋；基础荷载与其相当的多层框架厂房和多层混凝土抗震墙房屋。

（1）非液化土中低承台桩基的抗震验算。非液化土中低承台桩基单桩的竖向和水平向抗震承载力特征值，可均比非抗震设计时提高25%，轴心荷载作用下桩基承载力验算见式（9-11），偏心荷载作用下桩基承载力验算见式（9-12）。当承台周围的回填土夯实至干密度不小于《建筑地基基础设计规范》（GB 5000—2011）对填土的要求时，可由承台正面填土与桩共同承担水平地震作用；但不应计入承台底面与地基土间的摩擦力。

轴心荷载作用下

$$N_{Ek} \leqslant 1.25R \tag{9-11}$$

偏心荷载作用下，应同时满足下列两式

$$N_{Ek} \leqslant 1.25R \tag{9-12}$$

$$N_{Ek_{max}} \leqslant 1.2 \times 1.25R = 1.5R \tag{9-13}$$

式中　N_{Ek}——地震作用效应和荷载效应标准组合下，基桩或复合基桩的平均竖向力；

　　　　$N_{Ek_{max}}$——地震作用效应和荷载效应标准组合下，基桩或复合基桩的最大竖向力；

　　　　R——基桩竖向承载力特征值，kN。

（2）存在液化土层的低承台桩基承载力验算。承台埋深较浅时，不宜计入承台周围土的抗力或刚性地坪对水平地震作用的分担作用。当桩承台底面上、下分别有厚度不小于1.5m、1.0m的非液化土层或非软弱土层时，可按下列两种情况进行桩的抗震验算，并按不利情况设计：

1）桩承受全部地震作用，桩承载力按比非抗震设计时提高25%取用，液化土的桩周摩阻力及桩水平抗力均应乘以表9-10的折减系数。

2）地震作用按水平地震影响系数最大值的10%采用，桩承载力仍按比非抗震设计时提高25%取用，但应扣除液化土层的全部摩阻力及桩承台下2m深度范围内非液化土的桩周摩阻力。

表9-10　　　　　　　　　　　　　　　　　土层液化影响折减系数

实际标贯锤击数/临界标贯锤击数	深度 d_s（m）	折减系数
≤0.6	$d_s \leqslant 10$	0
	$10 < d_s \leqslant 20$	1/3
>0.6，且≤0.8	$d_s \leqslant 10$	1/3
	$10 < d_s \leqslant 20$	2/3
>0.8，且≤1.0	$d_s \leqslant 10$	2/3
	$10 < d_s \leqslant 20$	1

打入式预制桩及其他挤土桩当平均桩距为2.5～4倍桩径且桩数不少于5×5时，可计入打桩对土的加密作用及桩身对液化土变形限制的有利影响。当打桩后桩间土的标准贯入锤击数值达到不液化的要求时，单桩承载力可不折减，但对桩尖持力层作强度校核时，桩群外侧的应力扩散角应取为零。打桩后桩间土的标准贯入锤击数宜由试验确定，也可按下式计算

$$N_1 = N_p + 100\rho(1 - e^{-0.3N_p}) \tag{9-14}$$

式中　N_1——打桩后的标准贯入锤击数；

　　　　ρ——打入式预制桩的面积置换率；

　　　　N_p——打桩前的标准贯入锤击数。

上述液化土中桩的抗震验算原则和方法主要考虑了以下情况：

1）目前对液化土中桩的地震作用与土中液化进程的关系尚未弄清，因此不计承台旁土抗力或地坪的分担作用是出于安全考虑，拟将此作为安全储备，这样偏于安全。

2）根据地震反应分析与振动台试验，地面加速度最大时刻出现在液化土的孔压比为小于1（常为0.5～0.6）时，此时土尚未充分液化，只是刚度比未液化时下降很多，故可仅对液化土的刚度作折减。

3）液化土中孔隙水压力的消散往往需要较长的时间。地震后土中孔隙水压力不会很快消散完毕，往往于震后才出现喷砂冒水，这一过程通常持续几小时甚至一两天，其间常有沿

桩与基础四周排水的现象，这说明此时桩身摩阻力已大减，从而出现竖向承载力不足和缓慢的沉降，因此应按静力荷载组合校核桩身的强度与承载力。

（3）承台抗震验算。按照《建筑桩基技术规范》（JGJ 94—2008）规定，当进行桩基承台的抗震验算时，应根据《抗震标准》相应规定对承台顶面的地震作用效应和承台的受弯、受冲切、受剪承载力进行抗震调整。

2. 桩基抗震构造措施

除应按上述原则验算外，还应满足相关规范对桩基的构造要求。桩基理论分析已经证明，地震作用下桩基在软、硬土层交界面处最易受到剪、弯损害。大量震害也证实了这一点，但在采用 m 法的桩身内力计算方法中却无法验证此点。目前除考虑桩土相互作用的地震反应分析可以较好地反映桩身受力情况外，还没有简便实用的计算方法保证桩在地震作用下的安全，因此采取有效的构造措施是必要的。《抗震标准》规定如下：

（1）处于液化土中的桩基承台周围，宜用非液化土填筑夯实，若用砂土或粉土则应使土层的标准贯入锤击数不小于《抗震标准》规定的标准贯入锤击数的临界值。

（2）液化土和震陷软土中桩的配筋范围，应从桩顶到液化深度以下符合全部消除液化沉陷所要求的深度，其纵向钢筋应与桩顶部相同，箍筋应加密。

（3）在有液化侧向扩展的地段，还应考虑土流动时的侧向作用力，且承受侧向推力的面积应按边桩外缘间的宽度计算。

思考与习题

9.1　动力机器基础通常有哪几类？

9.2　动力基础设计中，地基的动力特征参数有哪些？

9.3　如何设计动力机器基础？

9.4　地震时地基主要有哪些震害现象？

9.5　如何确定建筑场地类别？

9.6　地基抗震承载力如何验算？

9.7　如何判别地基土液化？地基抗液化措施有哪些？

9.8　哪些桩基可不进行桩基抗震承载力验算？

9.9　存在液化土层的桩基抗震承载力验算需满足什么要求？

9.10　桩基抗震构造措施有哪些？

9.11　某厂房柱采用现浇独立基础，基础底面为正方形，边长 3.5m，基础埋深 2.0m。持力层 $f_{ak}=226kPa$，$\gamma=17.5kN/m^3$，$e=0.7$，$I_L=0.78$。考虑地震作用效应标准组合时柱底荷载为：$F_k=800kN$，$M_k=90kN \cdot m$，$V_k=16kN$。试按《抗震标准》验算地基的抗震承载力。

9.12　某建设场地，其地质条件从地表向下依次为：0.5m 厚淤泥；5.5m 厚粉质黏土，其下为砂土。地下水位距地表为 6.0m，基础埋深为 2m。试问：

（1）假定该场地为 7 度抗震设防区，该地基是否会发生液化？

（2）假定该场地为 8 度抗震设防区，埋深为 2.5m，该地基是否会发生液化？

参 考 文 献

［1］华南理工大学，浙江大学，等，基础工程［M］.4 版.北京：中国建筑工业出版社，2019.

［2］赵明华.基础工程-土力学与基础工程（下）［M］.2 版.武汉：武汉理工大学出版社，2022.

［3］王铁行，冯志焱，土力学地基基础［M］.2 版.北京：中国电力出版社，2012.

［4］陈希哲，叶菁，土力学地基基础［M］.5 版.北京：清华大学出版社，2013.

［5］王晓谋，基础工程［M］.5 版.北京：人民交通出版社，2021.

［6］富海鹰等.基础工程［M］.3 版.北京：中国铁道出版社，2019.

［7］龚晓南，杨仲轩，地基处理新技术、新进展［M］.北京：中国建筑工业出版社，2019.

［8］叶观宝，地基处理［M］.4 版.北京：中国建筑工业出版社，2020.

［9］龚晓南，桩基工程手册［M］.2 版.北京：中国建筑工业出版社，2016.

［10］龚晓南，深基坑工程设计与施工手册［M］.2 版.北京：中国建筑工业出版社，2018.

［11］刘国彬，基坑工程手册［M］.2 版.北京：中国建筑工业出版社，2009.

［12］张宏，王智远.土力学与基础工程习题集［M］.北京：人民交通出版社，2013.

［13］建筑地基基础设计规范理解与应用（第二版）编委会.建筑地基基础设计规范理解与应用［M］.北京：中国建筑工业出版社，2012.